전기전자실습

내일을여는지식 과학기술 2

알기 쉬운 전기전자실습

전기전자실습

김진수 지음

한국학술정보(주)

머리말

　기술 교육에서 통신기술(communication technology) 영역은 전기 및 전자 기술이 기초가 된다. 따라서 전기와 전자 분야를 잘 이해하기 위해서는 이론과 실습이 병행되어야 할 것이다. 이 실습 교재는 여러 해 동안 한국교원대학교의 기술교육과 실정에 맞도록 전기실습 한 학기와 전자실습 한 학기로 실습할 수 있도록 내용을 정리하였기에 전기전자계열이 아닌 타 학과용으로도 사용할 수 있을 것이다. 이 책은 전기공학개론과 전자공학개론의 이론 과목을 선행 학습한 후, 반드시 알아야 할 기초적인 전기 실습과 전자 실습을 할 수 있도록 구성하였다. 모든 실습은 2인 모둠에 의하여 공통실습과 순환실습으로 나누어 진행한다.

　본문은 크게 1부의 전기실습과 2부의 전자실습 두 편으로 구성하였다. 제1부는 전기 실습에 관한 내용으로서, 회로 시험기의 사용법, 로봇 만들기, 태양광 자동차 만들기, 전류계와 전압계의 사용법, 오실로스코프 및 함수 발생기의 사용법, 저항의 직렬 및 병렬접속 회로, 전력량계의 특성, RLC 직렬 및 병렬 회로, 단상 전력 측정, 백열등과 형광등의 특성, 전선의 접속법, 3로 스위치 조명 설비공사, PLC를 이용한 전동기 제어, 전동기와 발전기 특성, 태양광 발전기와 풍력 발전기를 배운다.

　제2부는 전자 실습에 관한 내용으로서, 납땜식 전자 키트, 블록식 전자 키트, 전자 부품의 형명 판독하기, 다이오드와 제너 다이오드의 특성, 광전 소자의 특성, 트랜지스터의 정특성, 반파·전파·브리지 정류 회로의 특성, 숫자 표시기 특성, 논리 회로의 특성, 센서 특성, 납땜식 라디오 만들기, 라

디오 무선통신, 광섬유와 광통신, 정류기 만들기, 라인 트레이서 만들기를 배운다.

　기술의 발전에 따라 지난 10여 년 동안 실습 주제를 새로운 것으로 수정하고 있으며, 문의 및 오류에 대한 독자의 지적은 저자의 homepage를 통하여 NAVER 김진수교수 연락 주시면 지속적으로 보완하고자 한다. 이 책을 펴내면서 국내외의 많은 문헌과 자료를 참고하였으며, 이 책의 내용을 다듬는 데 많은 도움을 준 한국교원대학교 대학원 기술교육학과의 다락회원 석·박사과정 여러분에게 감사한다. 또한 그동안 기술교육과에서 전기 실습 및 전자 실습 수업 시간을 통하여 피드백을 준 학생들의 도움도 있었다.

2009. 8
김 진 수

차 례

전기실습

01

회로 시험기의 사용법

1. 실험 목적

(1) 회로 시험기의 내부 동작 회로를 이해하고, 그 사용법을 익힌다.

(2) 회로 시험기를 사용하여 직류 전압(DCV), 직류 전류(DCA), 교류 전압(ACV) 및 저항(R) 등을 측정하는 방법을 익힌다.

(3) 각종 회로 및 소자 등의 동작 여부를 검사하는 판정법을 익힌다.

2. 기계 및 기구

(1) 회로 시험기(아날로그형, HC – 260TR) ···1대

3. 실험 재료

(1) 고정저항기 (저항값이 다른 4개) ···4개

(2) 리드선 ···5개

(3) 건전지(1.5V, 9V) ···각 1개

4. 관련 이론

(1) MKS 단위계

표 1.1은 실습에서 주로 사용되는 MKS 단위계를 나타낸 것이다.

양	단 위 명	기 호	양	단 위 명	기 호
길 이	미 터	m	전 력	와 트	W
질 량	킬로그램	kg	전기량	쿨 롱	C
시 간	초	s	저 항	옴	Ω
힘	뉴 턴	N	정전용량	패 럿	F
일	줄	J	인덕턴스	헨 리	H
전 류	암페어	A	자기량	웨 버	Wb
전 압	볼 트	V	기자력	암페어횟수	AT

(2) 회로 시험기의 특징

가. 회로 시험기는 테스터(tester)라고도 하는데, 기기의 고장 점검에 매우 유용하게 사용되는 계기이다.

나. 회로 시험기는 고감도의 직류 전류계를 지시계기로 사용하는데, 교류 전압 측정용 정류기, 저항 측정용 전지, 전환 스위치 등으로 구성된다.

다. 전환 스위치는 그림 1.1과 같이 측정의 종류와 최대 눈금 및 그 단위를 선택, 측정할 수 있도록 회로 접속을 전환하는 것이다.

라. 회로 시험기는 다음과 같이 직류 전압계, 직류 전류계, 교류 전압계, 저항계의 기능을 할 수 있다.

아날로그 회로 시험기   디지털 회로 시험기

그림 1.1 회로시험기의 종류

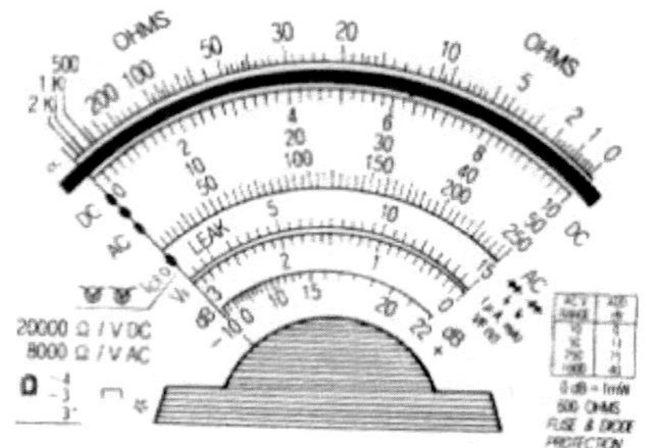

그림 1.2 회로시험기의 눈금판

(3) 직류 전압계의 기능

회로 시험기의 전환 스위치를 그림 1.3(a)와 같이 DCV에 두면 직류 전압계(direct current voltmeter, DCV)가 되며, 그 내부의 원리 회로는 그림 (b)와 같이 각 배율기의 접속 회로로 구성된다. 그리고 각 전압 측정 범위는 전환 스위치에 의한 각 배율기의 선택에 따라 결정되며, 이에 대응하는 전압의 눈금은 그림 1.2의 눈금판의 DC 눈금을 읽으며, 이 눈금은 직류전류계 눈금으로도 사용된다.

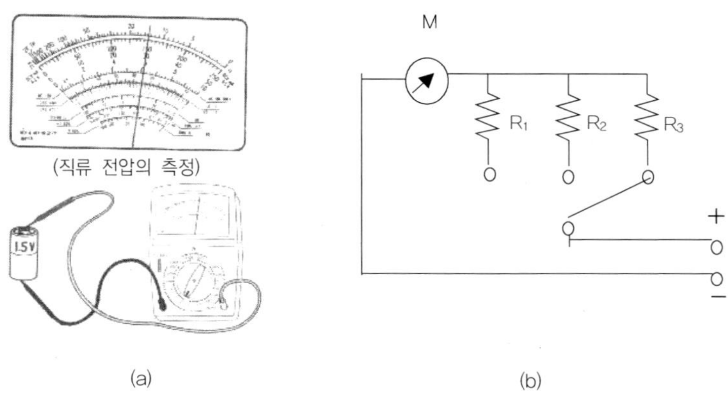

그림 1.3 직류 전압계와 그 내부 회로

(4) 직류 전류계의 기능

회로 시험기의 전환 스위치를 그림 1.4(a)와 같이 DCmA에 두면 직류 전류계(direct current ammeter, DCmA)가 되고, 그 내부의 원리 회로는 그림 (b)와 같이 각 분류기가 접속되어 있다. 그리고 각 분류기의 선택에 따라 전류의 측정 범위가 결정된다. 그런데 그림 (b)와 같은 분류기의 접속 회로에서는 전환 스위치를 전환하는 도중 한 번은 분류기의 회로가 개방되므로, 전류계 M에 순간적으로 과대한 전류가 흐르게 된다. 그러므로 실제로는 그림 (c)와 같은 회로로 구성된다. 직류 전류계의 눈금은 직류 전압계(DCV)의 눈금을 함께 쓰고 있다.

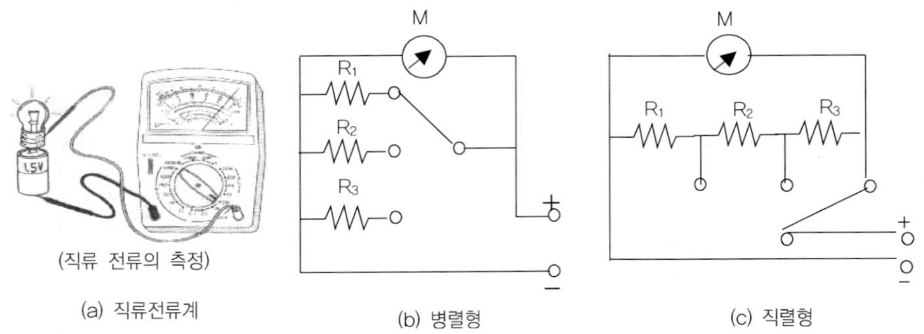

그림 1.4 직류 전류계와 내부 분류기의 접속 회로

(5) 교류 전압계의 기능

전환 스위치를 그림 1.5(a)와 같이 ACV에 두면 교류 전압계(alternating current voltmeter, ACV)로 쓸 수 있으며, 그 내부의 원리 회로는 그림 (b)와 같은 회로가 된다. 교류를 직류로 만드는 정류기(반도체 다이오드) D1 및 D2에는 아산화구리 또는 게르마늄 정류기 등이 쓰인다. 정류기의 전압 – 전류 특성을 볼 때, 흐르는 전류가 적은 범위에서는 특성이 직선적으로 되지 않기 때문에, 전압이 낮은 교류의 측정 범위에서는 (10[V] 미만의 교류 전압에 대해서는 윗줄의 눈금을 사용함.) 균일한 눈금이 되지 않는다. 그러므로 10[V] 이상의 교류 전압을 측정할 때는 직류 전압의 눈금과 같이 쓴다.

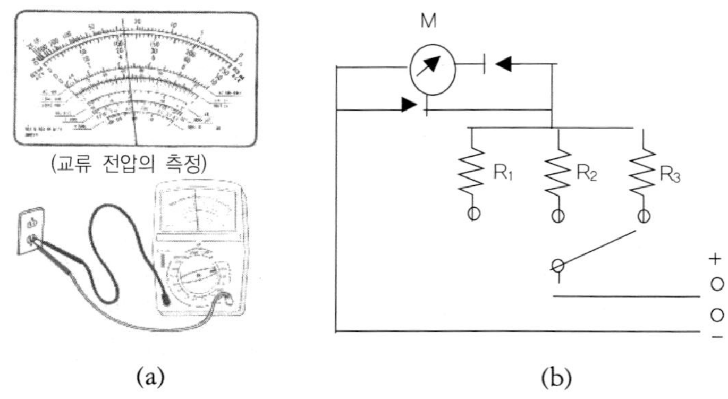

그림 1.5 교류 전압계와 그 내부 회로

(6) 저항계의 기능

전환 스위치를 그림 1.6 (a)와 같이 R[Ω]에 두면 저항계(ohmmeter, Ω)
로 쓸 수 있고, 그 내부의 원리 회로는 그림 (b)와 같이 건전지가 접속된
회로가 된다. 그러므로 저항계는 측정하려는 외부 저항기에 전류를 흘리며,
나머지 일부가 계기 M에 흘러서 저항에 대응하여 바늘이 움직인다.

두 시험 막대 사이에 아무것도 접속되지 않았을 때에는 계기 M에 전류
가 흐르지 않으므로, 시험 막대 사이에 내부 건전지의 전압이 걸린다. 이때,
시험 막대의 극성은 그림 (b)와 같이 리드 잭에 나타내어진 극성과 반대가
된다. 그러므로 정류기, 다이오드 또는 트랜지스터의 순방향 및 역방향 저
항을 구별하는 데에는 이 점에 유의하여 측정해야 한다. 저항의 눈금은 그
림 1.2에서의 맨 윗줄 눈금을 사용하며, 이 눈금의 순서는 전압(또는 전류)
의 눈금 순서와 반대로 되어 있다.

저항을 측정할 때는, 먼저 두 시험 막대의 끝을 단락하고, 0[Ω] 조정기
를 조정하여 계기의 바늘이 0[Ω]의 눈금에 오게 한 다음 측정한다. 이 0
[Ω] 조정은 필요에 따라 전환 스위치를 다른 저항 측정 범위에 옮길 때마
다 시행해야 한다.

저항의 측정값을 읽을 때는 전환 스위치가 가리키는 측정 범위의 배율과
계기의 바늘이 가리키는 저항 눈금값을 곱하면 된다. 예를 들면, 전환 스위
치를 R × 10에 놓았을 때 계기의 바늘이 50[Ω]을 가리켰다면, 측정된 저
항값은 50 × 10 = 500[Ω]이 되는 것이다.

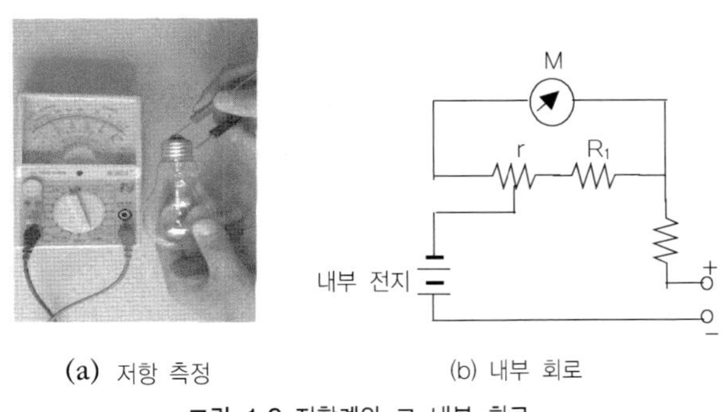

(a) 저항 측정　　　　　(b) 내부 회로

그림 1.6 저항계와 그 내부 회로

(7) 회로 시험기의 사용방법

지금까지 설명한 직류 전압과 직류 전류, 교류 전압, 저항 등을 하나의 계측기로 측정할 수 있는 것이 회로 시험기이다.

그림 1.7은 회로 시험기의 겉모양과 각 부분 명칭을 나타낸 것이다. 표 1.2는 회로 시험기에서 사용하는 기호와 그 의미를 나타낸 것이다.

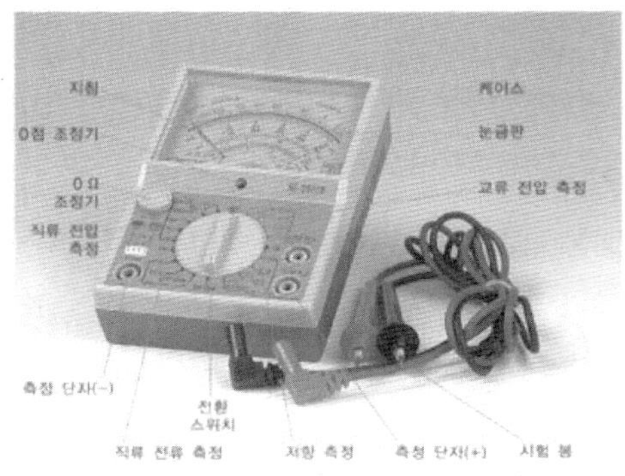

그림 1.7 회로 시험기의 각 부분 명칭

표 1.2 회로시험기의 기호

기호	읽기	의미
V	볼트	전압
A	암페어	전류
Ω	옴	저항
DC	디씨	직류
AC	에이씨	교류
m	밀리	1/1000배
k	킬로	1000배
∞	무한대	무한대 저항값
OFF	오프	스위치 꺼짐

가. 직류 전압을 측정하는 방법

① 그림 1.8 (A)와 같이 전환 스위치를 직류 전압(DCV) 영역에 맞춘다. 단, 예상되는 측정 전압값을 모를 때에는 전환 스위치를 큰 숫자부터 점차 한 단계씩 내린다.

② 회로 시험기 봉의 빨간색을 전지의 + 극에, 검은색을 전지의 − 극에 댄 후, 그림 1.8 (C)의 눈금판에 있는 DC 눈금을 읽는다.

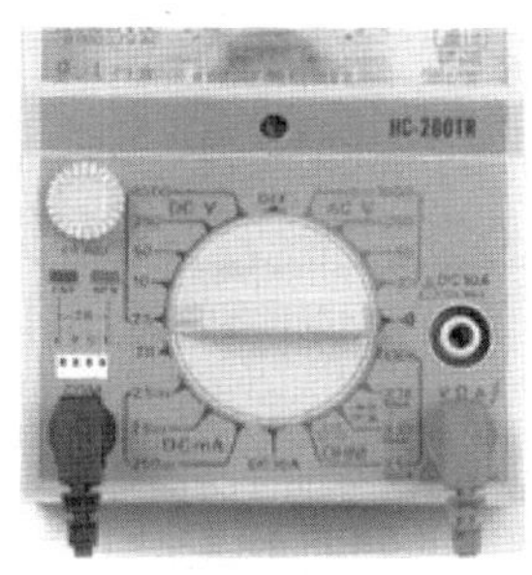
(A) 전환 스위치를 DCV에 맞춘다

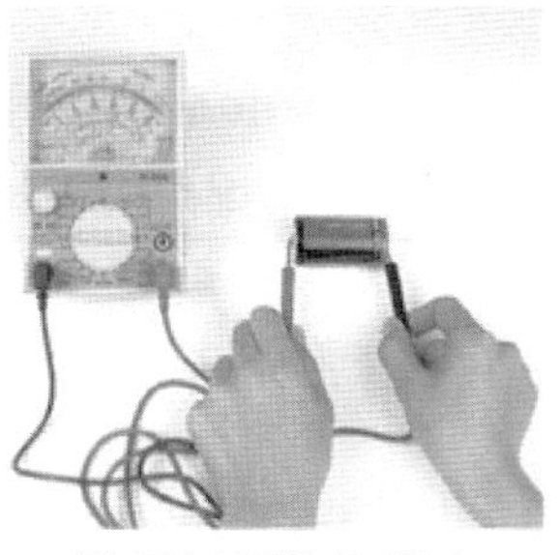
(B) 직류 전압을 측정한다

(C) 눈금판을 읽는다
* 눈금 읽는 방법: 그림 (A)의 배율은 2.5→ 그림 (C)의 DC 250 영역 눈금 →1/100배 하면 → 1.5(V)가 된다

그림 1.8 직류 전압의 측정 방법

나. 직류 전류를 측정하는 방법

① 그림 1.9 (A)와 같이 전환 스위치를 직류 전류(DCmA) 영역에 맞춘다. 다만, 예상되는 측정 전류값을 모를 때에는 전환 스위치를 큰 숫자부터 점차 한 단계씩 내린다.

② 회로 시험기 봉의 빨간색을 전지의 +극에, 검은색을 전지의 −극에 댄 후, 그림 1.9 (C)의 눈금판에 있는 DC 눈금을 읽는다.

③ 직류 전류값은 매우 작으므로 회로시험기의 전환 스위치가 mA 단위이다.

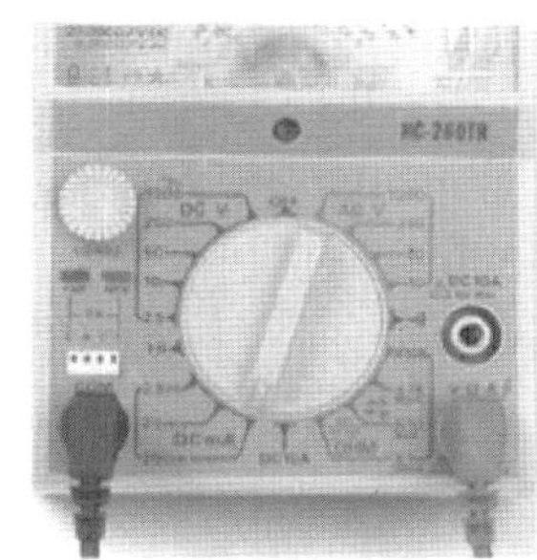
(A) 전환 스위치를 DCmA에 맞춘다.

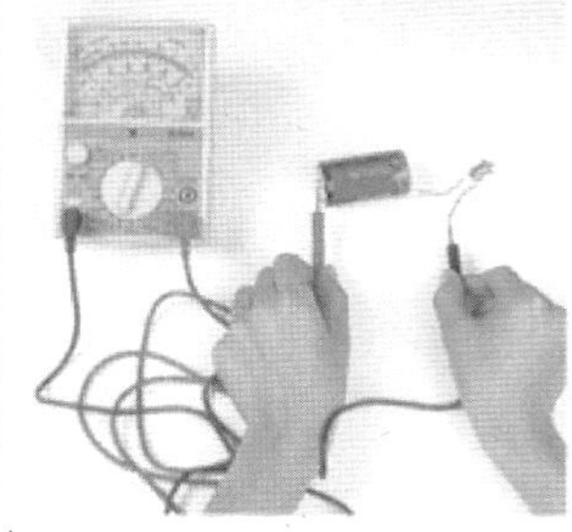
(B) 직류 전류의 측정 방버

(C) 눈금판을 읽는다
* 눈금 읽는 방법: 그림 (A)의 배율은 250 → 그림(C)의 DC 250 영역 눈금 → 40(mA)가 된다

그림 1.9 직류 전류의 측정 방법

다. 교류 전압을 측정하는 방법

① 그림 1.10 (A)와 같이 전환 스위치를 교류 전압(ACV) 영역에 맞춘다.

다만, 예상되는 측정 전류값을 모를 때에는 전환 스위치를 큰 숫자
부터 점차 한 단계씩 내린다.

② 회로 시험기 봉을 색깔에 관계없이 콘센트에 삽입하여 그림 1.10 (C)
의 눈금판에 있는 AC 눈금을 읽는다.

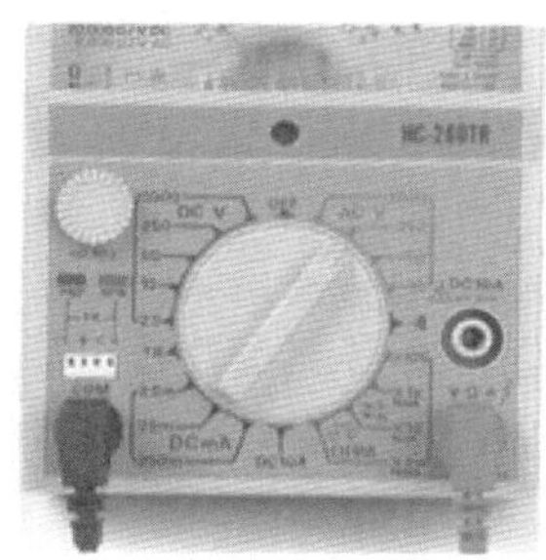

(A) 전환 스위치를 ACV에 맞춘다

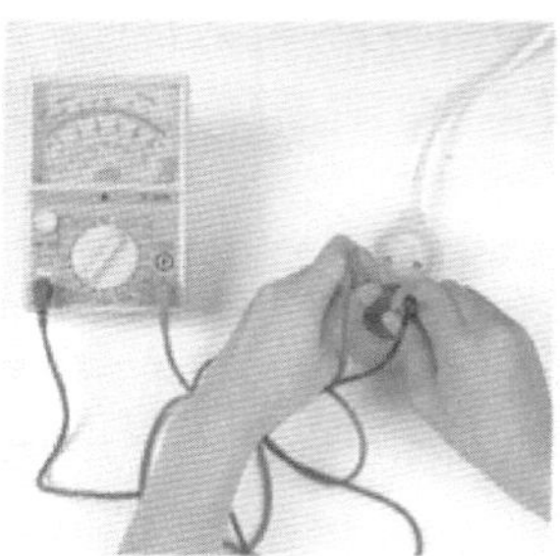

(B)교류 전압을 측정한다.

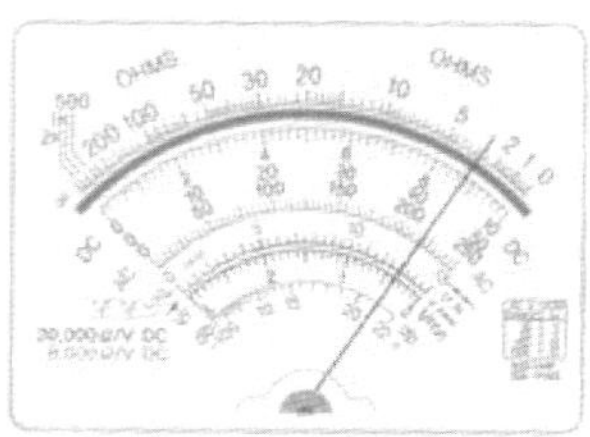

(C) 눈금판을 읽는다.
* 눈금 읽는 방법: 그림(A)의 배율은
250 → 그림(C)의 AC 250 영역
눈금 → 220(V)가 된다.

그림 1.10 교류 전압의 측정 방법

라. 저항을 측정하는 방법(통전 시험)

통전 시험은 각종 전기 기구 등의 회로가 정상인지를 쉽게 알 수 있는
시험방법이다. 그림 1.11과 같이 백열전구의 필라멘트가 끊어졌는지를 측정
해 보자.

① 그림 1.11 (A)와 같이 전환 스위치를 저항(OHM) 영역에 맞춘다.

② 회로 시험기 봉을 그림 1.11의 (B)와 같이 댄 후, 눈금판의 OHM
눈금을 읽는다.

③ 지침이 오른쪽 0 부근을 가리키면 저항값이 아주 작으므로 필라멘
트가 끊어지지 않고 정상인 것이다.

④ 다만, 회로시험기의 저항 눈금은 오른쪽이 0인 점에 주의한다.

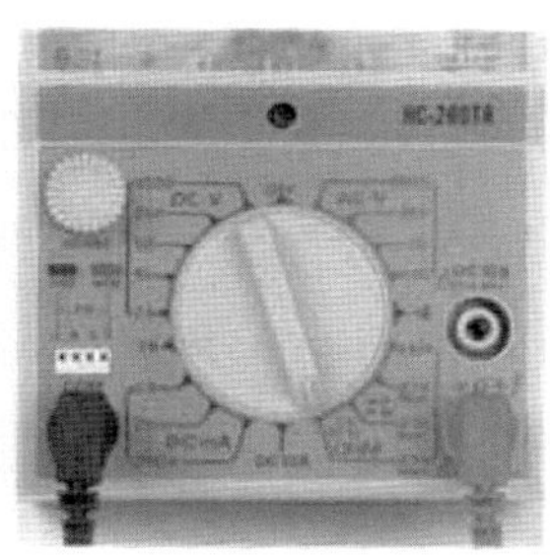
(A) 저항 스위치를 OHM에 맞춘다

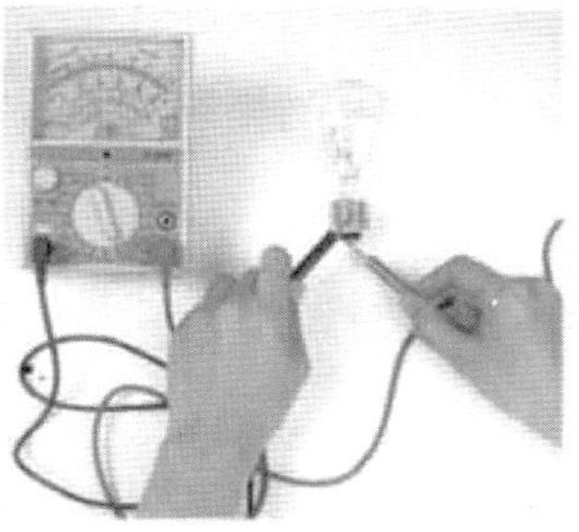
(B) 저항을 측정한다

(C) 눈금판을 읽는다
* 눈금 읽는 방법: 그림 (A)의 배
율은 1 → 그림 (C)의 저항 눈금
→ 80(Ω)이 된다

그림 1.11 저항의 측정 방법(통전 시험의 예)

(8) 색띠 저항기 저항값을 읽는 방법

저항 및 콘덴서 등의 전자 부품은 크기가 작기 때문에 부품의 표면에 문자나 숫자 등의 약속된 기호로 그 부품의 용량을 표시한다. 저항은 만드는 재료의 종류에 따라 탄소형, 금속피막형 등이 있으며, 저항기에는 극성이 없다. 저항기는 용도에 따라 일반 저항과 정밀한 저항으로 크게 나눌 수 있다.

일반 저항기의 저항값은 표준 색 코드(color code)에 의하여 그림 1.12와 같이 나타낸다. 코드는 몸체에 색띠(color band)로서 표시하며, 표준 코드의 구성은 저항기 몸체 둘레에 4개의 띠(band)로서 이루어져 있다. 이들 색띠 가운데 왼쪽에서부터 3개의 띠는 저항값을 나타내고, 4번째 띠는 허용 오차(tolerance)를 나타낸다. 허용 오차란 색코드에 의해 나타낸 저항값으로부터 차이가 생기는 저항의 변화율이다.

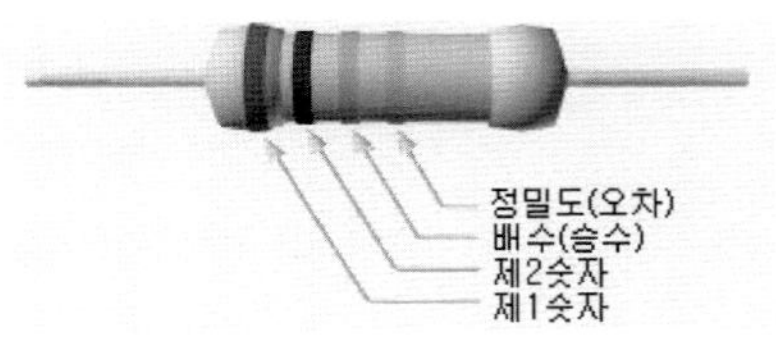

그림 1.12 기본적인 저항기

저항값을 읽어 나가는 순서는 다리 시작점의 색띠 간격이 좁은 쪽부터 읽어 가는 것이 정상이나 생산 시 좁은 쪽을 구별하기가 애매하게 만들어진 제품이 많다. 이런 경우에는 오차 표시 색깔인 금색 등이 오른쪽 끝으로 가게 놓고 읽으면 된다. 저항의 색띠 표시방법은 그림 1.12와 같다. 그림 22.2와 같이 머리 쪽부터 제1색띠, 제2색띠, 제3색띠, 제4색띠라 하며 제1색띠, 제2색띠는 두 자릿수의 유효 숫자, 제3색띠는 승수, 제4색띠는 허용 오차이다.

$$[예] \quad 색띠 \quad 1 \quad 2 \quad 3 \quad 4$$
$$색깔 \quad 파랑 \quad 노랑 \quad 빨강 \quad 금$$

이 저항기의 저항값은 $[6 \quad 4 \times 10^2] \pm 5[\%]$이므로, 저항값은 $64 \times 10^2[\Omega]$, 허용오차는 $\pm5[\%]$가 된다.

이 외에도, 고밀도의 저항기들은 5개의 띠(band)로 표시되는데, 색띠를 읽는 방법은 표 1.3과 같으며, 아래는 예를 든 것이다.

제1, 2, 3색띠: 숫자, 제4색띠: 승수, 제5색띠: 오차

$$(예) \ 노랑, \ 파랑, \ 녹색, \ 적색, \ 갈색$$
$$[475 \times 10^2[\Omega]] \pm 1\%$$

표 1.3 5색띠 저항기의 저항값

색	첫째 띠 (숫자)	둘째 띠 (숫자)	셋째 띠 (숫자)	넷째 띠 (배수)	다섯째 띠 (허용오차)
검정색(black)	0	0	0	10^0	
갈색(brown)	1	1	1	10^1	
빨강색(red)	2	2	2	10^2	
주황색(orange)	3	3	3	10^3	
노란색(yellow)	4	4	4	10^4	
녹색(green)	5	5	5	10^5	
파랑색(blue)	6	6	6	10^6	
보라색(violet)	7	7	7	10^7	
회색(gray)	8	8	8	10^8	
백색(white)	9	9	9	10^9	
금색(gold)				10^{-1}	$\pm5\%$
은색(silver)				10^{-2}	$\pm10\%$
무색(none)					$\pm20\%$

5. 안전 및 유의 사항

(1) 회로 시험기를 사용할 때는 빨간색 리드선은 항상 +리드잭에, 검정색 리드선은 −리드잭에 꽂아서 사용한다.

(2) 회로 시험기를 전압계와 전류계로 하여 사용할 때는 측정할 전압과 전류의 크기를 미리 예측하고, 전환 스위치를 알맞은 범위에 놓고 측정해야 한다.

(3) 특히, 직류 전압이나 교류 전압을 측정할 때는 측정하기 전에 반드시 전환 스위치가 저항 측정 범위 또는 전류 측정 범위에 있는가를 확인한 다음 측정해야 한다. 만일 그렇지 않으면 계기가 손상된다.

(4) 측정할 전압과 전류의 크기를 예측할 수 없을 때는 먼저 전환 스위치를 최대 측정 범위에 돌려놓는다.

(5) 저항계로 사용할 때는 전환 스위치로 측정 범위를 바꿀 때마다 0[Ω] 조정을 한 다음 측정해야 한다.

(6) 회로 시험기를 사용하지 않을 때는 전환 스위치를 항상 off에, 만일 off 단자가 없을 때는 DCV(또는 ACV)의 위치에 돌려놓는다.

6. 실험 방법 및 순서

회로시험기의 사용법을 익히기 위하여 아래와 같이 측정한다.

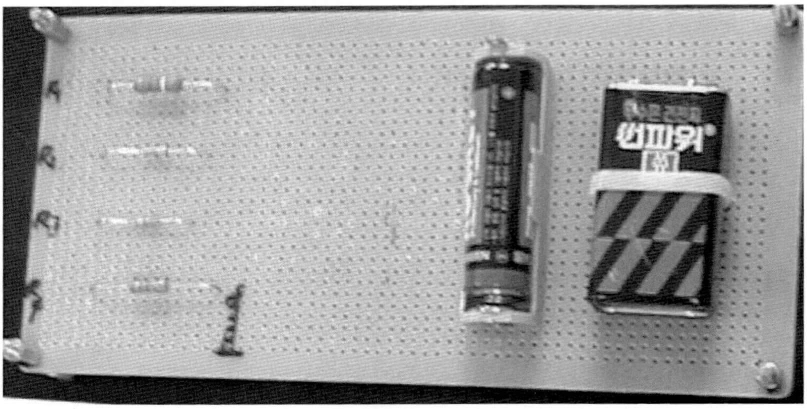

그림 1.14 실습용 색띠저항기와 건전지

(1) 저항 측정

① 회로 시험기의 전환 스위치를 저항계(OHM)로 한다. 본문의 관련 내용을 먼저 자세히 읽어 본다.

② 그림 1.14에서 주어진 4개의 저항기(R_1, R_2, R_3, R_4)의 값을 읽고(실험 18 참조) 표 1.4에 기록한다.

③ 회로 시험기로 각 저항기의 값을 측정한 다음, 그 값을 표 1.4에 기록한다.

④ 저항기의 읽은 값 R_T와 측정값 R_M으로부터 오차 ε을 계산한 다음, 그 값을 표 1.4에 기록한다.

표 1.4 저항 측정 결과

저항기	R_1	R_2	R_3	R_4
읽은 값 $R_T[\Omega]$				
측정 값 $R_M[\Omega]$				
오차 $\varepsilon = R_M - R_T$				

(2) 직류 전압 측정

① 그림 1.14에서 저항기, 건전지, 리드선을 이용하여 그림 1.15와 같이 회로를 결선한다.

② 그림 1.15의 회로에서 각 저항의 단자 전압 V_{R1}, V_{R2}, V_{R3}, V_{R4}를 옴의 법칙에 의하여 계산한 다음, 그 계산값 V_T를 표 1.5에 써넣는다. 이때 저항값은 표 1.4의 읽은 값으로 계산한다.

③ 회로 시험기의 전환 스위치를 <DCV 10> 범위에 놓는다.

④ 각 저항기의 단자 전압을 측정하여 그 측정값 V_M을 표 1.5에 기록한다.

⑤ 표 1.5의 전압 측정값 V_M과 V_T로부터 오차 $\varepsilon = V_M - V_T$를 계산한 다음 그 값을 기록한다.

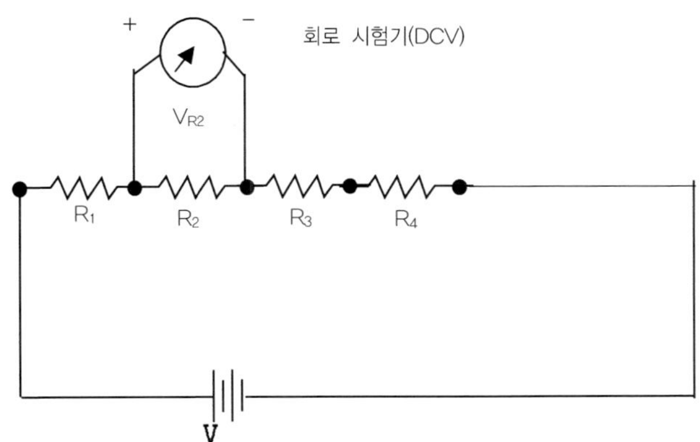

그림 1.15 직류 전압 측정 회로

■ **표 1.5** 직류 전압의 측정 결과(V = 1.5[V], 9[V])

단자 전압	건전지 전압	V_{R1}	V_{R2}	V_{R3}	V_{R4}	전체 전압 V_T
계산값 V_T[V]	1.5					
	9.0					
측정값 V_M[V]	1.5					
	9.0					
오차 $\varepsilon = V_M - V_T$	1.5					
	9.0					

(3) 직류 전류 측정

① 그림 1.16과 같이 회로를 결선한다.

② 그림 1.16의 회로에서 전원 V를 각 저항기에 가한 경우의 전류를 계산한 다음, 그 값 I_T를 표 1.6에 기록한다.

③ 그림 1.16과 같이 회로 시험기의 전환 스위치를 DCA로 돌려서 전류를 측정할 수 있도록 한다.

④ 회로 시험기 시험 막대의 - 리드를 전지 V의 (-)단자에, + 리드를 각 저항기의 ①, ②, ③, ……에 접속하여 각 전류를 측정한 다음, 그 값을 표 1.6에 기록한다. 이때, 극성을 정확히 해서 측정해야 한다.

⑤ 전류의 측정값 I_S과 계산값 I_T로부터 오차 $\varepsilon = I_M - I_T$를 계산한 다음, 그 값을 표 1.6에 기록한다.

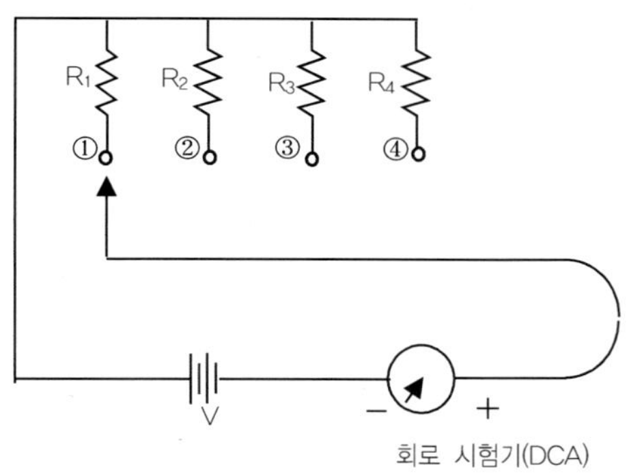

V: 9[V], R 값은 다를 수 있음
R_1: 390[Ω] R_2: 560[Ω]
R_3: 1,000[Ω] R_4: 1,800[Ω]

그림 1.16 직류 전류 측정 회로

표 1.6 직류 전류의 측정 결과(V=9[V])

전류 　　　　　　단자	I_{R1}	I_{R2}	I_{R3}	I_{R4}
계산값 I_T[mA]				
측정값 I_M[mA]				
오차 $\varepsilon = I_M - I_T$				

(4) 교류 전압 측정

① 회로 시험기의 전환 스위치를 ACV 250의 측정 범위로 돌려놓아 교류 전압계로 한다.

② 건물 내 임의의 서로 다른 장소 네 군데를 선택하여 콘센트 등에서 교류전압을 측정하고 결과를 표 1.7에 기록한다.

표 1.7 교류 전압의 측정 결과

측정장소	1. 전기전자실습실	2.	3.	4.
측정전압 [V]				

(5) 통전 측정

본문 18쪽의 순서대로 백열전구의 통전 시험을 하여 표 1.8을 작성한다.

표 1.8 백열전구의 통전 시험

품 명	정격 전압	소비 전력	저항 값
백열전구	( )V	( )W	( )Ω

7. 연구 과제

(1) 위의 실험 결과로부터 계산값(읽은 값)과 측정값에 오차가 생기는 이유는?

(2) 회로 시험기로 교류 전류를 측정할 수 없는 이유는?

(3) 실험에 사용된 회로 시험기의 각 측정 범위에 대해 설명하여라.

(4) 회로 시험기로 직류 전류를 측정할 때 저항과 회로 시험기를 직렬로 접속하는 이유는 무엇인가?

(5) 실습 후에 자기 평가를 하여 아래 표를 작성하여 보자.

영 역	평가 사항	자기 평가				
		A	B	C	D	E
지 식	1. 회로 시험기의 구조를 설명할 수 있는가?					
	2. 회로 시험기의 기능을 설명할 수 있는가?					
태 도	3. 측정 시 주위를 잘 정리하고 실습에 임하였는가?					
	4. 조원과 잘 협동하였는가?					
기 능	5. 회로 시험기의 극성을 정확히 구분하여 사용하였는가?					
	5. 회로 시험기의 기능을 잘 이해하고 측정하였는가?					
	6. 직류전압과 교류전압을 구분하여 측정할 수 있는가?					
	7. 회로시험기로 백열전구의 고장을 알 수 있는가?					

02

로봇 만들기

1. 실험 목적

로봇을 구성하기 위한 3대 조건(몸체, 행동, 프로그램)에 대해 이해할 수 있도록 모둠별로 로봇을 만듦으로써, 로봇의 동작 구현 및 실제 운용 프로그램 등을 이해한다.

2. 사용기기 및 재료

(1) 로봇용 부품 셀(LEGO dacta) ···1셀
(2) RCX(Robotics Command System) ···1개
(3) 프로그램 전송용 적외선장치 ···1개
(4) 컴퓨터 ···1개
(5) 로봇구동 펌웨어 프로그램 ···1개

3. 관련 이론

(1) 로봇의 기초

로봇(Robot)이라는 말은 1921년 체코의 극작가 Karel Capek의 희곡 루썸씨의 '만능 로봇(Rosuum's Universal Robots)'이라는 작품에 처음 사용된 말로 '제조된 인간', '일을 하기 위해 제조된 일꾼'의 의미이다. 로봇의 어원

은 체코어의 노동을 의미하는 단어 'robota'에서 나왔다고 한다. Capek는 그의 작품에서 작업능력이 인간과 동등하거나 그 이상이면서 인간적 감정이나 혼을 가지고 있지 않은 로봇이라고 불리는 인조인간을 등장시키고 있다(http://www.masterrobot.co.kr/sub/sub06.htm).

로봇의 종류를 분류할 때는 여러 면에서 고려될 수 있겠지만 여기에서는 산업용, 연구용, 교육용, 완구용, 게임용으로 분류하였다. 산업용 로봇은 자동차의 생산 공장에서 사용되는 것과 같은 암(arm) 로봇이 대표적이고, 연구용 로봇은 특정한 연구를 수행하기 위하여 특별하게 제작된 로봇으로 바다 탐사용, 우주 탐사용과 같은 것이 대표적이다. 교육용 로봇은 새로운 로봇의 개발을 위해서 로봇을 구성하는 하드웨어의 교육을 위한 것과 로봇의 움직임을 제어하기 위한 프로그램인 소프트웨어를 교육하기 위한 것으로 구분할 수 있다. 게임용 로봇은 여러 가지 게임을 할 수 있도록 만들어진 것으로 축구 로봇과 미로 찾기 로봇이 대표적이다. 완구용은 어린이들의 단순한 행동에 대응하여 반응하는 로봇으로서 선을 따라 움직이는 line tracer 등이 있고, 어린이들에게 익숙한 블록을 조립하여 여러 형태의 모양을 만들고, 여기에 로봇의 기능을 저장한 램을 부착하는 형태의 블록 조립형 로봇도 있다. 여기서는 블록 조립형 로봇, 게임 로봇, arm 로봇 등에 대하여 간단히 설명하기로 한다.

가. 블록 조립형 로봇

블록 조립형 로봇은 여러 가지 모양의 블록을 조립하여 하나의 형상을 만들고 여기에 빛 센서, 접촉 센서, 모터, 회전 센서, 온도 센서 등 로봇 기능을 할 수 있는 부품과 컨트롤러를 장착시키고, 이를 작동시키기 위한 프로그램을 컴퓨터에서 작성하여 컨트롤러에 입력하면 로봇이 되는 것이다. 블록 조립형 로봇의 교수·학습 특징은 다음과 같다.

① 로봇의 기본원리, 동작의 제어 및 응용 프로그래밍 학습으로 논리적 사고의 향상을 가져올 수 있다.

② 손동작을 통한 손 근육의 발달과 두뇌를 발달시킬 수 있다.

③ 2차원의 조립도를 보고 3차원 모형 제작을 하므로 공간 지각력을 향상시킬 수 있다.

④ 학생들의 관찰력과 과학적 사고를 증진시킬 수 있다.

⑤ 스스로 문제 해결 방안을 계획하고, 디자인하며, 조립, 수정의 반복과정으로 다양한 응용력과 창의적인 아이디어를 산출할 수 있다.

⑥ 많은 학생들이 쉽게 로봇을 제작하고 그 기능을 이해할 수 있다.

⑦ 가격이 고가이고 학생들이 부품을 분실하기 쉽다.

나. 게임 로봇

게임 로봇은 로봇을 이용하여 게임을 하는 것으로 축구 로봇이 대표적인 것이다. 이러한 축구 로봇에는 카메라를 이용하여 경기장의 상황을 컴퓨터에 입력하면 컴퓨터에서 로봇의 움직임과 동작을 처리하여 로봇에 전달하는 방식과 로봇의 움직임을 논리적으로 작성한 프로그램을 로봇에 장착된 컨트롤러에 입력시켜 경기장 내에 있는 축구공에서 발산되는 빛을 받아 프로그램에 맞게 움직여 축구경기를 하는 방식이 있다. 초등학교 학생들에게 적용가능한 것은 뒤에 것이 적당하다고 생각된다. 이러한 게임 로봇의 교수·학습 특징은 다음과 같다.

① 납땜을 하지 않고 전기기구를 이용하여 조립할 수 있다.

② 학생들의 로봇에 대한 흥미와 관심을 높일 수 있다.

③ 각종 로봇 축구 경기대회에 참여할 수 있다.

④ 논리적인 사고력 배양과 체계적인 문제해결능력을 길러 준다.

⑤ 로봇의 가격이 비교적 고가이다.

다. 암(Arm) 로봇

암 로봇은 산업 현장에서 많이 사용되는 로봇으로 사람의 팔과 같은 3차원 공간 내에 있는 물체를 집어서 다른 곳으로 옮기거나 특정 작업을 수행하도록 하는 로봇이다. 이러한 로봇 팔은 5축 또는 6축의 제어로 위치를 결정하게 되는데 컴퓨터 프로그램에 의해 위치를 결정하게 되어 있다. 팔 로봇의 교수·학습 특징은 다음과 같다.
① 논리적 사고를 기를 수 있다.
② 로봇의 운동 메커니즘을 이해할 수 있다.
③ 로봇의 기본 원리를 이해할 수 있다.
④ 초등학생들이 로봇을 실제로 제작하는 학습은 어렵다.

(2) 레고 닥터 로보랩

LEGO Dacta^{TM} 로봇제어시스템은 하드웨어의 구성부품과 간단하고 강력한 프로그램 언어로 되어 있다. 이 언어를 사용하는 사용자는 LEGO$^®$ 모델을 프로그래밍하여 자기 스스로 작업을 수행하도록 할 수 있다. 이 가이드는 Tufts university(미국 Massachusetts 주) 산하의 CEEO(Center for Engine-ering Educational Outreach)에 의해 개발되었다. CEEO는 산학협동으로 수학, 과학, 일기, 쓰기 지식을 통합하고 이를 통하여 공학디자인의 문제를 해결하도록 학교를 지원하고 있다. 연구결과에 따르면 서로 관련된 학문의 주제들을 공학을 통해 배우는 것이 매우 성공적이고 동기를 유발하는 기술인데, 왜냐하면 이 방법은 창조하고 만들어 내려는 학생들의 열정을 이용하기 때문이다. 로봇공학에 기초한 프로젝트가 가지고 있는 디자인과 프로그램의 구성요소들은 통합학습을 증진시킨다. 이것을 증명하기 위해서 LEGO Dacta^{TM}와 National instruments(미국 Texas)와 함께 ROBOLAB^{TM} 소프트웨어가 개발되었다. CEEO는 많은 초등학교 교사들이 여학생과 남학생 모두에게 공학은 두렵고 어려운 과목이 아니라 우리의 일상생활과 통합된 다기능의 과목이라는 것을 교육하려는 목표를 가지고 있다.

다음의 4가지 종류를 확실히 구분하면 이 가이드를 공부하는 데 도움이 될 것이다.

- RCX: 컴퓨터로서 자기 스스로 작동하는 프로그래밍이 가능한 레고 브릭
- LabVIEW: ROBOLAB이 기초로 하고 있는 컴퓨터 프로그래밍 언어
- Firmware: RCX 오퍼레이팅 시스템, 소프트웨어

(3) ROBOLAB의 소프트웨어

① 개발 역사

지난 1997년 화성에 소저너가 착륙했을 때 미국 NASA는 National Instrument사의 LabVIEW™라는 소프트웨어를 사용하여 탐사용 로봇 소저너의 착륙 지점, 로봇의 손상 정도 등을 알 수 있었다. LabVIEW™는 많은 대학과 기업에서 과학자들과 기술자들이 사용하고 있는 프로그래밍 언어이다. LabVIEW™는 수치의 측정과 제어 등에 사용되는 소프트웨어의 선두주자로 생물 기상학, 항공우주산업, 에너지탐사 등 많은 부문에서 실제 자료를 분석하고 처리하는 데 LabVIEW™를 이용하고 있다.

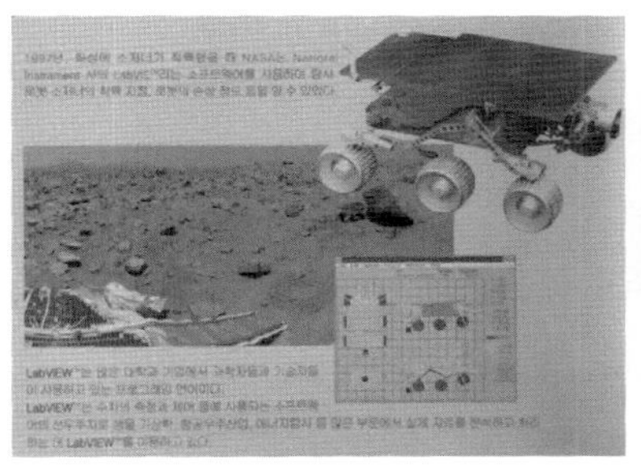

그림 2.1 화성에 도착한 소저너

그림 2.2 로보랩의 조립 예

ROBOLAB은 이러한 LabVIEW™에 기초를 두고 RCX를 프로그래밍하고 제어하기 위해서 만들어진 소프트웨어이다. ROBOLAB은 누구나 쉽게 사용할 수 있도록 간단하고 편리한 환경을 가지므로, 어린이들도 쉽게 프로그래밍할 수 있다. ROBOLAB의 PILOT과 INVENTOR는 이러한 프로그램 언어에 기본이 된다. LabVIEW™는 National Instrument에서 만들었으며, G라고 알려져 있다. G는 BASIC이나 FORTRAN, C와 같은 프로그래밍 언어이다. 그러나 LabVIEW™이 다른 언어들과 다른 점은 프로그래밍을 할 때 텍스트 기반의 소스 코드를 사용하지 않고, 그래픽 기반의 프로그래밍을 하므로 Graphical Language(통칭하여 간단히 G라고 함)라고 한다. 즉 WINDOWS와 DOS를 비교해 본다면 이해가 쉬울 것이다.

② PIILOT(그림 2.3 참조)

PILOT 단계는 몇 개의 정형화된 프로그램으로 구성되어 있다. 이것은 논리적인 프로그래밍 방법을 소개하는 데 매우 효과적이다.

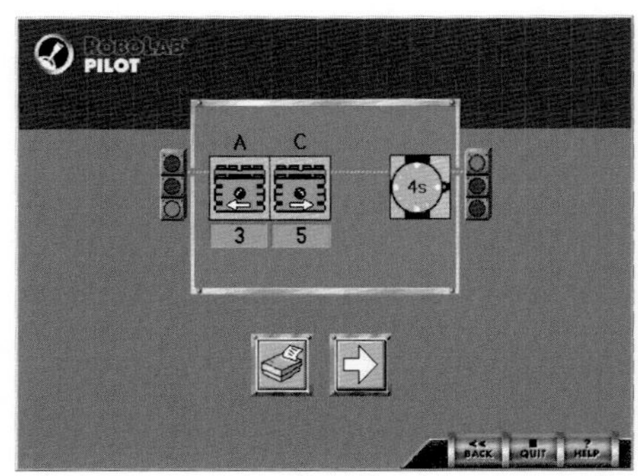

그림 2.3 PILOT 화면

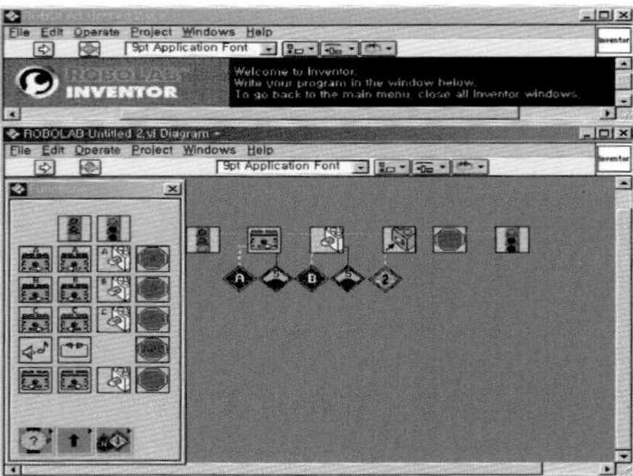

그림 2.4 INVENTOR 화면

③ INVENTOR(그림 2.4 참조)

INVENTOR단계에서도 PILOT 단계에서와 같은 아이콘들을 사용한다. 그러나 INVENTOR단계에서는 PILOT단계보다 많은 아이콘을 사용할 수 있으며, LEVEL이 높아질수록 사용가능한 아이콘도 더 많아진다. INVENTOR 단계의 프로그래밍에서는 RCX의 잠재 능력을 모두 이용할 수 있다. 사용자들은 INVENTOR 단계에서 LabVIEW^{TM}의 강력한 기능들을 사용하여 원하는 대로 프로그래밍을 할 수 있다. LabVIEW^{TM}에 대해 더 자세한 정보를 원한다면 www.natinst.com/robolab에 가면 된다. 그리고 PILOT 및 INVENTOR의 자세한 프로그래밍 단계는 '로보랩 학습가이드'에 나와 있다.

(4) 각 부품의 규격 및 설명

① 전체적인 주요 부품

로봇 키트 제작에 필요한 주요 부품을 그림 2.5에 나타낸다.

② RCX

㉮ 개요

RCX 1.0 (ROBOTICX COMMAND SYSTEM)은 프로그래밍할 수 있는 레고의 로봇이다. RCX를 사용하면 모터와 램프를 조정하고, 본체에 부착된 각종 센서로부터 입력을 받을 수 있는 가장 핵심 부품이다.

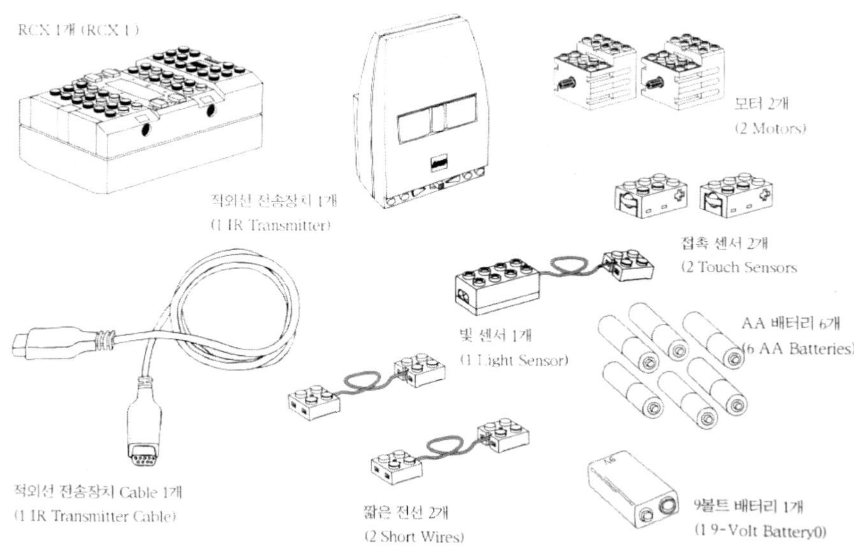

그림 2.5 로보랩의 전체적인 주요 부품

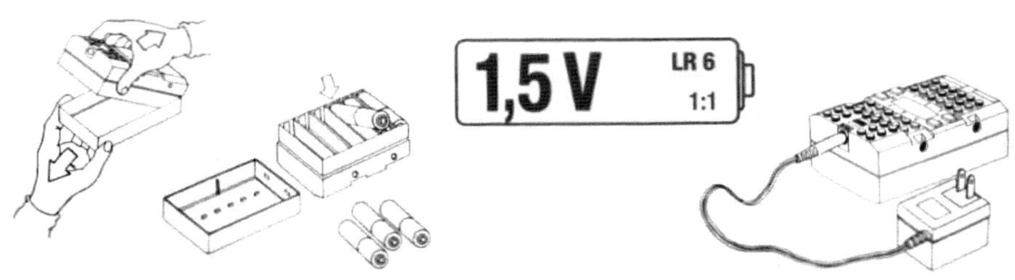

그림 2.6 RCX에 사용할 수 있는 건전지와 아답터 연결 방법

㉯ RCX에 전원 공급법

RCX는 본체 아래의 건전지 케이스(6개의 AA건전지 사용)나 AC 아답터

(제품번호 979833)를 연결하여 사용할 수 있다. 건전지 케이스와 AC 아답터가 동시에 연결되어 있으면, 건전지를 절약하기 위하여 AC 아답터에서 전원을 공급받는다. RCX가 아무 동작도 하지 않고 15분이 흐르면, 전원 절약을 위해 자동으로 전원이 꺼진다. 그러나 ROBOLAB의 ADMINISTRAT-OR 옵션에서 자동 전원 차단시간을 변경할 수 있다.(0분에서 255분의 시간 가능) 만일 RCX의 자동 전원 차단시간을 0으로 맞추어 놓으면, RCX는 절대로 자동으로 전원이 꺼지지 않는다.

③ RCX의 단자와 버튼 기능(그림 2.7 참조)

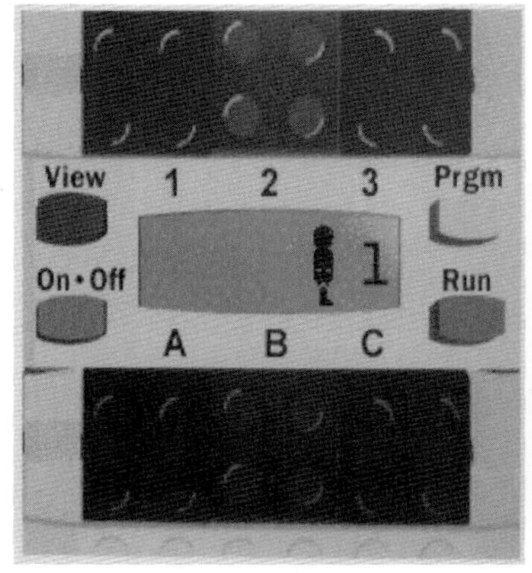

그림 2.7 RCX 단자와 버튼

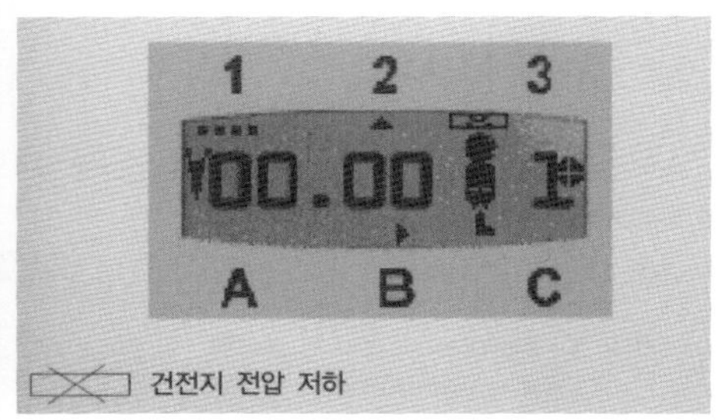

그림 2.8 RCX의 액정 화면

㉮ 단자

LABEL	색	이 름	기 능	비 고
1, 2, 3	회색	입력단자	센서의 연결부위(접촉, 빛, 온도, 회전)	A/D 범위＝0 − 5볼트
A, B, C	검은색	출력단자	LEGO의 모니터나 기타 출력 장치(램프)의 연결 부위	A/D 범위＝0 − 9볼트

㉯ 버튼

LABEL	색	이 름	기 능	비 고
ON – OFF	빨간색	전원버튼	RCX의 전원버튼	RCX의 건전지가 차단되면 프로그램이 메모리에서 지워진다.
View	검은색	VIEW	지정한 단자의 관련 정보를 액정 화면에서 볼 수 있다.	화살표가 있는 단자의 정보가 화면에 나타난다.
Prgm	회색	PROGRAM	RCX에서 저장된 5개의 프로그램 중 RUN 버튼을 누르면 실행될 프로그램 번호를 지정한다.	버튼을 누르면 숫자가 1씩 커진다.
Run	녹색	실행 – 중지	RCX의 프로그램을 실행하거나 중지한다.	실행 중일 때 작은 사람이 뛰어간다.

④ RCX의 액정 화면 설명(그림 2.8 참조)

- 건전지 전압 저하: 이 표시는 건전지의 전압이 6.7볼트 이하일 때 나타난다. 이때는 건전지를 교체하거나 아답터를 연결해야 한다.
- 입력 활동: 입력단자의 번호(1, 2, 3) 밑에 화살표가 있으면 입력단자가 활동 중임을 나타낸다.(예를 들어 접촉 센서의 버튼이 눌려졌음을 나타낸다.)
- 출력 활동: 출력단자의 알파벳(A, B, C) 위에 화살표가 있으면 출력단자가 활동 중임을 나타낸다.(화살표의 방향은 단자에 연결된 모터의 방향을 보여 준다.)
- 통신 원추: 원추 모양은 RCX와 적외선 전송 장치 사이에 양방향 통신이 이루어지고 있음을 나타낸다.
- 작은 사람: RCX가 켜 있음을 나타낸다. RUN 버튼을 누르면 전송된 프로그램은 실행되고, 작은 사람은 달려간다.
- 전송 표시: 차례로 켜지는 점들은 PC에서 RCX로 프로그램이 전송되고 있음을 나타낸다. 차례로 사라지는 점들은 RCX에서 PC로 정보가 전송되고 있는 것이다.
- 프로그램 번호: 작은 사람 앞에 있는 번호는 RUN 버튼을 눌렀을 때, 메모리에 있는 5개의 프로그램 중 실행되는 프로그램의 번호를 나타낸다.

- DATA LOGGING 표시: RCX가 특별한 DATA LOGGING 모드에 있을 때, 원은 사용가능한 메모리 중에서 이미 사용되고 있는 메모리를 나타낸다.
- 소프트웨어 시계: RCX를 켠 후 경과한 시간을 나타내거나, 설정된 이후로 경과한 시간을 나타낸다. FIRMWARE가 전송되어 있을 때만 사용할 수 있고, FIRMWARE를 새로 전송하면 소프트웨어 시계는 초기화된다.

⑤ 펌웨어(Firmware) 용어

BOOT MODE란 RCX를 처음으로 켜면(건전지를 새로 넣거나, 아답터를 연결하여), BOOT MODE에서 시작한다. 이 모드에서 RCX는 ROM에 저장된 내부 코드를 실행한다. 이때 RCX에 기능과 특징을 추가하기 위하여, RCX로 새로 전송되는 코드를 FIRMWARE라고 한다. BOOT MODE에서는 다음의 간단한 액정화면과 기능만을 제공한다.
- 화면에는 작은 사람과 프로그램 숫자만이 나타나 있다.
- 실행될 수 있는 5개의 기본 프로그램이 있다.
- RCX의 VIEW버튼은 아무 기능도 하지 않는다.
- RCX 액정의 소프트웨어 시계는 아무 기능도 하지 않는다.

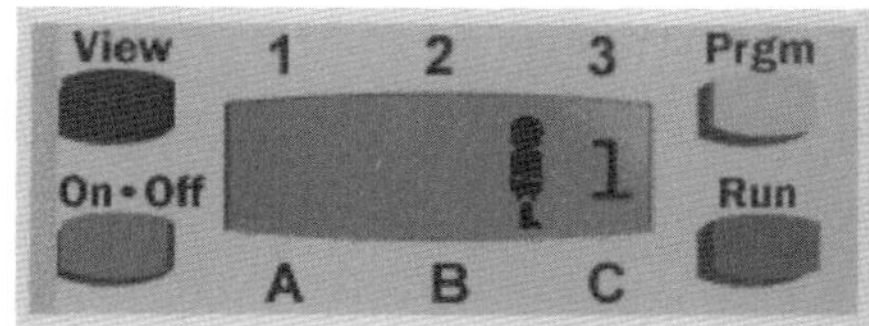

그림 2.9 FIRMWARE가 있는 RCX

그림 2.10 FIRMWARE 없는 RCX

이상과 같이 하여 RCX로 FIRMWARE를 전송하면 액정화면의 모든 기능이 활성화된다. RCX가 BOOT MODE에 있다면, 프로그램을 RCX로 전송하기 전에 FIRMWARE를 먼저 전송해야 한다.FIRMWARE는 건전지가 다 떨어지거나, 아답터를 뽑을 때까지 RCX의 메모리에 남아 있는다. RCX의 액정화면에 작은 사람과 프로그램 번호만 있다면, RCX는 BOOT MODE에 있는 것이다. RCX의 액정화면에 작은 사람, 프로그램 번호와 함께 디지털 숫자가 있다면 FIRMWARE가 RCX에 저장되어 있는 것이다.

⑥ PC를 사용한 RCX 조작

적외선 전송장치를 사용함으로써 PC와 RCX 사이의 무선통신이 가능하다. 적외선 전송장치는 컴퓨터의 시리얼 포트에 연결하면, 이 장치를 통해야 PC에서 RCX로 제어 프로그램이 전송된다. 적외선 전송장치에는 한 개의 9V 건전지를 사용한다. 전송이 이루어질 때는 전송장치에 녹색램프가 켜진다. 적외선 전송장치의 스위치를 근거리/원거리로 조절할 수 있다.
  - 근거리: 전송을 위해 RCX가 0.5 미터 거리 내에 있어야 하며, 주로 사용한다.
  - 원거리: 전송을 위해 RCX가 2.5 미터 거리 내에 있어야 한다.

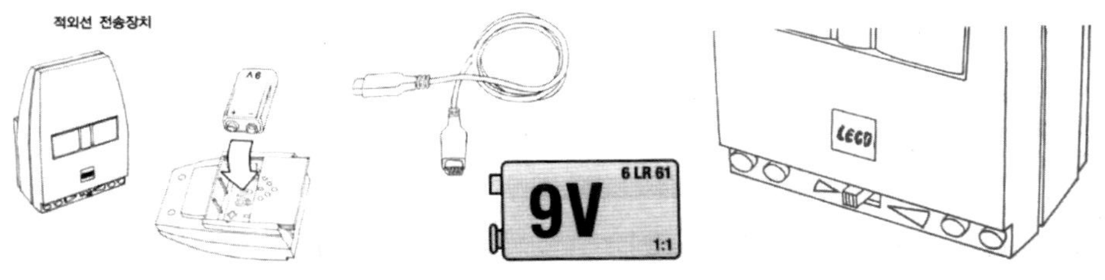

그림 2.11 적외선 전송장치의 구조   **그림 2.12** 거리 조정 스위치

(5) 로보랩(LOBOLAB)의 구성

레고닥타(LEGO dacta) 브릭과 RCX를 사용하여 로봇을 조립하고, ROBOLAB 소프트웨어를 사용하여 프로그래밍하는 과정을 통해 첨단 과학기술인 메카트로닉스와 로보틱스의 개념을 학습할 수 있으며 컴퓨터프로그래밍을 통해 논리적 사고, 기계의 원리 및 자동제어의 개념을 발전시킬 수 있다.

로보랩 조립세트
빔, 기어, 바퀴 등 로봇제작에 필요한 레고브릭이 들어 있다.

RCX
로봇의 두뇌 역할을 하는 레고 컴퓨터이다. 3개의 입력포트, 3개의 출력포트, 1개의 적외선 통신포트를 가지고 있으며, 5개의 프로그램이 동시에 저장된다.

적외선 전송장치
컴퓨터 본체의 시리얼 포트와 연결하여 프로그램을 RCX로 전송할 때 사용한다.

로보랩 소프트웨어
난이도와 사용할 수 있는 명령어의 양에 따라 8가지의 프로그램 단계로 구성되어 있다.

센서와 출력

그림 2.13 로보랩의 구성 요소

① 로보랩의 구성요소

로보랩 조립세트에 들어 있는 로보랩의 구성요소는 그림 2.13처럼 RCX, 적외선 전송장치, 로보랩 소프트웨어, 센서 등으로 되어 있다. 그리고 RCX

와 센서 등의 조립 상태 예는 그림 2.14와 같다.

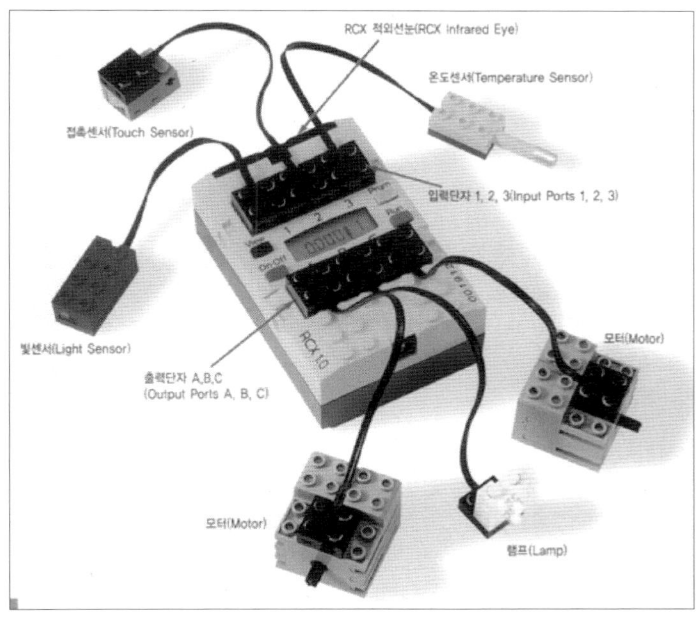

그림 2.14 RCX와 각종 센서 등의 조립 예

② 로봇 제작 순서(그림 2.15 참조)

먼저 로봇 조립 세트에 들어 있는 RCX와 레고 브릭들을 사용하여 로봇을 조립해야 한다. 그리고 프로그램 언어인 ROBORAB을 사용하여 로봇에 필요한 프로그램을 만든 후, 적외선 전송 장치를 통하여 자신이 만든 프로그램을 RCX로 전송한다. 만든 로봇은 자기 스스로 주변의 환경과 상호 작용하여 움직일 수 있게 된다.

③ 로보랩 소프트웨어(ROBOLAB Software))

LabVIEW는 많은 대학과 기업에서 과학자와 기술자들이 수치의 측정, 제어 등에 이용하는 프로그래밍 언어다. 생물기상학, 항공우주산업, 에너지탐사 등 많은 부문에서 자료를 분석하고 처리하는 데 LabVIEW가 사용되고 있다. ROBOLAB은 이러한 LabVIEW를 기반으로 하여 RCX를 프로그래밍하고, 제어하기 위해서 만들어진 소프트웨어이다. ROBOLAB은 누구나 쉽게 사용할 수 있도록 적은 옵션들과 간단하고 편리한 환경을 가지므로, 쉽게 Programming할 수 있다.

설계하고 조립하기
RCX와 로보랩 세트를 이용해 로봇을 만든다. 여기에 센서와 모터, 램프를 더하여 프로그래밍할 준비를 한다.

컴퓨터에서 프로그램 설계하기
로보랩 소프트웨어의 8가지 프로그래밍 단계 중에 하나를 선택해 프로그램을 설계한다.

RCX로 프로그램 전송하기
마우스를 클릭하면 프로그램이 컴퓨터에서 적외선 송신기를 통해 곧바로 RCX에 전송된다.

프로그램 실행과 동작하기
이제 로봇이 움직일 준비가 되었다. 프로그램을 실행시키면 모터와 센서가 프로그램한 대로 작동하는지 볼 수 있다.

그림 2.15 로봇 제작 순서

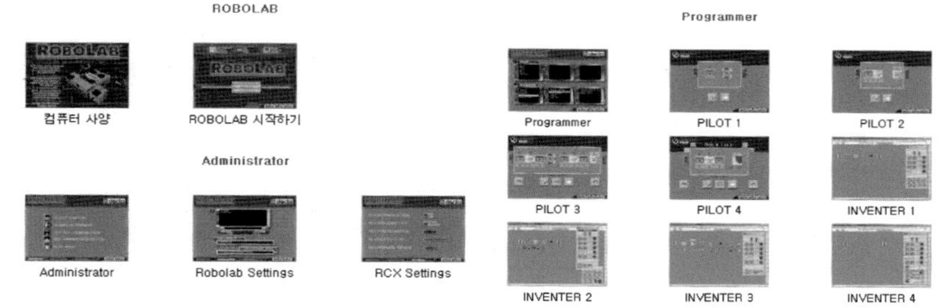

그림 2.16 로보랩 소프트웨어

④ 명령 아이콘

ROBOLAB 언어는 RCX 컴퓨터에 명령을 전달하는 도구이다. 모든 명령어는 아이콘의 형태로 구성되어 있어서 간단하고 쉽게 높은 수준의 프로그래밍 실력을 기를 수 있다. 그림 2.17은 아이콘의 일부를 나타낸 것이다.

프로그램의 시작과 끝

시작 프로그램의 시작을 나타내는 아이콘으로 모든 INVENTOR 프로그램의 처음에 놓입니다.

종료 프로그램의 끝을 나타내는 아이콘으로 모든 INVENTOR 프로그램의 끝에 놓입니다.

A정지 RCX 출력단자 A에 전력 공급을 중단합니다.

모두 정지 RCX 출력단자 A,B,C에 전력 공급을 중단합니다.

정지 지정된 RCX 출력단자에 전력 공급을 중단합니다.
(기본값: A,B,C)

간단한 출력

모터A 정회전 출력단자 A에 연결된 모터에 최대 전원을 공급하여 정회전시킵니다.

모터A 역회전 출력단자 A에 연결된 모터에 최대 전원을 공급하여 역회전시킵니다.

램프A 출력단자 A에 연결된 램프에 최대 전원을 공급합니다.

4번 음 소리내기 RCX에서 올라가는 삐 소리가 나도록 합니다.

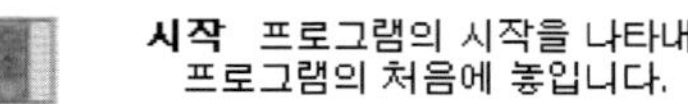

그림 2.17 명령 아이콘

③ 소프트웨어 설치 방법

이 소프트웨어는 Mac과 PC 모두에 설치할 수 있는데, 추천 사양은 다음과 같다.

50MB의 사용가능 하드 디스크 용량, 32MB RAM, 166MHz 이상의 프로세서 등의 운영체제, 안내 동영상을 보기 위해서는 사운드 카드가 필요하다.

다음으로 프로그램 설치 방법은 다음과 같다.

ROBOLAB CD를 CD – ROM에 넣은 후, INSTALL을 따라 하면 된다.

(6) 로봇 만들기 기초 실습

① 바퀴 조립 실습

그림 2.18 바퀴 조립 실습

② 각종 센서 조립 실습

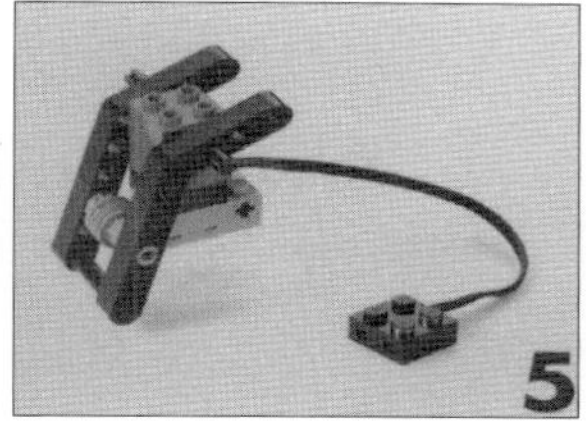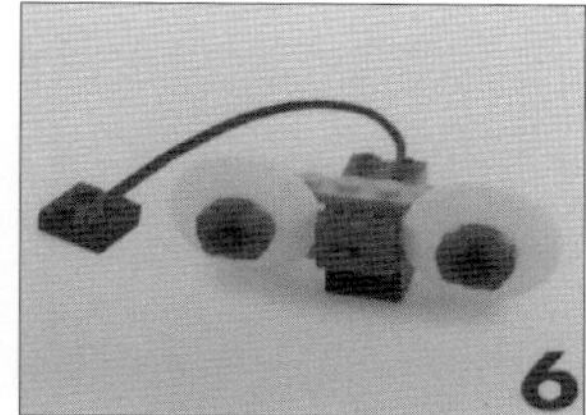

그림 2.19 센서 조립 실습

4. 실습 순서

간단한 실습 과제로서 범퍼카와 라인 트레이서 자동차 만들기(선택 과제)를 해 보도록 한다.

(1) 접촉 센서를 이용한 범퍼카 만들기

① 필요한 부품을 준비한다.
② 그림과 같이 구동 바퀴를 지지할 수 있는 받침대를 준비한다.

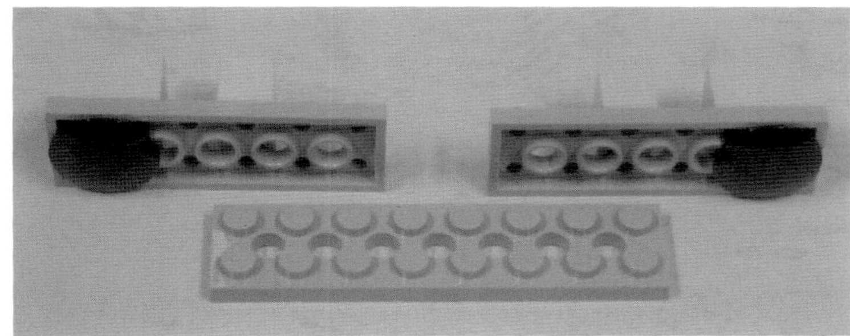

그림 2.20 구동바퀴 지지용 받침대

③ 받침대의 양 끝에 접촉 센서를 꽂는다. 이때, 센서의 스위치 부분이
   바깥쪽을 향하도록 꽂아 준다.

그림 2.21 접촉 센서 조립

④ 그림 2.22와 같이 RCX 측면에 필요한 부품을 조립한다.

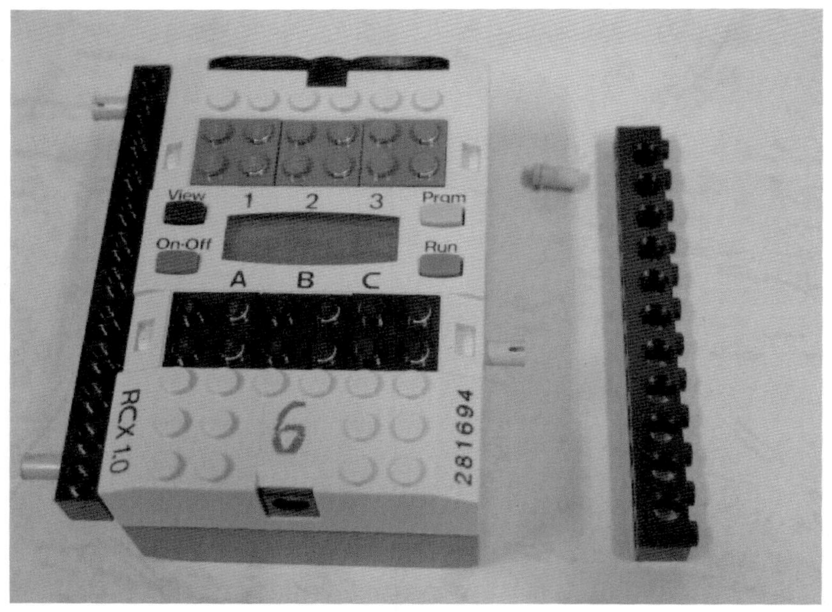

그림 2.22 RCX 측면에 필요 부품을 조립

⑤ 구동바퀴 만들기

그림과 같이 바퀴 구동에 필요한 부품을 준비하고, 두 개의 바퀴 등을 제작한다.

그림 2.23 두 개의 모터 등으로 바퀴 제작

⑥ 입·출력단자 꽂기

센서와 연결된 단자는 RCX의 입력 측(1, 3) 단자에 꽂고, 바퀴와 연결된 단자는 RCX의 출력 측(A, C) 단자에 연결한다. 이때, 단자에 꽂는 방향에 유의한다.

그림 2.24 RCX의 입력과 출력단자 연결

⑦ 사각형 범퍼 만들기

전체적인 모양이 아래 그림과 같이 사각형이 되도록 범퍼를 조립한다.

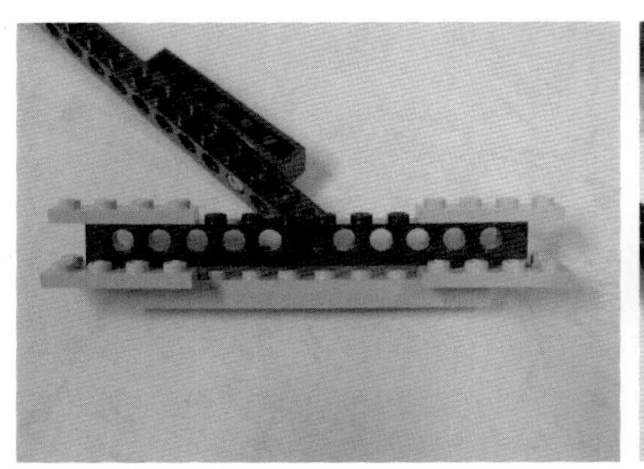

그림 2.25 네모난 범퍼를 조립

⑧ RCX와 범퍼의 조립

조립된 RCX 본체와 범퍼를 조립하여 최종적으로 범퍼카를 완성한다.

그림 2.26 RCX 본체와 범퍼를 조립하여 완성한 범퍼카(bumper car)

⑨ 로보랩 프로그램의 작성 및 송신

아래의 순서로 로보랩 프로그램을 만든 후, 컴퓨터에 접속된 적외선 송신장
치를 이용하여 무선 방식으로 로보랩 프로그램을 RCX 본체에 탑재시킨다.

㉮ 그림 2.27 참조

- 우선 컴퓨터에 있는 로보랩 프로그램을 실행하면 그림 2.27과 같은
  로보랩 프로그램의 초기화면이 나타난다.
- 이때 PROGRAMMER를 선택한다.

그림 2.27 로보랩 프로그램의 초기화면

㉯ 그림 2.28 참조

- 아래 그림의 화면에서 PILOT과 INVENTER 중 한 단계를 선택할 수
  있으며, 각 단계는 사용할 수 있는 명령어와 난이도에 따라 4개의
  LEVEL로 나누어진다.
- 범퍼카에서는 PILOT의 Level 중 Pilot 3을 더블클릭하여 선택하도록
  한다.

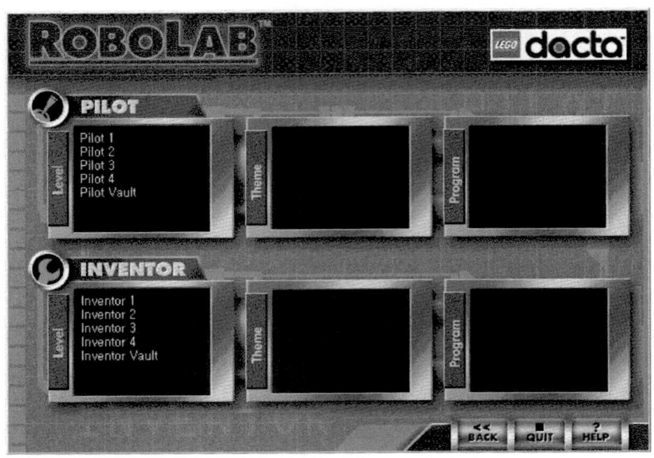

그림 2.28 Pilot 3의 선택 화면

㉓ 그림 2.29 참조

- Pilot 3을 선택하면 그림 2.29와 같은 화면이 나타난다.
- 이 화면에서 범퍼카를 동작시킬 수 있는 프로그램을 작성하도록 한다.

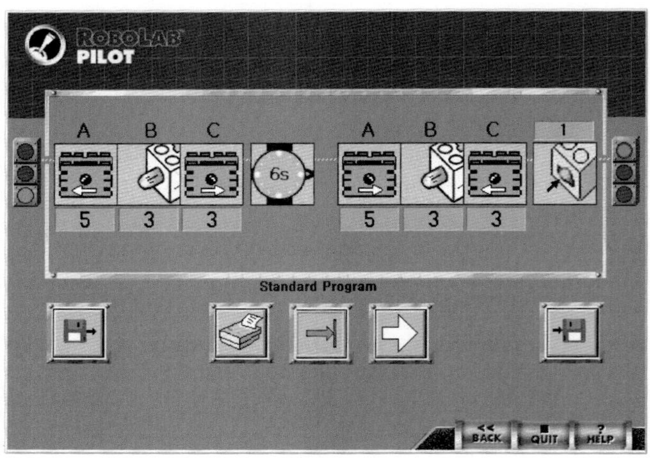

그림 2.29 Pilot 3의 초기 화면

㉔ 그림 2.30 참조

- Pilot 3에서는 RCX의 출력단자(바퀴용 모터) 중에서 A와 C만을 사용

한다. 출력단자 B는 빛센서로서 범퍼카에서는 사용 안 하므로 빨간색
으로 설정한다.
- 두 개의 바퀴는 항상 같은 방향으로 회전하여야 하기 때문에, 좌측의
  A와 C는 좌측으로, 우측의 A와 C는 우측으로 화살표 되도록 설정한다.
- 이때 주의할 점은 범퍼카의 속도가 매우 빠르므로, A와 C의 모터 아
  이콘 밑에 있는 숫자를 반드시 1로 설정한다.
- 모터 C 아이콘의 옆에 있는 6s 아이콘을 접촉센서로 설정한다. 이때
  접촉 센서 아이콘의 숫자 1과 3은 입력 1과 3을 나타내도록 설정한다.

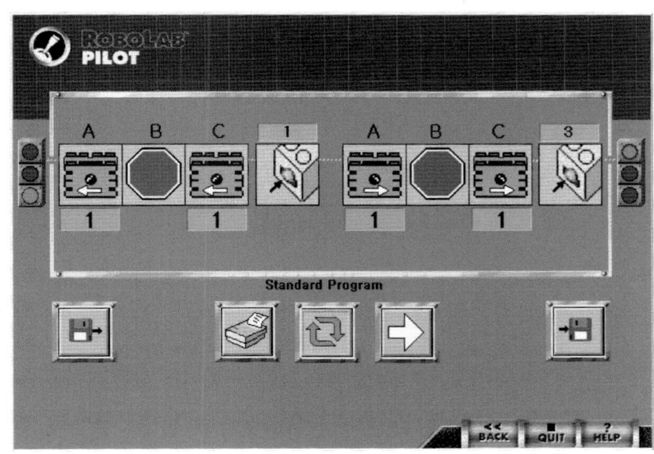

그림 2.30 범퍼카의 동작 프로그램 작성 실제 화면

- 맨 아래의 가운데에 있는 분홍색 화살표를 반복 실행으로 설정하면,
  범퍼카에서 위의 프로그램이 계속 반복하여 실행된다.
- 프로그램의 설명: 범퍼카가 정해진 속도 1로 움직이게 되며 물체에
  부딪혀 네모난 범퍼가 접촉센서(입력단자)에 접촉되면 출력단자의 모
  터가 반대 방향으로 구동하게 되는 동작을 반복한다.

㉑ 그림 2.31 참조
- 컴퓨터에 로보랩 프로그램을 설치한 후, 컴퓨터에 무선 송신 장치가

잘 접속되었는지 확인한다.

- 제작한 로봇의 RCX 스위치를 ON으로 한 후, Prog 버튼을 3번에 설
  정하여 무선 송신 장치의 20cm 정도 앞에 둔다.
- 그림 2.30에서 맨 아래의 흰색 화살표 아이콘을 클릭한다. 그러면 컴
  퓨터에 접속된 적외선 송신장치로부터 방금 작성한 로보랩 프로그램
  이 무선 방식으로 RCX 본체에 탑재된다.

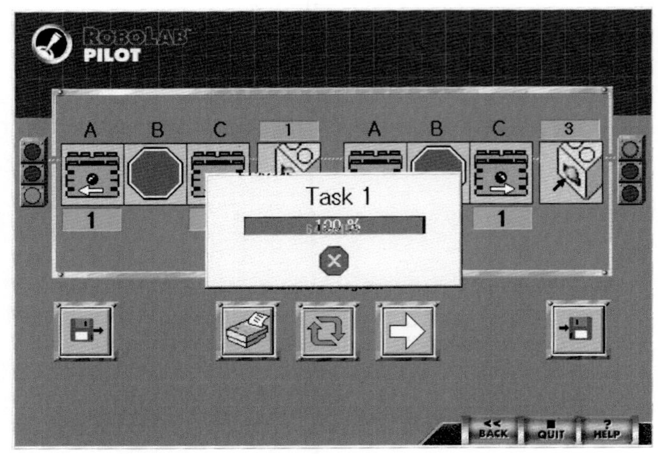

그림 2.31 작성한 프로그램의 무선 송신 실행

⑩ 범퍼카의 동작 확인

- 실습대 위에 범퍼카를 올려놓고 RCX의 Run 스위치를 눌러서 범퍼카
  를 동작시킨다.
- 이때 범퍼카가 이동하면서 장애물에 부딪히면 접촉 센서가 동작되어
  범퍼카는 반대 방향으로 이동하게 된다.
- 이러한 동작이 계속 반복되므로 범퍼카는 좌우로 왕복 운동을 하게
  된다.

6. 연구 과제

(1) 로봇에서의 자유도란 무엇인가?

(2) 라인트레이서 로봇을 만들어 보자.

(3) 제작한 범퍼카 로봇의 디지털 사진을 찍어 이곳에 붙여 보자.

(4) 그 외에 창의성을 발휘하여 여러 가지 로봇을 제작하여 보자.

03

태양광 자동차 만들기

1. 실험 목적

(1) 태양 전지의 원리를 이해한다.

(2) 태양광 자동차의 구동 원리를 이해한다.

(3) 문제기반학습법(PBL)에 의한 태양광 자동차 만들기를 수행할 수 있다.

2. 기계 및 기구

(1) 태양광 자동차 키트(상용) ⋯1개

(2) 모둠별 소요 재료 ⋯1셀

(3) 납땜 기구 셀 ⋯1셀

3. 실험 재료

(1) 전선 등 ⋯약간

4. 관련 이론

(1) 태양 전지

태양 전지(solar cell)란 태양 에너지를 전기 에너지로 변환할 목적으로 제작된 광전지를 말한다. 이때 사용되는 반도체 재료로는 실리콘이 주로 사용된다.

실리콘 태양 전지는 확산법에 의해 p−n 접합을 형성하며, 소자 1개당의 전압은 약 0.5V이고, 태양광 $1kW/m^2$에 대한 전력 변환효율은 15% 정도로 매우 적다. 그림 3.1은 태양 전지 여러 개를 하나로 집합시켜 놓은 모듈이다.

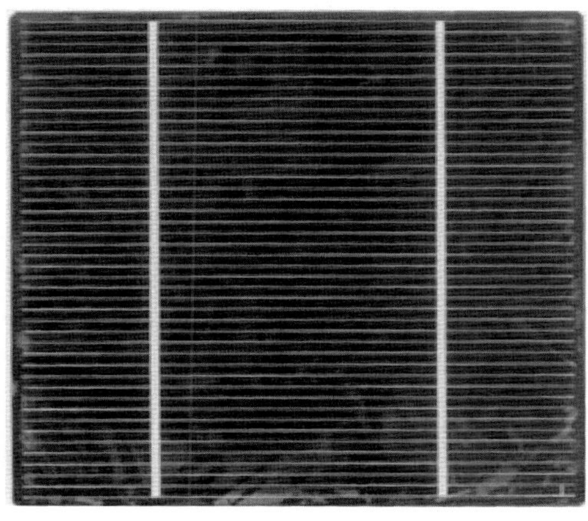

그림 3.1 태양 전지 모듈

그림 3.2는 태양 전지에서 전기가 발생되는 원리를 그림으로 나타낸 것이다. 솔라셀(solar cell)은 태양 전지의 기본단위이며, 솔라셀 여러 개를 납땜해서 태양 전지판을 만드는 것이다. 솔라셀은 한 개당 약 0.5V를 만들며, 여러 개를 PCB(인쇄회로기판) 위에 병렬 및 직렬로 연결하여 납땜한 후, 그 위에 강화유리나 에폭시를 씌워서 만든 것이 태양 전지판이다. 결국 태양 전지판이란 전기를 공급하는 면에서는 배터리랑 비슷한 성격을 가지고 있지만, 배터리는 전기가 저장되어 있기 때문에 아무 때나 쓸 수 있지만 태양 전지는 태양 빛이 있을 때만 전기 사용이 가능하다는 것이다. 그림 3.3은 태양 전지를 사용한 태양광 주택의 예를 나타낸 것으로서, (http://blog.naver.-com/beat_yhs의 자료를 수정한 것이다.

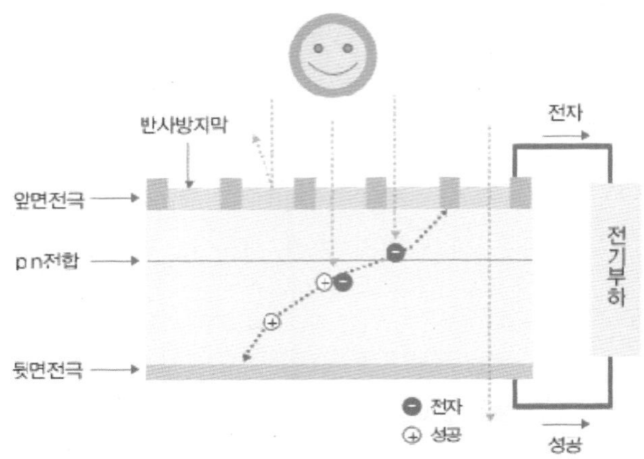

그림 3.2 태양 전지의 원리

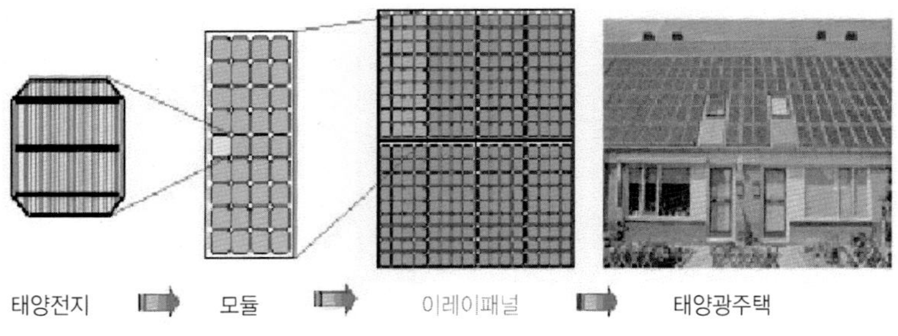

그림 3.3 태양 전지와 태양광 주택

(2) 태양광 자동차

태양광으로 만든 자동차가 외국에서는 그 역사가 우리보다 오래되었다. 그림 3.4는 2인승 태양광 자동차가 주행하는 모습을 나타낸 것이다. 공학자들은 자동차에서 공해를 발생하지 않는 차를 만들기 위하여 연구하고 있으며, 미국에서는 태양광 자동차 경주대회도 열리고 있다. 그림 3.5는 미국에서 열린 태양광자동차 경주대회를 나타낸 것이다(인터넷 http://kin.naver.com/open100). 휘발유 등의 지하자원이 고갈되기 전에 공학자들이 개발한 태양광 자동차가 머지않아 세계적으로 도로 위에서 달리는 모습을 많이 볼 수 있을 것이다.

그림 3.4 2인승 태양광 자동차　　　　그림 3.5 토론토 대학의 경주 모습

5. 실습 방법 및 순서

(1) 모듬별로 태양광 자동차 만들기의 프로젝트 과제를 수행한다.

(2) 태양광 자동차 만들기는 아래의 두 가지 방법 중 선택하여 한다.
　① 상용의 태양광 자동차 만들기 키트를 사용한다(평가 점수는 불리).
　② 모듬별로 태양광 자동차를 설계하고, 필요한 재료를 산출하고, 구입하여 제작한다. 단, 소요 재료를 신청하면(9월까지) 일괄 구입해 줄 것이며 모듬별로 3만 원 이내로 제한한다. 설계 방법은 기술교육과 대학원 및 교육대학원의 석사논문 등에 있는 내용을 참고할 수 있다.

(3) 실습용 키트의 특징

태양광 자동차(solar car)의 전자 키트(kit)는 국내 및 국외에서 여러 종류가 생산되고 있다. 이 실습에서 만들 태양광 자동차는 비교적 저렴하고 제작이 간단한 것이며, 이하의 본문에서 소개하는 내용은 국내 회사에서 판매하는 교육용 제품의 특징을 요약정리하고 수정한 것이다(www.dasolplus.com).

첫째, 키트의 규격은 다음과 같다.
　① 총 부품 수: 37개
　② 태양 전지 크기: 가로 65mm × 세로 35mm × 높이 2.5mm

③ 태양 전지 특성: 4볼트 80mA

④ 자동차 크기: 가로 130mm × 세로 60mm × 높이 60mm

둘째, 제품의 특징은 아래와 같다.

① 전기인두에 의한 납땜이 필요 없어서 제작이 간편하다.

② 무공해 에너지인 대체 에너지에 대한 의식을 고양할 수 있다.

③ 교육용 태양 전지 모듈로 제작하였으며, 태양 전지 모듈이란 태양 광 전지판을 가공하여 에너지원으로 직접 사용할 수 있도록 제작한 것을 말한다.

④ 태양 전지 받침대가 관절 형태로 되어 있으므로 태양 전지를 태양 방향으로 각도 조절이 쉽다.

⑤ 효율이 높은 (4V, 80mA)의 소형 태양 전지 모듈을 사용하였으므로, 태양광 대신에 실내의 백열등으로도 자동차 작동이 가능하다.

⑥ 태양 전지 전용의 소형 전동기를 사용하였다.

⑦ 자동차의 앞바퀴 축이 핸들 구조로 되어 있어서 회전 운행이 가능하다.

⑧ 태양 빛 아래에서 태양 에너지를 충전한 후 태양 빛이 없는 곳에서도 자동차라 동작된다.

(4) 각 모듬별로 제작한 태양광 자동차의 주행 성능을 평가한다.

(5) 아래 그림 3.6은 다양한 아이디어로 창의력을 발휘하여 학생들이 제작한 태양광 자동차의 모습이다.

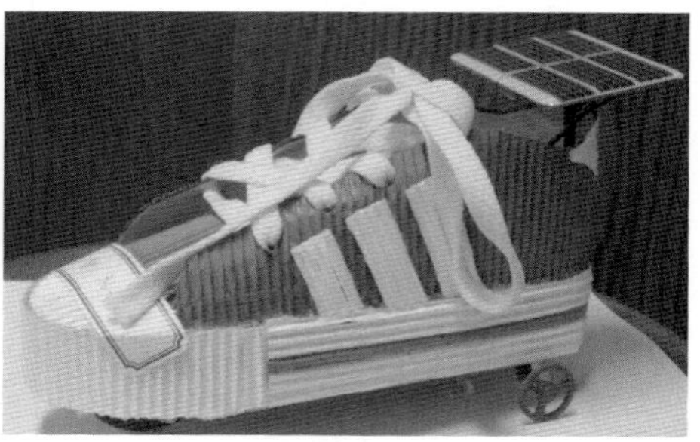

| (a) | (b) |

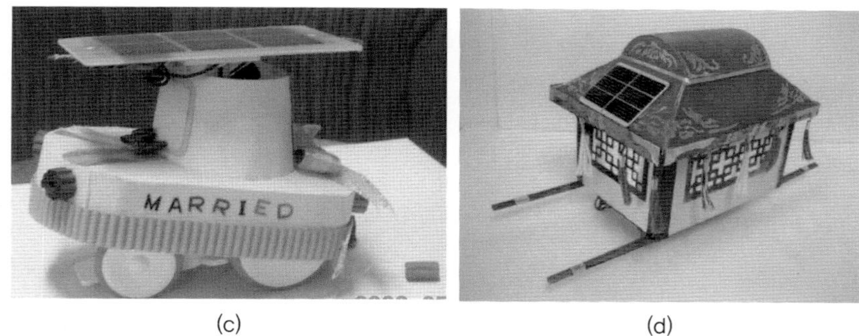

그림 3. 6 태양광 자동차의 예

6. 연구 과제

(1) 모둠별로 제작한 태양광 자동차의 사진을 이곳에 붙인다.

(2) 기술교육에서의 문제기반학습법(PBL)이란 무엇인가?

04

전류계와 전압계의 사용법

1. 실험 목적

(1) 직류 및 교류 전류계, 직류 및 교류 전압계의 사용법을 익힌다.

(2) 전류계와 전압계의 눈금 읽는 방법과 접속 방법을 습득한다.

(3) 실험을 통하여 전류계와 전압계의 원리와 관련 이론을 이해한다.

2. 기계 및 기구

(1) 직류 전류계: 0.1/1/3[A] …1대

(2) 교류 전류계: 0.1/1/10[A] …1대

(3) 직류 전압계: 3/10/30/100[V] …1대

(4) 교류 전압계: 75/150[V], 150/300[V] …1대

(5) 직류 전원 장치: 0~30V …1대

3. 실험 재료

(1) 고정 저항기: 200[Ω], 470[Ω], 1[kΩ] …각 1개

(2) 리드선 …10개

(3) 백열전구: 220[V]/30[W], 60[W], 100[W] …각 1개

4. 관련 이론

(1) 회로의 저항 R[Ω], 전원 전압 E[V], 회로에 흐르는 전류 I＝E/R[A]이다.

(2) 전류계는 동작 원리에 따라 여러 가지가 있으며, 전류계의 내부 저항은 매우 작기 때문에 반드시 회로에 직렬로 접속해야 하며, 병렬로 접속하게 되면 순간적으로 계기가 타 버려 고장 나게 된다.

(3) 전압계는 반드시 회로에 병렬로 접속해야 한다.

(4) 전압계의 눈금판에는 거울이 붙어 있다. 이것은 눈금을 정확하게 읽기 위한 것이다.

(5) 표 4.1은 동작 원리에 따른 계기의 특성을 나타낸 것이다.

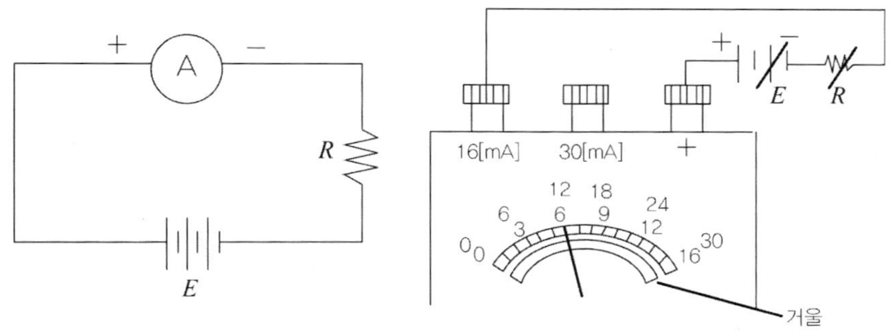

그림 4.1 전류계의 접속

표 4.1 동작 원리에 따른 계기의 특성

동작원리에 의한 종류	적용계기	특 징
가동 코일형	직류 전류계, 직류 전압계	고감도
가동 철편형	교류 전류계, 교류 전압계	구조가 견고하다.
전류력계형	직류 및 교류의 전류계, 전압계, 전력계	오차가 적은 전력계에서는 이형을 사용한다.
정류기형	교류 전류계, 교류 전압계	교류에서는 고감도이며 평균값으로 동작하지만 파형 오차가 크다.

5. 안전 및 유의 사항

(1) 교류 회로의 구성 시 퓨즈를 사용하여 계기를 보호하도록 한다.

(2) 직류 전류계 및 전압계를 회로에 접속 시 계기의 극성에 유의해야 한다.

(3) 회로 구성이 완료되면 전원을 넣기 전에 반드시 검사를 받도록 한다.

(4) 계기가 수평 또는 수직으로 바르게 놓여 있는지 확인한다.

(5) 계기의 지침이 눈금판의 0점에 맞는지 확인한다. 맞지 않을 경우에는
    0점 조정나사를 드라이버로 천천히 좌우로 돌려 가며 맞춘다.

6. 실험 방법 및 순서

(1) 직류 전류계

① 저항기 1개를 사용하여 그림 4.2 (a)와 같이 회로를 구성한다.

② 직류전원장치로 DC 9[V]를 가하고 전원 스위치 SW를 닫고, 전류
   계의 지시값을 읽어 표 4.2에 기록한다.

③ 저항기를 더 써서 그림 4.2의 (b) 및 (c)와 같이 회로를 연결하고,
   위의 실험 순서 ②를 되풀이한다.

④ 그림 4.2 (d) 및 (e)와 같이 b, c로 전류계를 옮겨 접속하고, 실험 순
   서 ②를 되풀이한다. 이때, 전류가 어떻게 되는지를 관찰한다.

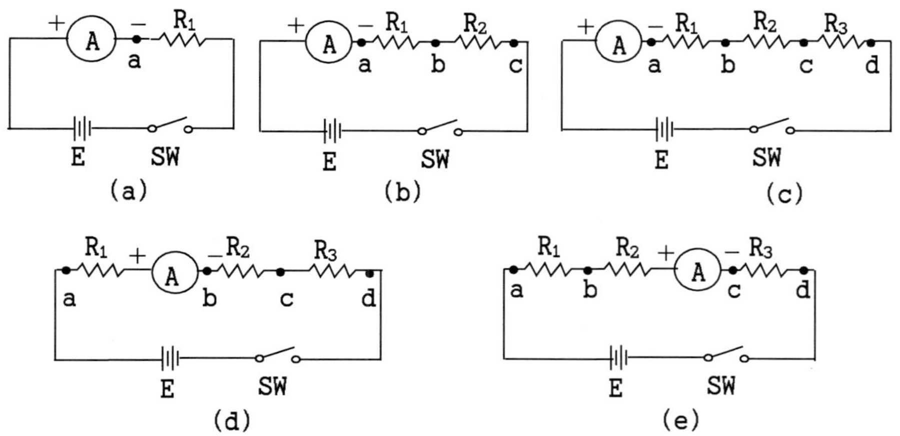

그림 4.2 직류전류 측정회로

표 4.2 직류 전류의 측정 결과

저항기의 수 (개)	전류계의 위치	전류(mA)		비 고
		계산값	측정값	
1	점 a			
2	점 a			
3	점 a			
3	점 b			
3	점 c			

(2) 직류 전압계

① 그림 4.3과 같이 회로를 구성한다.

② DC 20[V]를 가하고 스위치 SW를 닫고 전압계를 사용하여 저항기 R_1, R_2, R_3의 각 전압을 측정한 다음, 그 값을 표 4.3에 기록한다.

③ 직류전원전압과 직렬접속한 저항기 $R_1 + R_2$ 및 $R_1 + R_2 + R_3$에 대한 전압을 측정한 다음, 그 값을 표 4.3에 기록한다.

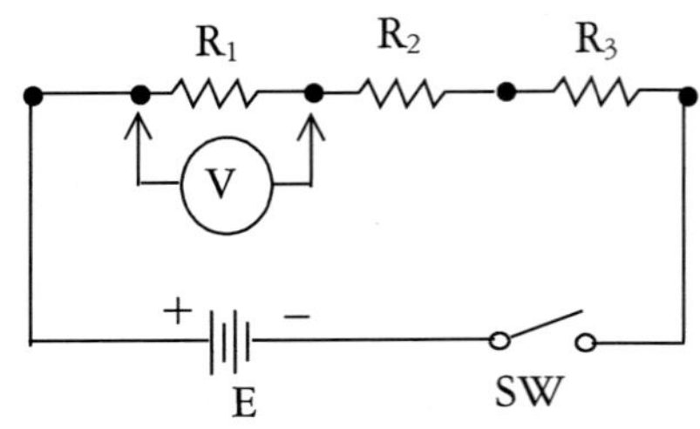

V: 직류 전압계, R1, R2, R3: 저항기 E: 전원

그림 4.3 직류 전압 측정 회로

표 4.3 직류 전압 측정 결과

직류전원전압 E[V]	저항기의 단자 전압[V]				
	V_{R1}	V_{R2}	V_{R3}	$V_{R1} + V_{R2}$	$V_{R1} + V_{R2} + V_{R3}$

(3) 교류 전류계

① 그림 4.4와 같은 방법으로 회로를 구성한다.

② 스위치 SW를 닫은 후, 교류 전류의 값을 측정하여 표 4.4에 기록한다.

③ 백열전구를 바꾸어 가면서 전류를 측정하고, 그 값을 표 4.4에 기록한다.

④ 표 4.4에서 저항값을 계산하여 구한다.

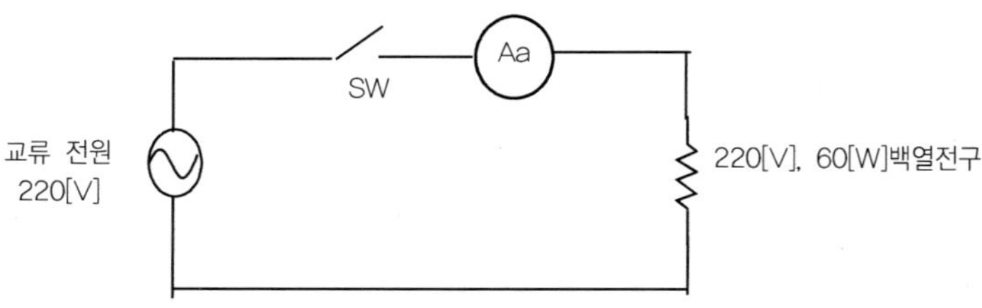

그림 4.4 교류 전류의 측정 회로

백열전구 [W]	전류 [mA]	저항[Ω]	비 고
30			
60			
100			

(4) 교류 전압계

① 그림 4.5 (a)와 같이 회로를 구성한다.

② 전구 L_1, L_2, L_3를 적당히 점멸하여 각각의 경우, 전압계의 지시값을 읽어 표 4.5 (a)에 기록한다.

③ 그림 4.5 (b)와 같이 회로를 접속하여 단자 1 - 4, 1 - 2, 2 - 3 및 3 - 4를 전압계로 측정하고 그 값을 표 4.5 (b)에 기록한다.

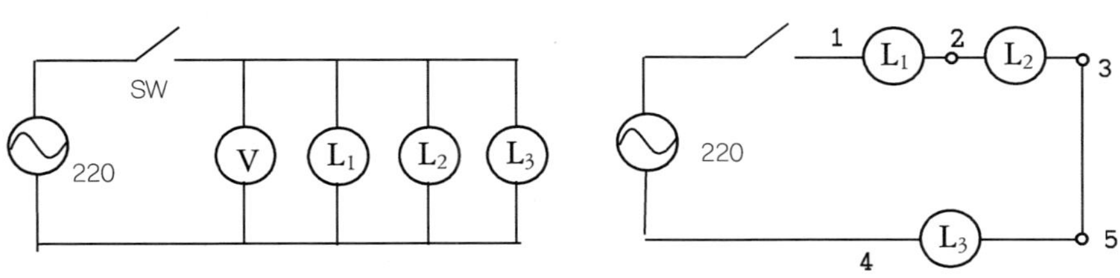

(a) 전구의 병렬접속 회로   (b) 전구의 직렬접속 회로

(L_1: 30 [W], L_2: 60 [W], L_3: 100 [W])

그림 4.5 교류 전압 측정 회로

■ 표 4.5 교류 전압의 측정 결과

(a) 전구의 병렬접속 회로		(b) 전구의 직렬접속 회로	
백열전구	V[V]	단 자	V[V]
L_1		1, 4	
L_1, L_2		1, 2	
L_1, L_2, L_3		2, 3	
		3, 4	

(L_1: 100W, L_2: 60W, L_3: 30W)

7. 연구 과제

(1) 전류계 및 전압계의 종류를 동작 원리에 따라 조사하여 보자.
(2) 직류 전류계 및 전압계는 왜 극성을 고려해야 하는가?
(3) 전류계를 사용할 때 회로에 직렬로 접속하는 이유는 무엇인가?
(4) 전압계를 사용할 때 회로에 병렬로 접속하는 이유는 무엇인가?
(5) 저항 측정 시에 계기의 지침이 0점이 맞지 않은 상태에서 측정하면
    어떠한가?

오실로스코프 및 함수 발생기의 사용법

〈A. 오실로스코프 사용법〉

1. 실험 목적

(1) 오실로스코프(oscilloscope)의 사용법을 습득한다.

(2) 오실로스코프에 의한 파형의 관측법을 익힌다.

(3) 오실로스코프의 구조와 기능을 익힌다.

2. 기계 및 기구

(1) 오실로스코프(40[MHz], 모델: HC5504) ⋯1대

(2) 함수 발생기(모델: 8,205A) ⋯1대

(3) 소형 변압기(220/110V, 1kVA) ⋯1대

3. 실험 재료

(1) 건전지(1.5V, 9V) ⋯각 1개

4. 관련 이론

(1) 오실로스코프의 공식 명칭은 음극선 오실로스코프(cathode ray oscillo-scope, CRO)로 시간적으로 변화하는 전기적 신호를 파형으로 스크린상에 묘사시켜 전기적 변화를 측정, 분석하는 데 사용하는 계측기이다.

(2) 동작 원리는 그림 5.1의 음극에서 방사하는 전자 빔에 전기장 또는 자기장을 가하여 편향을 일으키고, 이것을 형광막에 투사하여 형광을 발사시켜 직접 눈 또는 사진으로 볼 수 있는 음극관의 일종이다.

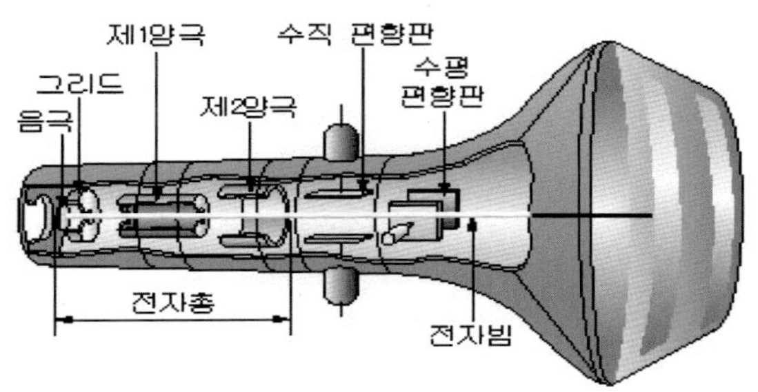

그림 5.1 브라운관의 구조

(3) 전자 빔은 음전하를 가지고 있으므로 편향판 사이의 전위를 다르게 하면 전자빔의 방향은 그림 5.2와 같이 바뀌게 된다.

만일, 편향판에 교류 전압을 가하면 교류 전압의 주파수에 따라 전자 빔의 방향이 바뀌게 된다.

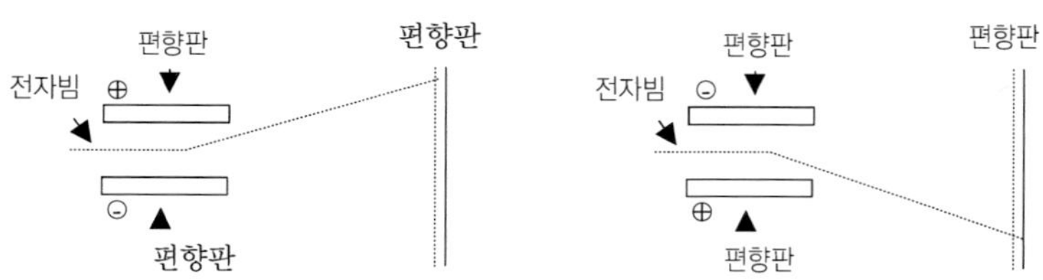

그림 5.2 편향판의 전위에 따른 전자 빔의 이동

5. 오실로스코프의 기능

(1) 조작부의 설명

오실로스코프의 전면 모습은 그림 5.3과 같으며, 기능은 다음과 같다.

① POWER: 전원 스위치를 ON할 경우 상측 표시 lamp가 점등

② CAL 1V: 교정전압 출력단자

③ TRACE ROTATION: 휘선이 지자기 등에 영향을 받을 경우에 좌우로 돌림

④ INTENSITY: 관면의 휘선의 휘도 조정

⑤ B INTENSITY: B소인 동작 시의 휘도 조정

⑥ FOCUS: 관면의 휘선의 초점 조정

⑦ SCALE ILLUM: 관면 눈금의 조명을 조정

⑧ ↕ POSITION: 휘선의 수직 위치가 조정

⑨ VERTICAL MODE: 수직의 동작방식을 선택

CH 1: CH 1이 관면에 표시, CH 2: CH 2 이 관면에 표시

ADD: CH 1과 CH 2 신호의 대수합 또는 차의 신호가 관면에 표시

⑩ VOLTS/DIV: 이중의 외측 KNOB, 수직 측의 감도를 선택

⑪ AC - GND - DC: 입력신호와 수직증폭기의 결합방식을 선택

⑫ INPUT X, INPUT Y: CH 1과 CH 2의 입력신호를 접속하는 단자

⑬ HOLD OFF: 이중의 외측 KNOB, 우측으로 돌리면 HOLD OFF 시간이 길어지며 관면에는 휘도가 떨어짐. 평상시는 좌회전하여 사용

⑭ LEVEL: 이중의 내측 KNOB, 동기 LEVEL을 조정. 이것의 조작으로 트리거 신호 파형이 어떤 점에서 소인이 개시될 것인지 결정

⑮ POSITION ↔: 휘선의 수평위치를 조정

⑯ SWEEP MODE: 소인 방식을 선택하는 스위치

AUTO: 동기상태가 되었을 때는 정지파형이 표시되고 동기신호가 없을 때 또는 동기 LEVEL이 맞지 않았을 경우에 관면 파형은 FREE -

RUN 상태가 됨

NORM: 동기상태에는 관면에 파형이 표시되고 동기신호가 없을 때 또는 동기 LEVEL이 맞지 않을 경우는 휘선이 나타나지 않음

SINGLE: RESET 스위치와 공용의 단소인 스위치

⑰ HORIZONTAL MODE: A, B의 동작방식을 선택하는 스위치

⑱ VARIABLE: 시간의 미세조정기임. 1～2.5배 가변이 됨

⑲ A－B TIME/DIV: 소인시간을 설정하는 스위치

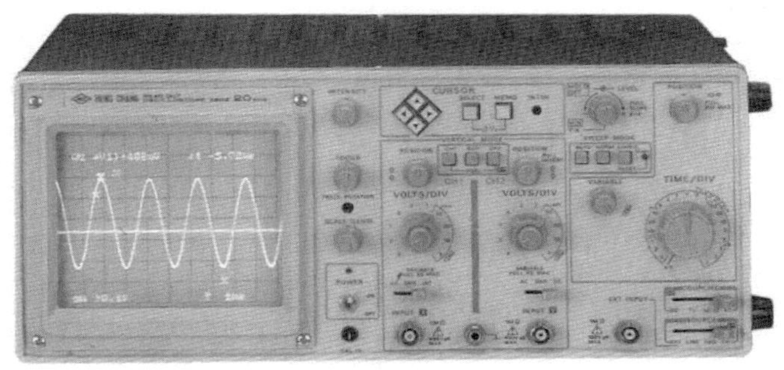

(a) 외형

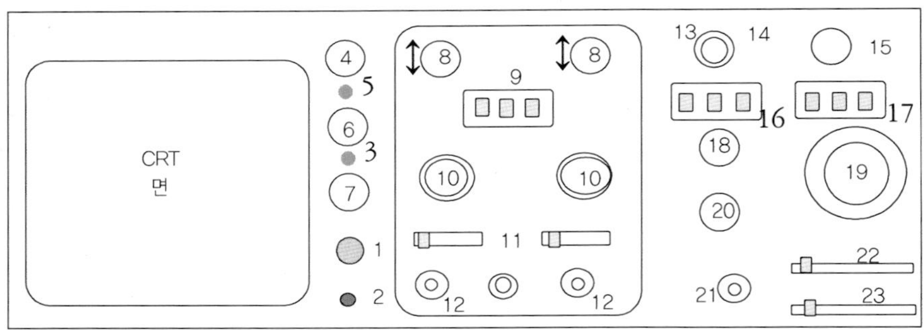

(b) 명칭

그림 5.3 오실로스코프의 외형과 명칭

⑳ DELAY TIME POSITION: TIME MULT의 배율기로 0.3～10.3배의 임의값이 연속적으로 변화됨으로써 교정된 값을 읽는 것이 가능

㉑ EXT INPUT: 외부 입력단자

㉒ COUPLING: 동기신호의 결합방식을 결정하는 스위치

　DC: 신호가 직접 트리거 회로에 접속

　TV: TV 영상신호 중 동기신호에 동기되도록 관측할 때 사용

　AC－LF: 10Hz부터 50kHz까지의 신호를 통과시킴

　AC: 동기입력은 용량결합으로 되며 10Hz 이하의 신호를 감쇄

㉓ SOURCE: 트리거회로의 트리거 신호원을 선택하는 스위치

　EXT: 외부의 입력신호를 선택하는 스위치

　LINE: Line(전원) 신호를 선택하는 스위치

　CH 2: CH 2의 신호를 선택하는 스위치

　CH 1: CH 1의 신호를 선택하는 스위치

(2) 사용 전 준비사항

① 계기에 전원을 넣기 전에 각 스위치 또는 KNOB를 아래와 같이 설정한다.

　a. 전원 스위치　OFF

　b. 3개의 POSITION　중앙

　c. INTENSITY　중앙

　d. 트리거 레벨　좌측으로 회전

　e. SWEEP MODE　AUTO

　f. AC－GND－DC　AC

② AC 전원 케이블을 뒤에 연결하여 플러그를 AC 콘센트에 접속한다.

③ POWER 스위치를 ON한다.

④ FOCUS와 INTENSITY를 조정하여 휘선을 선명하게 한다.

⑤ 수평, 수직 POSITION를 조정하여 중앙에 오도록 한다.

⑥ CH 1용 AC－GND－DC 절환스위치를 DC에 설정하고, PROBE를 입력 콘넥터에 접속하여 PROBE의 선단을 CAL 1V 출력단자에 접속한다.

⑦ CH 1용 VOLT/DIV 절환스위치를 20mv/div에 설정하며 VARIABLE을

우측으로 끝까지 돌린 후 선택 절환 스위치를 INT, INT TRIG 스위치를 CH 1에 설정한다.

⑧ LEVEL을 돌려 CAL 신호의 동기를 안정시킨다.

TIME/DIV를 돌려 1ms/div에 설정한다. 이상의 조작으로 5DiV의 방형파가 관면에 표시되어야 한다.

⑨ ⑥부터 ⑧까지의 조작을 CH 2에 행하여 PROBE를 조정한다.

⑩ CAL 1V 출력단자로부터 PROBE를 빼내면 본 장비는 사용준비가 완료된 상태이다.

6. 파형 관측

그림 5.4 (a)에서 수직 편향판에 측정할 전압이 가해지면 전자류는 브라운관면에서 수직 방향으로 움직인다. 수평 편향판은 오실로스코프 내에서 발생한 톱날파형 전압으로 전자류를 수평방향으로 움직이게 한다. 따라서 수직 편향판에 60[Hz]의 사인과 전압을 가하고, 수평 편향판에 20[ms]의 톱날파형을 가하면 그림 5.4 (b)와 같은 파형이 나타난다.

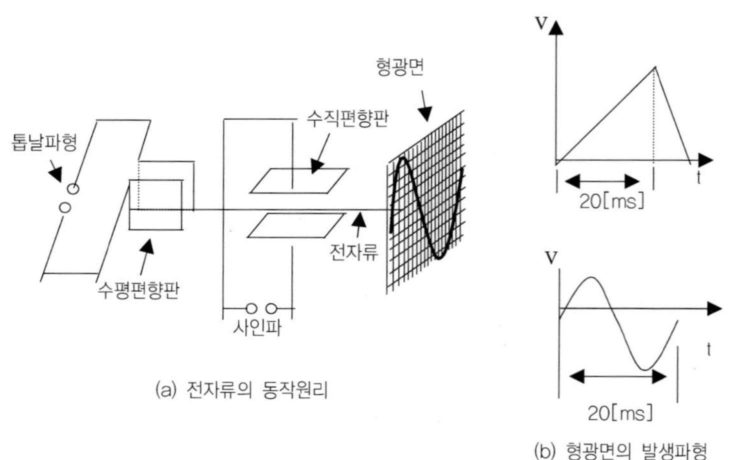

(a) 전자류의 동작원리

(b) 형광면의 발생파형

그림 5.4 브라운관의 파형

7. 주파수 측정

일반적으로, 주파수를 측정하는 방법은 화면에 나타난 파형의 주기를 계산하여 $f = 1/T$의 관계로부터 그 파형의 주파수를 알 수 있다. 또, 리샤쥬 도형을 이용하여 주파수를 구하는 방법은 다음과 같다. 오실로스코프를 외부(external) 스위치로 해 놓고 정확한 주파수의 기준 전압을 수평 입력단자에 공급하고, 측정하고자 하는 주파수 fV의 신호를 수직 입력단자에 걸어주면 스코프면에 그림 5.5와 같은 리샤쥬 도형이 나타난다. 그림 5.5의 (b)는 fV/fH = 2, (c)는 fV/fH = 3의 경우이며, 따라서 fv는 각각 2fH, 3fH임을 알 수 있다.

그림 5.5 (d)와 (e)의 패턴이 수평선과 수직선에 접하는 점의 TH와 TV를 계산하면 그 비에서 주파수를 알 수 있다. 즉 그림 5.5 (d)의 경우는 fV/fH = TH/TV 에서 TH = 3, TV = 2이므로 fV/fH = 3/2, 따라서 fv = 1.5fH이다.

전원 주파수를 비교의 기준으로 하고 전원 전압과 AF 사인파 발진기의 출력으로 리샤쥬 도형을 그리게 하여 이 발진기 교정의 정확성 여부를 조사할 수 있다.

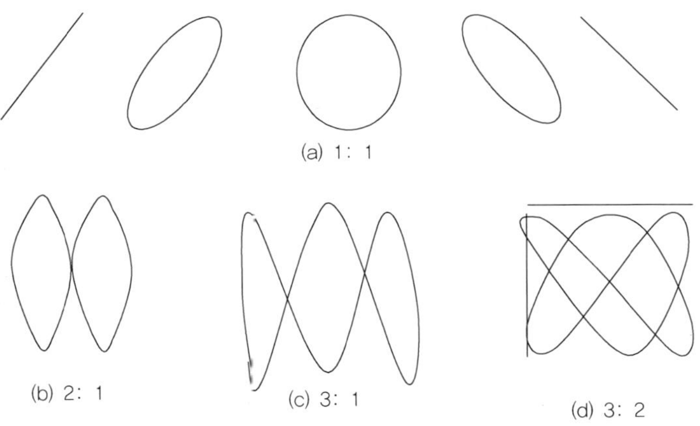

그림 5.5 리샤쥬 도형

8. 안전 및 유의 사항

(1) 고온, 습기 및 직사광선을 피해야 한다.
(2) 전압과 전류에 대하여 실험을 할 때에는 전압이나 전류를 직접 오실
    로스코프에 가하지 말고, 분압기나 분류기를 사용하여야 한다.
(3) 휘점이나 상을 너무 오랫동안 방치하면 형광막이 검게 변한다.
(4) 접지가 불안정할 때에는 전원에 의한 험(hum)이 유도되어 파형이 일
    그러진다. 또, 외부의 리드선은 가능한 한 짧게 한다.
(5) 초점의 조정을 너무 세게 해서도 안 된다.

9. 실험 방법

(1) 측정 준비

① 전원을 AC 220[V]에 접속하고 전원 스위치를 ON으로 한다.
② 휘도 조정(INTENSITY) 손잡이를 조절하여 휘선에 대한 밝기를 조정한다.
③ 초점 조정(FOCUS) 손잡이를 조절하여 휘선을 가늘게 조정한다.
④ 각각의 위치 조정(POSITION) 손잡이를 조절하여 휘점 또는 휘선이
    관면 중앙에 오도록 조정한다.
⑤ 수직 입력단자(VERTICAL MODE)에 입력 신호를 선택한다.
⑥ SWEEP는 AUTO에 위치시킨다.
⑦ CH 1에 PROBE를 접속하고 실습한다.

(2) 직류전압 측정

① 그림 5.6과 같이 건전지(1.5V, 9V)를 준비한다.
② 1.5V와 9V 건전지의 전압을 각각 측정하여 그림 5.8의 (a)에 파형
    을 그린다.

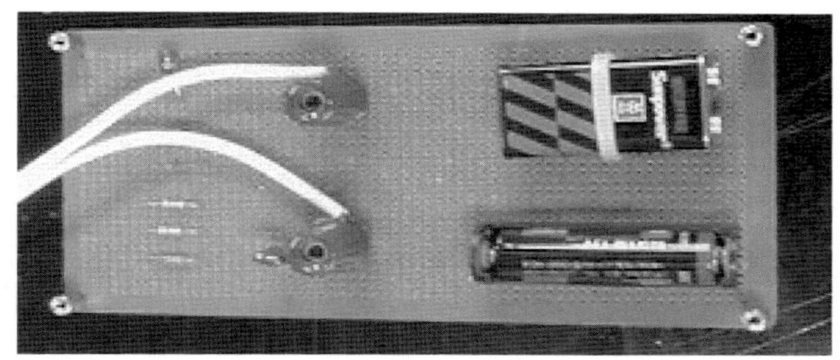

그림 5.6 측정용 직류 전원(1.5V, 9V)

(3) 교류 전압 측정

① 그림 5.7과 같이 소형변압기의 AC 110V를 측정한다. 이때 오실로 스코프의 측정 프로브는 ×10으로 설정한다. 그리고 교류 파형은 2 주기 이상이 보이도록 한다. 또한 VOLT/DIV의 스위치는 5에 놓고 knob는 우측으로 최대한 돌린다.

② 측정한 교류 파형을 그림 5.8의 (b)에 그린다.

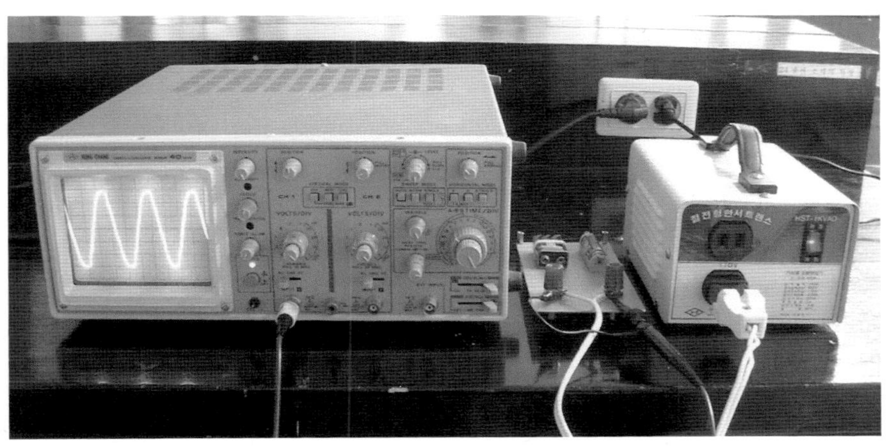

그림 5.7 교류 전압(110V) 파형의 측정

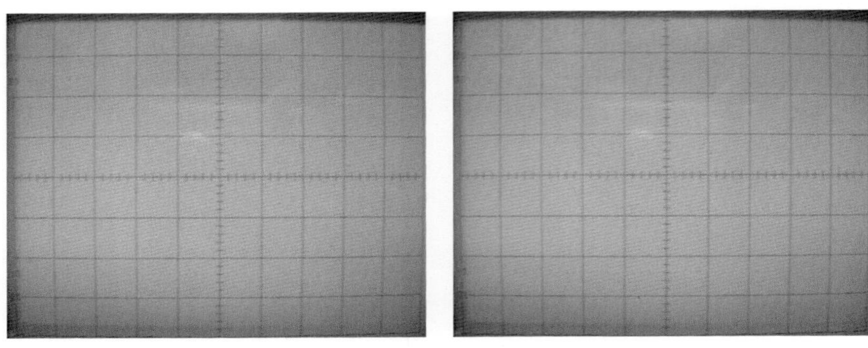

<table>
<tr><td>(a) 직류 전압 파형</td><td>(b) 교류 전압 파형</td></tr>
</table>

그림 5.8 오실로스코프로 측정한 파형

10. 연구 과제

(1) 브라운관의 스크린상에 광점의 광도의 세기는 어떤 손잡이로 조정하
는가?

(2) 오실로스코프는 일종의 전압계라 할 수 있는가?

(3) 오실로스코프 화면에 나타난 전기 파형의 사진을 찍어 이곳에 붙여
보자.

〈B. 함수 발생기의 사용법〉

1. 실험 목적

(1) 함수 발생기의 특징과 조절 방법을 습득한다.
(2) 함수 발생기를 작동시켜 오실로스코프로 출력 파형을 관찰한다.

2. 기계 및 기구

(1) 함수 발생기 …1대
(2) 오실로스코프 …1대

3. 관련 이론

신호 발생기는 선택된 주파수 범위 내에서 교류 전압을 발생한다. 또한 신호 발생기는 여러 가지 형태의 파형을 만들어 낼 수 있다. 한 개의 신호 발생기로는 비록 모든 범위의 주파수나 모든 종류의 파형을 만들 수는 없지만, 수Hz의 적은 주파수에서부터 수천MHz 범위의 주파수를 만들 수 있다.

파형은 사인파, 구형파, 삼각파 등이다. 신호발생기는 통상 낮은 전압 출력을 가지고 있는데, 그 이유는 전원을 공급하기보다는 측정과 실험을 하기 위하여 일반적으로 신호 발생기를 사용하기 때문이다. 함수 발생기(function generator) 또는 파형 발생기로 불리는 특별한 형태의 신호 발생기는 광범위한 주파수의 사인파, 구형파 및 삼각파를 만들지만 상대적으로 낮은 전압이다.

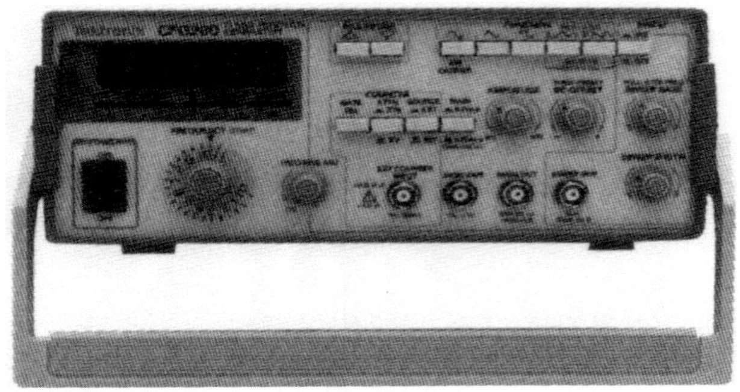

그림 5.9 함수 발생기의 앞면

신호 발생기는 발생 주파수 범위에 따라 구분된다. 가청 주파수(AF) 신호 발생기는 수Hz에서 20kHz범위의 가청 주파수 내의 주파수를 발생시킨다. 신호 자체는 단순히 사인파이다. 출력 전압은 수 볼트에서 약 20볼트 정도 이다. 신호 발생기는 계측 장비이므로 정밀도와 안정도가 가장 중요하다. 그림 5.9는 함수 발생기의 앞면 사진이다.

(1) 함수 발생기

함수 발생기는 시험용 및 고장 진단용 신호를 발생하기 위해 사용된다. 발생된 신호를 회로의 전체 또는 일부분의 반응을 추적하기 위하여 사용한 다. 그 외에, 발생된 신호가 교대로 다른 신호를 유발시켜 그 응답 파형을 오실로스코프로 관찰한다. 신호 발생기의 조절기들은 가청 주파수 발생기의 조절기들과 유사하다.

① 개폐 스위치(on – off switch): 비록 몇몇 휴대용 모델은 배터리로 동작 하지만 대부분의 함수 발생기의 전원은 120V, 60Hz이다. 개폐 스위 치는 함수 발생기의 회로에 전력을 공급한다.

② 파형 조절기(waveform control): 함수 발생기는 2개 이상의 파형을 발 생할 수 있다. 가장 보편적인 파형은 사인파, 구형파 및 톱니파이다. 이 조절기는 함수 조절기(function control)라고 표시되어 있다.

③ 출력 레벨 조절기(output control): 출력 전압 파형의 진폭을 조절한다.

④ 주파수 범위 조절기(range control): 가청 주파수 신호 발생기와 같이 이 함수 발생기의 전체 주파수 범위는 하나의 스위치 또는 일련의 스위치에 의해 선택된 주파수 대역으로 나누어져 있다.

⑤ 주파수 조절기(frequency control): 이 조절기는 주파수 범위 조절기에 의해 설정된 주파수 대역 내에서 정확한 주파수를 선택할 수 있도록 한다.

어떤 함수 발생기는 발생된 파형에 양 또는 음의 직류 성분을 부가할 수 있는 직류 분기(offset) 스위치(또는 다이얼)가 부착되어 있다.

(2) 가청 주파수 발생기

가청 주파수 신호 발생기는 가청 주파수 범위(약 20kHz까지)에서 동작되도록 설계되어 있지만, 대부분의 상용 발생기는 수백kHz 내 범위의 것이다. 신호 발생기는 종종 무선 수신기의 고장 발견을 위한 테스트 신호를 얻기 위해 사용되므로, 그 주파수 범위는 표준 AM 및 FM 방송 대역의 주파수까지 확장된다. 이러한 형태의 신호 발생기는 또한 변조된 신호를 발생할 수 있는 장치가 되어 있다. 외부로부터 유입되는 신호가 신호 발생기의 출력에 미치는 영향을 방지하기 위하여 신호 발생기와 연결 장비 사이에 차폐용 케이블을 사용한다.

본 실험에서는 신호 발생기의 출력 전압뿐만 아니라, 신호 발생기의 파형과 주파수에도 초점을 맞춘다. 신호 발생기의 조절부를 동작시키면서 앞에서 말한 세 가지를 오실로스코프를 통하여 관찰한다. 신호 발생기의 조절부 기능은 제조업체에 따라 다르지만 일반적으로 아래와 같은 조절기들이 있다.

① 개폐 스위치(on - off switch): 신호 발생기는 전원(보통 120V, 60Hz)을 필요로 하는 장치이다. 이 스위치는 신호 발생기의 회로에 전원을 인가한다. 휴대용 신호발생기는 대부분 배터리로 작동한다.

② 출력 조절기(output control): 이 조절기는 신호 발생기의 전압 출력을 조정하는 데 사용된다. 신호 발생기의 출력 단말은 한 개의 차폐 케

이블을 수용할 수 있도록 만들어져 있다. 대부분의 출력이 수치화되어 있지 않았으므로 정확한 출력 레벨을 결정하기 위해서는 외부에 전압계 또는 오실로스코프가 필요하다.

③ 주파수 범위 조절기(range control): 임의의 주파수 범위를 선택하는 데 사용된다.

④ 주파수 조절기(frequency control): 이 조절은 통상 연속적인 가변 회전식 다이얼이고 주파수 범위 조절기에 의해 설정된 범위 내에서 주파수를 정확하게 조정하도록 되어 있다. 어떤 가청 주파수 신호 발생기는 변조 스위치(AM, FM, PM)와 레벨 조절기도 포함하고 있다.

(3) 요약

① 신호 발생기는 가변 주파수 및 전압 레벨을 가진 정밀하고 일정한 교류 전압을 공급한다. 가청 주파수 발생기는 가청 주파수 범위 내(10Hz에서 20kHz)의 교류 전압을 발생한다.

② 상용 가청 주파수 발생기는 100kHz 또는, 그 이상의 주파수 범위로 되어 있다.

③ 대표적인 가청 주파수 발생기의 출력은 사인파이나, 상용 발생기는 구형파도 발생시킨다.

④ 가청 주파수 발생기의 출력(전압)은 일반적으로 수치가 매겨져 있지 않다. 출력 레벨 설정을 위하여 외부에 전압계 또는 오실로스코프를 사용한다.

⑤ 가청 주파수 신호 발생기의 대표적인 조절기 및 기능은 아래와 같다.
  ◦ 개폐 전원 스위치
  ◦ 주파수 범위 조절 스위치 또는 다이얼
  ◦ 설정된 주파수 범위 내에서 정확한 주파수를 설정하기 위한 주파수 다이얼
  ◦ 발생기의 출력 전압을 설정하기 위하여 사용되는 출력 레벨 조절기

⑥ 신호 발생기는 무선 회로를 시험하거나 고장을 진단하기 위하여 사용
되는 시험신호를 발생한다. 이 발생기는 때로 AM 및 FM 회로를 시
험하기 위한 변조기능도 포함한다.

⑦ 함수 또는 파형 발생기는 여러 종류의 파형으로 가변 주파수의 신호
를 발생한다.

⑧ 대표적인 함수 발생기는 사인파, 구형파 그리고 톱니파를 발생할 수
있다.

⑨ 함수 발생기의 대표적인 조절 및 기능은 다음과 같다.
  ◦ 파형 선택 스위치
  ◦ 주파수 범위를 선택하기 위한 스위치 또는 다이얼
  ◦ 주어진 주파수 범위 내에서 정확한 주파수를 선택하기 위한 주파수
    다이얼
  ◦ 교류 전압 출력에 직류 전압을 부가하기 위한 직류 분기 조절기
  ◦ 출력 전압의 레벨을 설정하기 위한 출력 레벨 조절기

⑩ 가청 주파수 신호 발생기 및 함수 발생기는 제조업체에 따라 특징이
다르다. 사용될 장비의 사용 설명서를 항시 잘 이용하는 것이 중요하다.

4. 실험 방법

이 실험에 사용될 계기들에 전원을 연결하기 전에, 각 계기의 사용 설명
서를 읽는다. 계기의 앞면에 있는 스위치, 다이얼, 단자, 조절기들의 위치와 기
능을 특별히 주의하여 조사한다. 그리고 아래의 순서에 따라 측정을 한다.

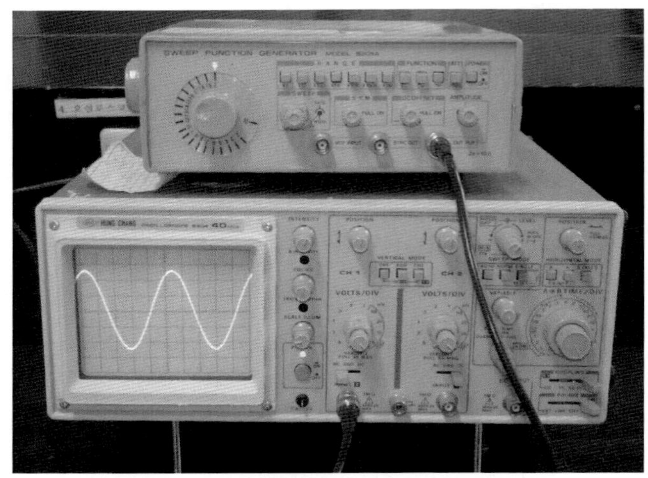

그림 5.10 함수발생기와 오실로스코프의 연결

(1) 함수 발생기의 동작법

① 그림 5.10과 같이 함수 발생기의 출력단을 오실로스코프의 수직 입력 단에 연결한다(만일 복수형 스코프가 사용되면 모든 접속을 채널 1에 한다). 출력 전압 레벨 조절기를 중간 위치에 두고 주파수 범위 조절기를 10~100kHz 범위에 둔다. 신호 발생기의 전원을 켠다.

② 스코프의 전원을 켠다. 스코프를 자동 트리거 위치에 둔다(만일 복수형 트레이스 스코프를 사용한다면 채널 1의 신호만이 나타나도록 설정한다). 신호 발생기가 100kHz 사인파를 스코프에 발생되도록 조정한다. 스코프의 전압 감쇠비 조절기를 조정하여 스크린상의 수직 방향으로 중심에 위치하고 피크 간 전압이 6분할이 되도록 한다. 위에 언급한 조정을 위해서 신호 발생기의 출력 레벨 조절기를 조정해야 할 필요가 있을지도 모른다. 스코프의 시간 조절기를 조정하여 스크린상에 완전한 2개의 사인파가 나타나도록 한다(전압 감쇠 조절기와 출력 레벨 조절기를 미조정할 필요성이 있을지도 모른다).

③ 신호 발생기의 출력 레벨을 천천히 감소시키면서 스크린상에 나타난 파형의 높이에 미치는 영향을 관찰한다. 단계 ②의 설정을 완료한 후

출력 레벨을 천천히 증가시키고 스크린상에 나타난 파형의 높이에 미치는 영향을 관찰한다. 원래 6분할 크기 피크 전압의 파형으로 복귀되도록 출력 레벨 조절기를 다시 설정한다.

④ 주파수 범위 스위치와 주파수 조절기를 변화시켜서 1,000Hz 신호를 발생시킨다. 시간 조절기를 다시 조정하여 2주기의 신호를 스크린 폭에 차도록 하고 수직적으로 스크린상의 중심으로 위치시킨다. 전압 감쇠 조절기를 조정하여 사인파가 약 6분할 크기의 전압이 되도록 한다. 표 5.1에 시간 조절기의 설정값과 사인파에 의해 걸쳐진 경계선의 수치를 기록한다.

⑤ 발생기의 주파수 출력을 2,000Hz로 증가시키고 출력상에 나타난 결과를 관찰한다. 시간 조절기의 설정을 변화시키거나 조정하지 않는다. 표 5.1에 스크린상에 나타난 주기의 수와 그 주기에 의해 걸쳐진 경계선의 수치를 기록한다.

⑥ 발생기의 주파수 출력을 500Hz로 줄인다. 표 5.1에 스크린상에 나타난 주기의 수와 그 주기에 의해 걸쳐진 경계선의 수치를 기록한다. 수치를 기록한 후, 스코프와 신호 발생기의 전원을 끈다.

(2) 함수 발생기의 파형 측정

① 함수 발생기의 출력단을 오실로스코프의 수직 입력단에 연결한다. 함수 발생기의 FUNCTION을 사인파 출력으로 설정하고 1,000Hz에 둔다. 주파수 범위의 중간 위치에 출력 레벨을 설정한다. 함수 발생기의 전원을 켠다.

② 오실로스코프의 전원을 켜고 스크린상에 2주기의 신호를 나타낼 수 있도록 시간 조절기를 조정한다. 전압 감쇠 조절기를 조정하여 약 6분할 크기의 전압이 되도록 출력의 크기를 조정한다. 그림 5.11에 스크린상에 나타난 파형을 그리고 표 5.1을 작성한다.

③ 함수 발생기의 주파수를 2,000Hz로 바꾼다. 시간 조절기는 움직이지

않는다. 그 출력이 수평적으로 그리고 수직적으로 중심에 위치시킨다. 필요하다면 높이가 6분할 크기의 전압이 되도록 재조정한다. 스크린 상에 나타난 파형을 그림 5.11에 그린다. 이때 1,000Hz보다 파형의 주기가 1/2이 됨을 확인하라.

④ 다시 1,000Hz로 바꾼다(시간 조절기를 움직이지 말라). 삼각파가 나타 나도록 함수 발생기의 스위치를 설정한다. 스크린상에 나타난 삼각파 를 그림 5.11에 그린다.

⑤ 삼각파의 주파수를 2,000Hz로 바꾸고 단계 ④를 반복한다.

⑥ 다시 1,000Hz로 바꾸고 함수 발생기의 스위치를 구형파 출력이 나오 도록 설정한다. 시간 조절기를 움직이지 말라. 스크린상에 나타난 파 형을 그림 5.11에 그린다. 이때 구형파의 세로선이 있음에 주의한다.

⑦ 구형파의 주파수를 2,000Hz로 바꾸고, 단계 ⑥을 반복한다.

5. 실험 결과

앞의 실험에서 얻은 결과의 교류 파형을 그림 5.11에 그린다.

	사인파	삼각파	구형파
1,000 Hz			
2,000 Hz			

그림 5.11 함수 발생기의 파형 측정 결과

표 5.1 함수 발생기 실험 결과

함수 발생기의 주파수 설정 (입력 주파수)	오실로스코프의 time/div설정, (time/div)	오실로스코프에서의 칸 수	오실로스코프상에서의 주파수 (측정 주파수)
10,000Hz			
2,000Hz			
1,000Hz			
500Hz			
300Hz			

6. 연구 과제

(1) 함수 발생기에서 발생시킬 수 있는 파형의 종류에 대해 설명하라.
(2) 그림 5.11에서 측정한 파형의 사진을 찍어 이곳에 붙여 보자.

저항의 직렬 및 병렬접속 회로

1. 실험 목적

(1) 저항의 직렬접속 회로에서 합성 저항 및 단자 전압과의 관계를 이해한다.

(2) 저항의 병렬접속 회로에서 합성 저항의 크기 및 각 분로 회로에 흐르는 전류와 전체 전류와의 관계를 이해한다.

2. 기계 및 기구

(1) 직류 전류계 ···4개

(2) 직류 전압계 ···4개

(3) 직류 전원 장치(0~30V) ···각 1대

3. 실험 재료

(1) 고정저항기(1 ㏀, 2 ㏀, 3 ㏀) ···각 1개

(2) 스위치(단극) ···1개

(3) 리드선 ···10개

(5) 실험판(직렬접속용, 병렬접속용) ···1개

4. 관련 이론

(1) 저항의 직렬접속

① 각 부하 R_1, R_2, R_3에 흐르는 전류 I의 크기는 같다.

② R_1, R_2, R_3의 직렬 합성 저항 R은

$$R = R_1 + R_2 + R_3 \quad \cdots\cdots\cdots\cdots\cdots\cdots\cdots\cdots\cdots\cdots \quad (1)$$

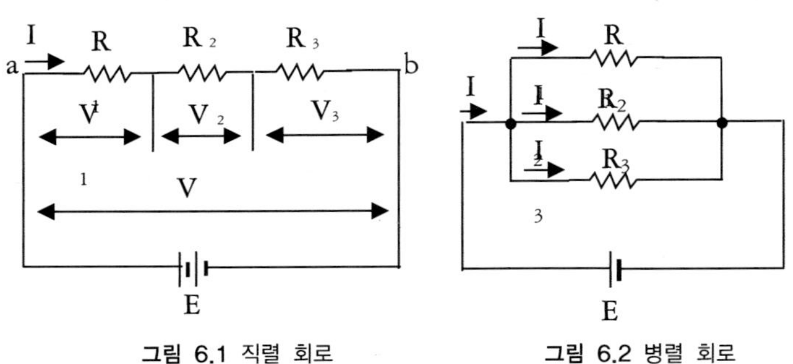

그림 6.1 직렬 회로　　　　　그림 6.2 병렬 회로

③ 각 부하에서의 전압 강하는 각각의 단자 전압과 같다.

$$V_1 = IR_1, \quad V_2 = IR_2, \quad V_3 = IR_3 \quad \cdots\cdots\cdots\cdots\cdots\cdots\cdots \quad (2)$$

④ 각 부하에서의 전압 강하의 합은 ab단자 전압과 같다.

$$V = IR_1 + IR_2 + IR_3 \quad \cdots\cdots\cdots\cdots\cdots\cdots\cdots\cdots\cdots\cdots \quad (3)$$

⑤ 각 부하의 단자 전압은 그 저항의 크기에 비례한다.

$$V_1 = \frac{R_1}{R_1 + R_2 + R_3} V$$

$$V_2 = \frac{R_2}{R_1 + R_2 + R_3} V \quad \cdots\cdots\cdots\cdots\cdots\cdots\cdots\cdots\cdots \quad (4)$$

$$V_3 = \frac{R_3}{R_1 + R_2 + R_3} V$$

⑥ 전압계는 부하와 병렬로 접속하고, 전류계는 부하와 직렬로 접속한다.

⑦ 직류 전압계와 전류계는 극성이 틀리지 않도록 접속해야 한다.

(2) 저항의 병렬접속

① 2개 이상의 저항이 병렬로 접속되었을 때 모든 저항의 단자 전압의
   크기는 같다.

② 합성 저항의 역수는 각 저항의 역수의 합과 같다.

③ 병렬 합성 저항값은 어느 분기 저항값보다 작다. 즉 저항 R_1, R_2, R_3
   를 병렬로 접속했을 때의 합성 저항 R은 아래와 같이 된다.

$$R = \frac{R_1R_2R_3}{R_1R_2 + R_2R_3 + R_3R_1} \quad \cdots\cdots\cdots\cdots\cdots\cdots\cdots\cdots\cdots\cdots\cdots \quad (5)$$

④ 그림 6.2에서 각 분기 회로에 흐르는 전류의 총합은 전체 전류의 합
   과 같다.

$$I = I_1 + I_2 + I_3 \quad \cdots\cdots\cdots\cdots\cdots\cdots\cdots\cdots\cdots\cdots\cdots\cdots \quad (6)$$

⑤ 각 분기회로에 흐르는 전류는 저항값의 크기에 반비례한다.

$$I_1 = \frac{R_2R_3}{R_1R_2 + R_2R_3 + R_3R_1}I$$

$$I_2 = \frac{R_3R_1}{R_1R_2 + R_2R_3 + R_3R_1}I \quad \cdots\cdots\cdots\cdots\cdots\cdots\cdots\cdots\cdots \quad (7)$$

$$I_3 = \frac{R_1R_2}{R_1R_2 + R_2R_3 + R_3R_1}$$

⑥ 계기는 극성에 맞도록 접속해야 하며, 계기의 최대 눈금은 측정할 값
   보다 커야 한다.

⑦ 전압계는 반드시 부하와 병렬로, 전류계는 직렬로 접속한다.

5. 안전 및 유의 사항

(1) 전압계는 부하 저항기와 병렬로 접속하고, 전류계는 부하 저항기와
   직렬로 접속한다.

(2) 계기를 접속할 때는 극성에 주의해야 하며, 계기의 최대 눈금은 측정
할 값보다 커야 한다.

(3) 각 저항기를 접속할 때는 꼭 죄어야 접촉 저항을 적게 할 수 있다.

(4) 전원을 넣을 때는 먼저 회로의 결선을 확인해야 한다.

6. 실험 방법 및 순서

(1) 저항의 직렬접속

① 그림 6.3과 같이 회로를 접속한다.

② 스위치 S를 닫고 전류계 A, 전압계 V, V_1의 지시값을 각각 표 6.1에
기록한다.

③ S를 열고 직류 전압계 V_1을 R_1 단자에서 분리하여 R_2 단자에 접속한다.

④ S를 닫고 V_2, V, A의 지시값을 표 6.1에 기록한다.

⑤ 같은 방법으로 V_2 전압계를 R_3 단자에 접속했을 때의 V_3, V, A의 지
시값을 표 6.1에 기록한다.

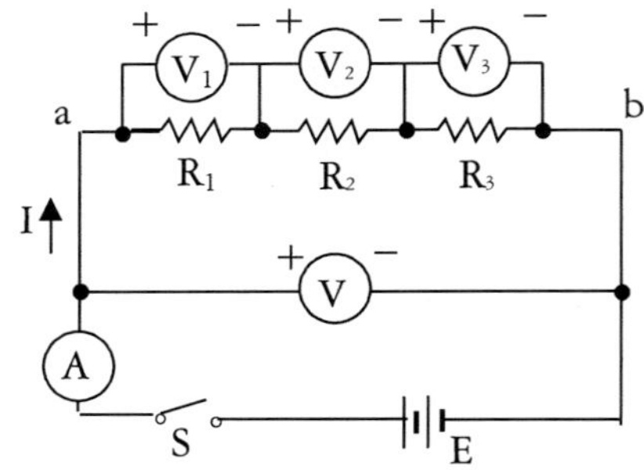

V: 직류 전압계(100V) V_1, V_2, V_3: 직류 전압계
R_1: 1㏀, R_2:2㏀, R_3:3㏀,   A: 직류 전류계

그림 6.3 저항 직렬접속

⑥ 표 6.1에서 R_1, R_2, R_3을 계산한다.

⑦ 식 (1 – 1)과 (1 – 2)를 위의 결과로부터 비교해 본다.

표 6.1 저항 직렬접속 회로의 전압 및 전류 측정 결과

전압 V[V]	전류 I[mA]	전압계의 지시값 [V]				저항 [Ω]				전압의 계산값 [V]			
		V	V_1	V_2	V_3	R	R_1	R_2	R_3	V	V_1	V_2	V_3
6[V]													
12[V]													

(2) 저항의 병렬접속

① 그림 6.4와 같이 회로를 접속한다.

② 스위치 S를 닫고 전류계와 전압계의 지시값 I, I_1, I_2, I_3 및 V를 표 6.2에 기록한다.

③ 저항 R_1, R_2, R_3의 값을 계산한다.

④ 전류계 A의 지시값 I와 분기회로 전류의 합 $I_1 + I_2 + I_3$을 비교, 검토한다.

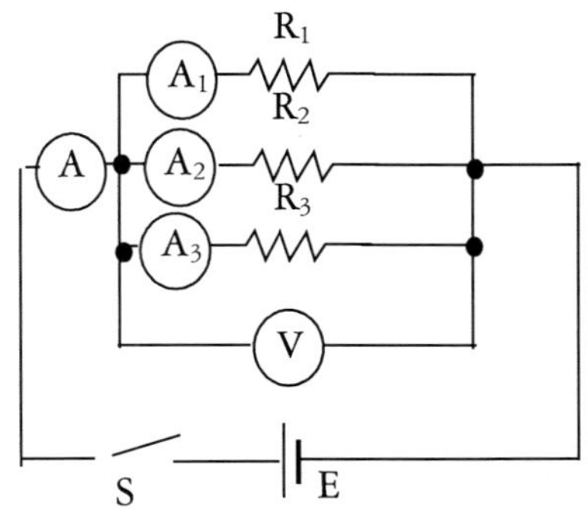

A: 직류 전류계(1A)　　A_1, A_2, A_3: 직류 전류계
R_1: 1 ㏀, R_2: 1 ㏀, R_3: 1 ㏀　　V: 직류 전압계

그림 6.4 저항 병렬접속

전압 V [V]	전전류 I[mA]	분기 전류 [mA]			전류 계산값[mA]	저항 [Ω]				비고
		I_1	I_2	I_3	I	R_1	R_2	R_3	R	
6V										계기의 내부 저항
12[V]										R_{A1} R_{A2} R_{A3} R_V

7. 연구 과제

(1) 기전력, 전압 강하, 단자 전압의 뜻을 간단히 설명하라.

(2) 그림 6.3 회로에서 두 저항 4[Ω]와 6[Ω]을 직렬로 접속했을 때 각 저항의 단자 전압의 비는 어떻게 되는가?

(3) 옥내 배선에서 각 부하는 어떤 접속 방법을 썼는지 알아보아라.

(4) 그림 6.4의 회로에서 전류계 A의 지시값은 A_1, A_2, A_3의 지시값의 합과 같은가? 그 이유를 말하여라.

(5) 두 저항 2[Ω], 3[Ω]을 병렬로 접속하고, 10[V]의 전원에 접속했을 때 각 저항에 흐르는 전류는 얼마인가?

전력량계의 특성

1. 실험 목적

(1) 유도형 전력량계의 오차가 부하 전류, 전압, 주파수 등에 의해 어떻게 변화하고 있는지를 알 수 있다.

(2) 전력량계 정수를 알고 소비 전력을 산출할 수 있다.

2. 기계 및 기구

(1) 전력량계(220[V], 30[A]) …1대

(2) 교류 전압계(300[V]) …1대

(3) 교류 전류계(2/20[A]) …1대

(4) 부하(백열전구 3개, 커피포트, 전기히터) …각 1개

(5) 스톱워치 …1개

(6) 교류전압조정기(슬라이닥스) …1개

3. 실험 재료

(1) 리드선 …약간

4. 관련 이론

적산 전력계는 일정한 시간 내에 소비되는 전력의 합계를 나타내는 계기이므로 정확해야 하며 신뢰되는 것이어야 한다. 적산전력계의 시험법에는 ① 초시계법, ② 회전표준기법, ③ 마스터미터법이 있다. 초시계법은 많은 계기를 정밀하게 시험하는 데 적합하며, 회전표준기법은 현장시험이나 공장시험에 알맞은 방법이며, 마스터미터법은 같은 용량을 가진 다수의 계기를 시험하는 데 편리하다.

한국산업규격에 의하면 교류적산전력계의 부하특성은 정격전압, 역률 100[%]에 있어서 부하 전류가 정격의 10~100[%]의 범위에서 오차가 ±2[%]로 규정되어 있다. 실험은 위의 범위 내에서 정격전류의 10[%] 정도씩 변화시키면서 실시한다.

(1) 초시계법

계기의 명판에는 계기상수가 기재되어 있다. 이것은 1kWh에 대하여 원판의 회전 수를 나타내는 것이 가장 일반적이다. 계기상수를 K0[rev/kWh], 표준전력계의 지시 P[W], 계측한 시간 t[sec], t 동안의 원판회전수를 N[rev], 표준전력계의 눈금규정률을 α[%]라 할 때 오차는 다음과 같이 된다.

$$\epsilon = \frac{\dfrac{1000 \times 3600}{PK_0}N - t}{t} \times 100 = \frac{T-t}{t} \times 100 - \alpha \ \ [\%] \quad \cdots\cdots\cdots\cdots\cdots\cdots (1)$$

여기서 분자의 $\dfrac{1000 \times 3600}{PK_0}N$ 은 전력량 $\dfrac{1000 \times 3600}{K_0}N$ 에 대하여 계기에 오차가 없다고 한 바른 시간으로 이것을 T로 한 것이다.

(2) 회전표준기법

피시험기의 계기상수를 $k_0 = \dfrac{1000 \times 3600}{K_0}$ [Ws/rev], 회전표준기의 계기상수를 $k_s = \dfrac{1000 \times 3600}{K_s}$ [Ws/rev]라 하고, 양 계기가 같은 시간에 원판이 N_0 및 N_s 회전했다고 할 때 오차는 다음 식으로 표시된다.

$$\epsilon = \frac{k_0 N_0 - k_s N_s}{k_s N_s} \times 100 + \alpha \, [\%] \quad \cdots\cdots\cdots\cdots\cdots (2)$$

단, α는 회전표준기의 눈금구정률이다.

(3) 마스터미터법

표준계기로서 피시험계기와 같은 형식, 정격에서 특히 음미한 것으로서 같은 시간 내에 원판이 각각 N_0 및 N_s 회전했다고 하면 오차 ε은 다음 식으로 표시된다. 단 ϵ_s는 표준기기의 오차이다.

$$\epsilon = \frac{N_0 - N_s}{N_s} \times 100 + \epsilon_s \, [\%] \quad \cdots\cdots\cdots\cdots\cdots\cdots (3)$$

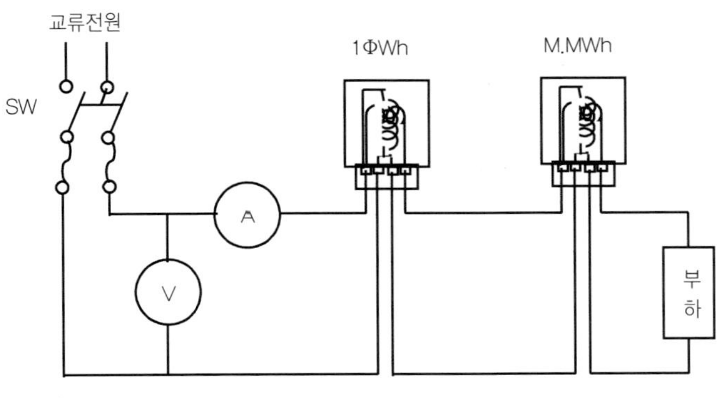

그림 7.1 마스터 미터법(M.MWh)

5. 안전 및 유의 사항

(1) 전력량계의 전압코일과 전류코일을 혼동하여 잘못 접속하는 일이 없
도록 특별히 주의하여야 한다.
(2) 부하가 과열되지 않도록 유의한다.

6. 실험 방법 및 순서

(1) 전력량계의 결선은 전력계와 같이 전류 코일은 부하에 직렬로, 전압
코일은 부하와 병렬로 연결한다.
(2) 그림 7.2 회로와 같이 결선한다.
이때 전력량계는 반드시 수직 또는 경사지게 세워야 한다.

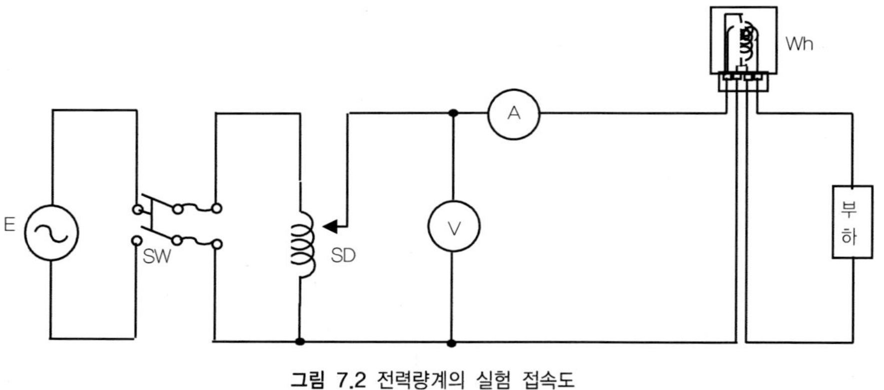

그림 7.2 전력량계의 실험 접속도

(3) 전력량계의 명판을 읽고 표 7.1에 기입한다.
(4) 검사를 받는다.

전 압 [V]	전 류 [A]	주파수 [Hz]	계기 정수 [rev/kWh]	비 고 (제조회사)

(5) 그림 7.2에서 슬라이닥스를 조정하여 220V의 전압에 맞춘다.

(6) 표 7.2에서 부하를 바꾸어 가면서 각 계기의 측정값 I, t, N을 표에 기입한다.

(7) 측정값으로부터 아래와 같이 계산한다.

① N = 20으로 하여 전력 P[W]를 구한다(P = VI).

② 계기 원판이 N 회전하는 데 필요한 시간 T[s]를 다음과 같이 구한다.

$$T = \frac{3600 \times 1000 \times N}{PK} \ [s]$$

여기서, K[rev/kWh]는 계기 정수이다.

③ 오차는 다음과 같이 계산한다.

$$\varepsilon = \frac{T - t}{t} \times 100 - a \ [\%]$$

여기서, a는 표준 전력계의 보정률[%]이다. 이 실험에서는 a = 0으로 한다.

④ 표 7.2의 시간 T와 오차 ε을 계산하여 기입한다.

(8) 표 7.3에서 부하를 전기 히터로 연결한다. 슬라이닥스를 사용하여 전원 전압을 220V로 조정한 후, I, t, N 값을 측정하여 T, W, ε을 계산한다.

(9) 위의 과정을 전압 200V, 150V, 110V에 대하여 반복 실험한다.

(10) 부하를 커피포트로 바꾸어서 위의 과정 (9), (10)을 반복한다.

전압 V [V]	부하		전 류 I [A]	원판 회전수 N [회]	시 간 [s]		전력 P[W]	오차 ε[%]
	종류	용량[W]			t	T		
220	전기히터							
	커피포트							
	백열전구 3개							

■ 표 7.3 전력량계 특성 시험 결과(부하와 전압의 크기를 가변)

부하 용량 [W]	전압 V [V]	전 류 I [A]	원판 회전수 N [회]	시 간 [s]		전력량 W[kWh]	오차 ε[%]
				t	T		
전기히터 ( ) W	220						
	200						
	150						
	110						
커피포트 ( ) W	220						
	200						
	150						
	110						

7. 연구 과제

(1) 표 7.2의 결과에 따라 X축에 전류, Y축에 전력을 나타낸 그래프를 그림 7.3에 그리시오.

(2) 표 7.3의 결과에 따라 X축에 전압, Y축에 전력량을 나타낸 그래프를 그림 7.4에 그리시오.

(3) 전력량계를 수평으로 놓고 사용하면 어떻게 되는가?

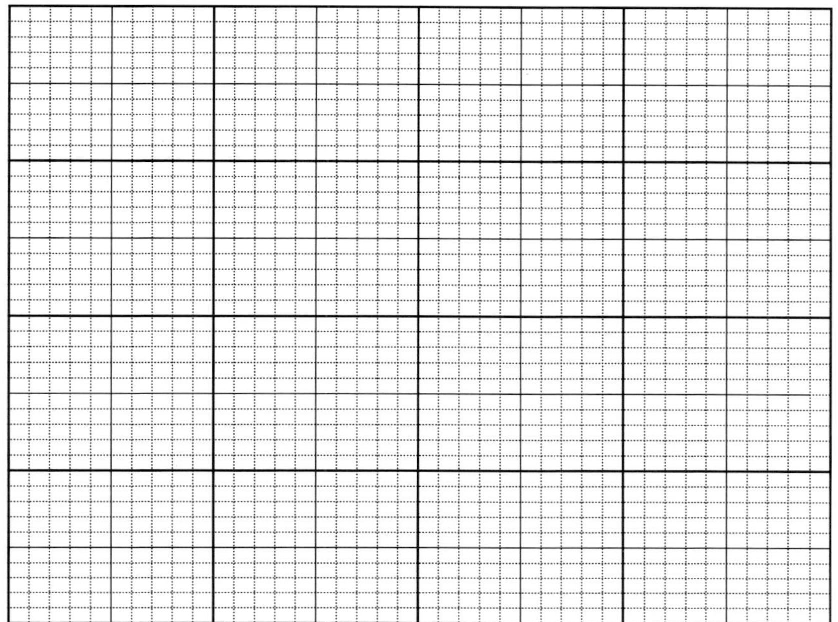

그림 7.3 전류 – 전력 곡선

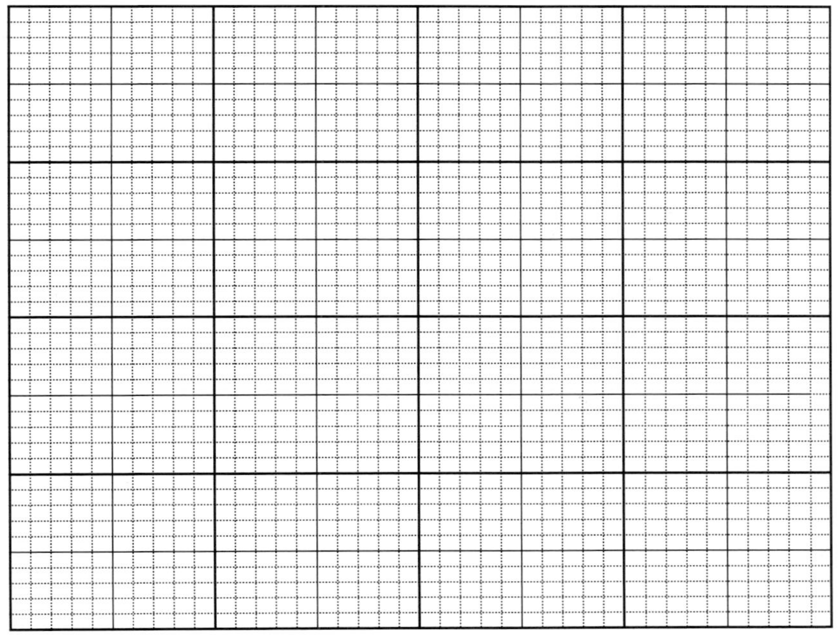

그림 7.4 전압 – 전력량 곡선

08

RLC 직렬 및 병렬 회로

1. 실험 목적

(1) RLC 직렬 회로의 전압 분배에 대하여 측정한다.

(2) RLC 직렬 회로의 임피던스를 실험적으로 구한다.

(3) RLC 병렬 회로에서 각 분기 회로에 흐르는 전류에 대하여 측정한다.

(4) 위 동작 조건에서 회로의 어드미턴스를 구하고, 전력의 관계를 알아
본다.

2. 기계 및 기구

(1) 교류 전압 조정기(슬라이닥스) ⋯1대

(2) 교류 전류계(30/500[mA]) ⋯3대

(3) 교류 전압계(150/300[V]) ⋯4대

3. 실험 재료

(1) R(백열전구 220[V] 30[W], 100[W]) ⋯각 1개

(2) L(초크 코일: 100[mH]) ⋯1개

(3) C(전력용 콘덴서: 220[V] 10[μF]) ⋯2개

(4) 리드선 ⋯약간

4. 관련 이론

(1) RLC 직렬 회로

① 그림 8.1과 같은 RLC 직렬 회로에서, 전원 전압 V는 각 소자의 전압 V_R, V_L 및 V_C의 벡터 합과 같다.

$$\dot{V} = \dot{V_R} + \dot{V_L} + \dot{V_C} = \dot{I}\,[R + j(X_L + X_C)]$$
$$= \dot{I}\,[R + j(\omega L - \frac{1}{\omega C})] = \dot{I}\,\dot{Z} \quad -(1)$$

여기서 Z는 RLC 직렬 회로의 임피던스로서, 그 크기 Z와 위상각 θ는

$$Z = \sqrt{R^2 + (X_L - X_C)^2} \quad \cdots\cdots\cdots\cdots\cdots\cdots\cdots\cdots\cdots \quad (2)$$
$$\theta = \tan^{-1}\frac{X_L - X_C}{R} \quad \cdots\cdots\cdots\cdots\cdots\cdots\cdots\cdots\cdots \quad (3)$$

의 식으로 구할 수 있다. 이것을 임피던스 삼각형 및 벡터도로 나타내면 그림 8.1 (b), (c)와 같다. 여기서, X_L은 유도성 리액턴스, X_C는 용량성 리액턴스이다.

② 만일, $X_L > X_C$이면 $X_L - X_C = X$는 유도성 리액턴스가 되어 전압 V는 $\dot{I}$보다 $\theta = \tan^{-1}\frac{X_L - X_C}{R}$ 만큼 앞서며, 또 $X_C > X_L$이면 $X_C - X_L = X$가 되어 V는 $\dot{I}$보다 $\theta = \tan^{-1}\frac{X_C - X_C}{R}$ 만큼 뒤진다. 따라서 전압 V와 위상각 θ는

$$V = \sqrt{V_R^2 + (V_L - V_C)^2},\ \vartheta = \tan^{-1}\frac{V_L - V_C}{V_R} \quad \cdots\cdots\cdots\cdots\cdots\cdots \quad (4)$$

의 식으로 구할 수 있다.

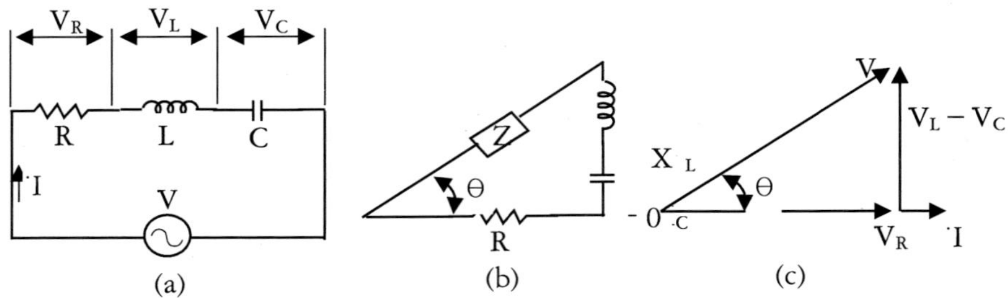

(a)　　　　(b)　　　　(c)

그림 8.1 RLC 직렬 회로와 벡터도

(2) RLC 병렬 회로

① 그림 8.2 (a)의 RLC 병렬 회로에서, 각 소자에 흐르는 전류 $\overset{\cdot}{I}_R$, $\overset{\cdot}{I}_L$, $\overset{\cdot}{I}_C$ 의 벡터합은 전 전류 $\overset{\cdot}{I}$와 같다. 즉

$$
\overset{\cdot}{I} = \overset{\cdot}{I_R} + \overset{\cdot}{I_L} + \overset{\cdot}{I_C} = \overset{\cdot}{V}\left(\frac{1}{R} - j\frac{1}{X_L} + j\frac{1}{X_C}\right)
$$

$$
= \overset{\cdot}{V}\left[G + j(B_C - B_L)\right] = \overset{\cdot}{V}\,\overset{\cdot}{Y} \quad -(5)
$$

여기서, Y는 RLC 병렬 회로의 어드미턴스로서, 그 크기 Y와 위상각 θ는

$$
Y = \sqrt{G^2 + (B_C - B_L)^2}, \quad \theta = \tan^{-1}\frac{B_C - B_L}{G} \quad\cdots\cdots\cdots\cdots\cdots\cdots\cdots\cdots (6)
$$

의 식으로 구할 수 있다. 여기서,

$$
G = \frac{1}{R}, \quad B_L = \frac{1}{X_L} = \frac{1}{\omega L}, \quad B_C = \frac{1}{X_C} = \omega C
$$

이다. 이 관계를 어드미턴스 삼각형 및 벡터 그림으로 나타내면 그림 8.2의 (b) 및 (c)와 같다.

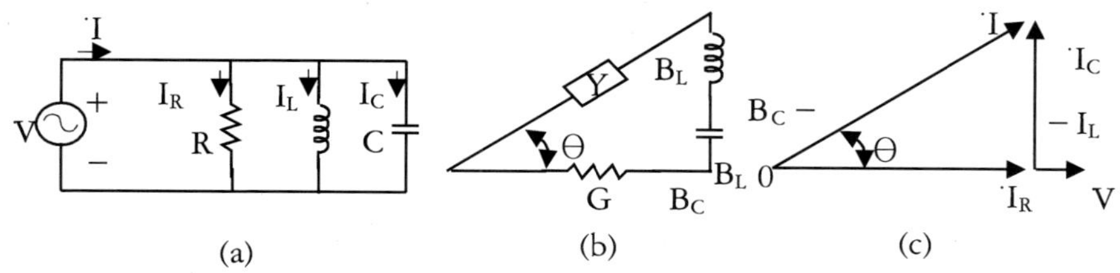

그림 8.2 RLC 병렬 회로와 벡터도

② 만일, $B_C > B_L$이면 $B = B_C - B_L$은 용량성 서셉턴스가 되어 전압 V는 I
보다 $\theta = \tan^{-1}\dfrac{B_C - B_L}{G}$ 만큼 뒤지며, $B_C < B_L$이면 $B = B_L - B_C$는
유도성 서셉턴스가 되어 V는 I보다 $\theta = \tan^{-1}\dfrac{B_L - B_C}{G}$ 만큼 앞선다.

$$I = \sqrt{I_R^2 + (I_C - I_L)^2}, \quad \theta = \tan^{-1}\frac{I_C - I_L}{I_R} \quad \cdots\cdots\cdots\cdots\cdots\cdots\cdots\cdots\cdots \quad (7)$$

의 식으로 구할 수 있다.

5. 안전 및 유의 사항

초크 코일에는 인덕턴스 이외에 직류 저항도 포함됨에 주의해야 한다. 병
렬회로에서는 초크 코일의 직류 저항이 그 리액턴스보다 무시할 정도로 작
아야 한다.

6. 실험 방법 및 순서

(1) RLC 직렬 회로 실험

① 우선, 교류전압조정기(슬라이닥스) SD는 0[V]에 놓는다. 그림 8.3
　(a)와 같이 회로를 결선한다.

② 교류전압조정기 SD를 조정하여 전압계 V의 값을 40[V]로 한다.
이때 전압계로 V_R와 V_L을 측정하여 표 8.1에 기록한다.

③ 교류전압조정기 SD를 조정하여 전압계 V의 값을 40[V], 60[V],
80[V], 100[V]로 변화시키고, 위의 실험 순서 ②를 되풀이한다.

④ 표 8.1의 측정 결과로부터 R, X_L, Z, I를 각각 계산한다.

⑤ 우선, 교류전압조정기(슬라이닥스) SD는 0[V]에 놓는다. 그림 8.3
(b)와 같이 회로를 결선한다.

⑥ 전원의 스위치 SW를 닫고, 교류 전압 조정기 SD를 조정하여 전압
V를 40[V]가 되도록 한다. 이때 전압계를 사용하여 단자 전압 V_R,
V_L 및 V_C를 측정하여 그 값을 표 8.2에 기록한다.

⑦ 교류 전압 조정기 SD를 조정하여 전압 V를 40[V], 60[V], 80[V],
100[V]로 변화시키고, 위의 실험 순서 ⑥을 되풀이한다.

⑧ 표 8.2의 측정 결과로부터 R, X_L, X_C, Z, θ를 각각 기록한다.

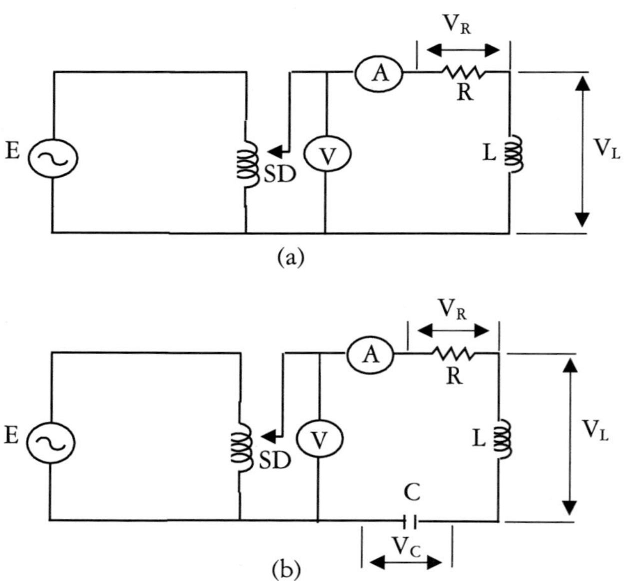

E: 교류 전원(220[V]),   V: 교류 전압계(150/300[V]),
A: 교류 전류계(5/10[A])

그림 8.3 RL 및 RLC 직렬 회로

표 8.1 RL 직렬 회로의 실험 결과(L＝100mH)

전압 V[V]	전 압 측정값		전류 I[A]	위상각 θ	임피던스 계산값 [Ω]			
	V_R[V]	V_L[V]			$R=\dfrac{V_R}{I}$	$X_L=\dfrac{V_L}{I}$	$Z=\sqrt{R^2+X_L^2}$	$I=\dfrac{V}{Z}$
40								
60								
80								
100								

R의 평균값(　　　)[Ω], X_L의 평균값 (　　　)[Ω]
Z의 평균값(　　　)[Ω], θ의 평균값(　　　)[°]

표 8.2 RLC 직렬 회로의 실험 결과

전압 V[V]	전압 측정값			전류 I[A]	임피던스 계산값				$\theta=\tan^{-1}\dfrac{V_L-V_C}{V_R}$
	V_R [V]	V_L [V]	V_C [V]		$R=\dfrac{V_R}{I}$	$X_L=\dfrac{V_L}{I}$	$X_C=\dfrac{V_C}{I}$	$Z=\sqrt{R^2+(X_L-X_C)^2}$	
40									
60									
80									
100									

R의 평균값(　　　)[Ω], X_L의 평균값(　　　)[Ω]
X_C의 평균값(　　　)[Ω]
Z의 평균값(　　　)[Ω], θ의 평균값(　　　)[°]

(2) RLC 병렬 회로 실험

① 우선, 교류전압조정기(슬라이닥스) SD는 0[V]에 놓는다. 그림 8.4와 같이 회로를 결선한다.

② 교류 전압 조정기 SD를 조정하여 전압계 V가 10[V]가 되도록 한다. 이때, 전류계 A, A_R, 및 A_C의 지시값 I, I_R, 및 I_C를 읽어서 표 8.3에 기록한다.

③ 교류 전압 조정기 SD를 조절하여 20[V], 30[V]로 각각 변화시킬 때의 각 전류를 측정하여 표 8.3에 기록한다.

④ 표 8.3의 측정 결과로부터 G, B_L, B_C, Y, θ를 각각 계산한다.

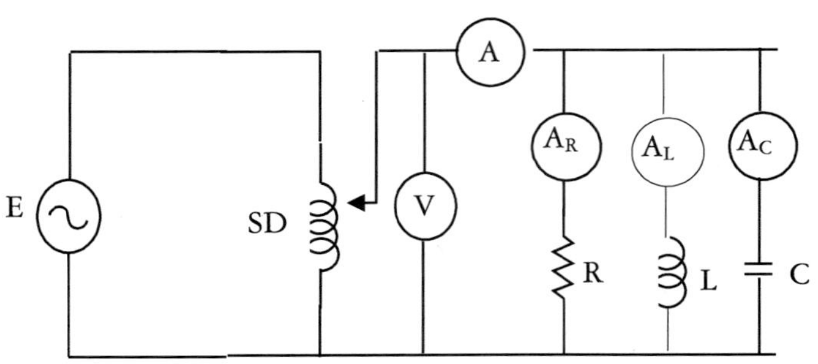

그림 8.4 RLC 병렬 회로

그림 8.5 RLC 병렬접속 회로의 실제

표 8.3 RLC 병렬 회로의 실험 결과

전압 V[V]	전류계 지시값				어드미턴스 계산값			$\theta = \tan^{-1}\dfrac{I_C - I_L}{I_R}$
	I [A]	I_R [A]	I_{CL} [A]	I_C [A]	G= I_R/V	BC= I_C/V	Y= $\sqrt{G^2+B^2}$	
10								
20								
30								
Y의 평균값( ). θ의 평균값 ( )[。]								

7. 연구 과제

(1) 표 8.1의 결과로부터 전류 I와 전압 V의 위상은?

(2) 표 8.1의 결과에서 10[V]일 때 회로의 유효 전력과 무효 전력을 구
하여라.

(3) X_L과 X_C가 같다면 임피던스 Z와 전류 I는 어떻게 되는가?

(4) RLC 병렬 회로에서 $B_L = B_C$일 때 어드미턴스 Y와 전류 I는 어떻게 되
는가?

단상 전력 측정

1. 실험 목적

(1) 유효 전력, 무효 전력, 피상 전력 및 역률의 의미를 이해한다.

(2) 전류력계형 전력계를 이용한 전력의 측정 방법을 익힌다.

(3) 3대의 전압계를 이용한 전력의 측정 방법을 익힌다.

(4) 3대의 전류계를 이용한 전력의 측정 방법을 익힌다.

2. 기계 및 기구

(1) 교류 전력계 ⋯1대

(2) 교류 전압계(150/300[V]) ⋯3대

(3) 교류 전류계 ⋯3대

(4) 교류 전압 조정기(슬라이닥스) ⋯1대

(5) 회로 시험기 ⋯1대

3. 실험 재료

(1) 전력용 콘덴서(220V용 10[μF], 20[μF]) ⋯각 1개

(2) 백열전구(220[V]용 30[W], 100[W]) ⋯각 1개

4. 관련 이론

(1) 순시 전력, 유효 전력, 무효 전력, 피상 전력

어떤 회로에 $v = V_o \sin(\omega t)$의 전압을 가할 때 회로에 흐르는 전류를 $i = I_o \sin(\omega t + \theta)$라 하면, 순시 전력 p는 다음과 같이 표시된다.

$$= V_o I_o \sin(\omega t) \sin(\omega t + \theta) = \frac{V_o I_o}{2}[\cos\theta - \cos(2\omega t + \theta)]$$

$$p = vi = V_o I_o \sin(\omega t) \sin(\omega t + \theta) = \frac{V_o I_o}{2}[\cos\theta - \cos(2\omega t + \theta)]$$

$$= VI[\cos\theta - \cos(2\omega t + \theta)] \ [W] \cdots\cdots\cdots\cdots\cdots\cdots (1)$$

여기서, $V = \dfrac{V_o}{2}$ 및 $V = \dfrac{V_o}{2}$는 실효값을 나타내며, θ는 전압과 전류 간의 위상차이다. 이 관계를 그림으로 나타내면 그림 9.1과 같다.

유효 전력 P는 순시 전력을 평균한 값으로

$$P = VI\cos\theta \ [W] \cdots\cdots\cdots\cdots\cdots\cdots\cdots\cdots (2)$$

로 표시되며, 전압과 전류의 실효값의 곱 VI를 피상 전력이라 하고, 피상 전력 VI에 대한 전력의 비, 즉 $\cos\theta$를 역률(power factor)이라 한다. 즉 역률은

$$pf = \frac{P}{VI} = \frac{VI\cos\theta}{VI} = \cos\theta \cdots\cdots\cdots\cdots\cdots (3)$$

으로 표시된다. 어떤 부하에 전압 V[V]를 가하여 I[A]의 전류가 θ만큼 의 위상차로 흐른다면 이들의 벡터 그림은 그림 9.2와 같다.

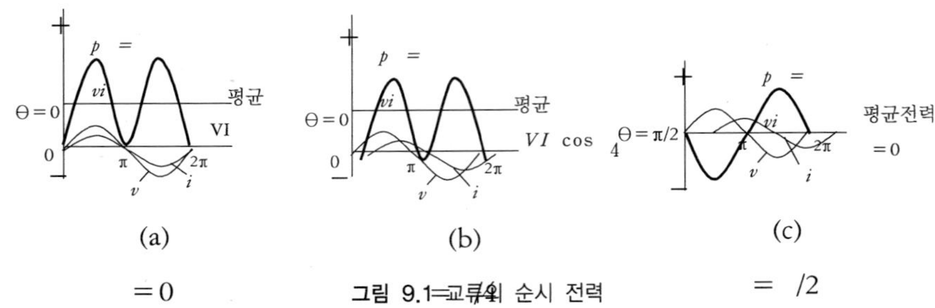

그림 9.1 교류의 순시 전력

그림 9.2에서 $I\cos\theta$는 전류의 전압 방향 성분으로 유효 전류라 하고, $VI\cos\theta$는 교류 전력이라 하나, 무효 전류인 $I\sin\theta$는 전압 방향과 직각 성분으로 $VI\sin\theta$는 전력이 될 수 없는 성분이다. 피상 전력을 전류의 유효분과 무효분으로 나누어 생각하면 다음과 같이 표시된다.

$$VI = V\sqrt{(I\cos\theta)^2 + (I\sin\theta)^2} = \sqrt{(VI\cos\theta)^2 + (VI\sin\theta)^2} \quad \cdots\cdots\cdots (4)$$

유효 전력의 단위는 [W], 무효 전력의 단위는 [var]를 쓰며, 피상 전력의 단위로는 [V·A]를 쓴다. 피상 전력과 유효 전력의 관계는 그림 9.3과 같다.

무효 전력은 전원에서 공급한 전력 중 L 또는 C 소자에 저장된 전력으로 회로 내에서 소비되는 유효 전력과 90°의 위상차를 갖고 있다. 일반적으로 교류 전력이라 함은 유효 전력을 말한다.

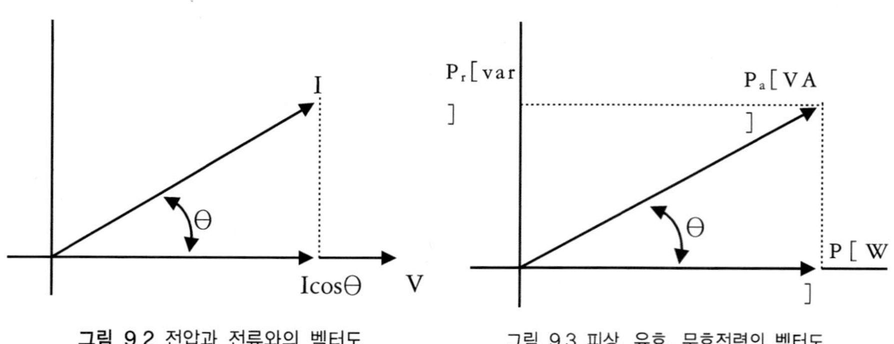

그림 9.2 전압과 전류와의 벡터도   **그림 9.3** 피상, 유효, 무효전력의 벡터도

(2) 전력계를 이용한 전력 측정

① 전력계법

전력계를 이용한 전력의 측정 방법은 그림 9.4와 같이 전압 코일을 전류 코일에 대하여 전원 측에 접속하는 방법과 부하 측에 접속하는 방법 두 가지가 있다.

그림 (a)의 경우는 고전압 저전류, 즉 부하 임피던스가 클 때 적합하며, 그림 (b)의 경우는 저전압 대전류, 즉 부하 임피던스가 작을 때 적합하다.

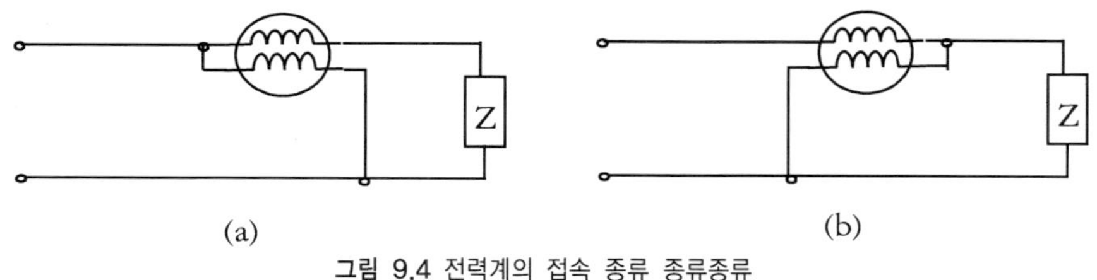

(a)   (b)

그림 9.4 전력계의 접속 종류 종류종류

② 전력계의 사용법

전력계는 그림 9.5와 같은 겉모양을 띠고 있다. 전압 코일 단자는 병렬로, 전류코일 단자는 직렬로 연결하며, 부하에 따라 위의 두 가지 방법 중 연결 방법을 선택한다. 계기의 전력 눈금은 계기 뒷면의 승수를 곱하여 읽는다.

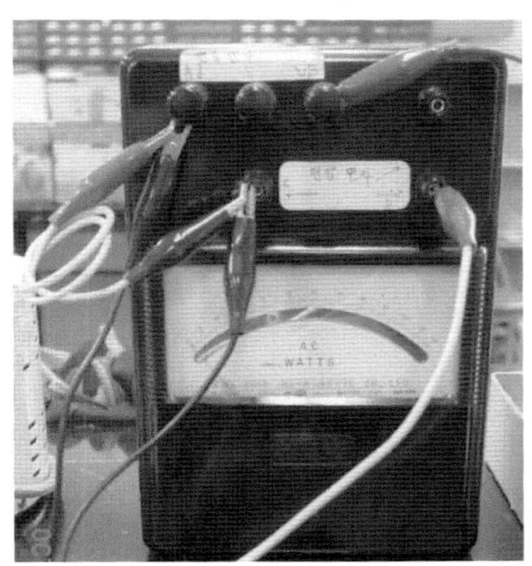

그림 9.5 전력계 접속법

③ 3전압계법

3전압계법은 그림 9.6의 (a)와 같이 부하에 전류 검출용 저항 R을 직렬로 연결하여 전원 전압, R 양단의 전압, 부하 전압을 측정하며, 이들로서 소비 전력을 계산하여 전력을 측정하는 방법이다. 그림 9.6의 (a)의 회로에서 부하에 소비되는 전력은 $P= V_1 I\cos\theta$이며, 회로에 흐르는 전류 $I=\dfrac{V_2}{R}$이므로

$$P= V_1 I\cos\theta = \frac{V_1 V_2}{R}\cos\theta \ [\mathrm{W}] \ \cdots\cdots\cdots\cdots\cdots\cdots\cdots\cdots\cdots\cdots\cdots\cdots \ (5)$$

으로 되고, 전압과 전류 위상차가 θ이므로 그림 9.6의 (b)에서 보여 준 바와 같이 V1과 V2의 위상차는 θ가 된다.

따라서 전압 V_3은

$$V_3 = \sqrt{V_1^2 + V_2^2 + 2 V_1 V_2 \cos\theta} \ \text{이고,}$$

$$\cos\theta = \frac{V_3^2 - V_1^2 - V_2^2}{2 V_1 V_2} \ \text{이다.}$$

즉 측정하고자 하는 전력 P는 식 (5)에 의하여 다음이 된다.

$$P= \frac{1}{2R}(V_3^2 - V_1^2 - V_2^2) \ \cdots\cdots\cdots\cdots\cdots\cdots\cdots\cdots\cdots\cdots\cdots\cdots \ (6)$$

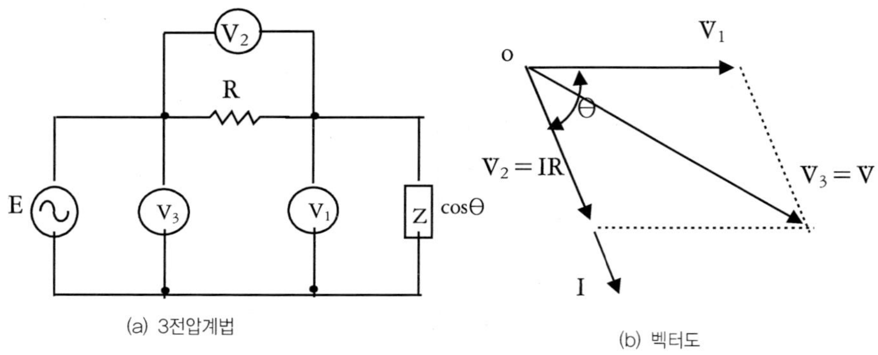

(a) 3전압계법

(b) 벡터도

그림 9.6 전압계를 이용한 전력 측정

④ 3전류계법

3대 전류계의 측정값에 의하여 전력을 측정할 수 있는 방법으로 그림 9.9의 (a)와 같이 결선한다. 3전압계법에서와 같이 그림 9.9 (b)의 벡터도에서

$$I_3^2 = I_1^2 + I_2^2 + 2I_1I_2\cos\theta \text{ 이며,}$$

$$V = I_2R \text{ 이므로,}$$

$$P = VI_1\cos\theta = I_2RI_1\cos\theta \quad -(7)$$

가 되어 다음과 같은 식으로 전력을 구할 수 있다.

$$P = \frac{R}{2}(I_3^2 - I_2^2 - I_1^2) \quad -(8)$$

5. 실험 방법 및 순서

(1) 단상 전력계에 의한 전력 측정

① 그림 9.7과 같이 회로를 결선하고, 표 9.1에 지시된 대로 교류 전압조정기(슬라이닥스) E를 가변시켜 가면서 전력계의 지시[W]와 부하 전압[V]을 측정하여 표 9.1에 기입한다. 이때 전력계의 접속은 그림 9.5를 참조한다.

② 그림 9.7의 회로에서 콘덴서 C를 20[μF]으로 바꾸어 위의 과정 ①과 같은 실험을 되풀이하여 측정 결과를 표 9.2에 기입한다.

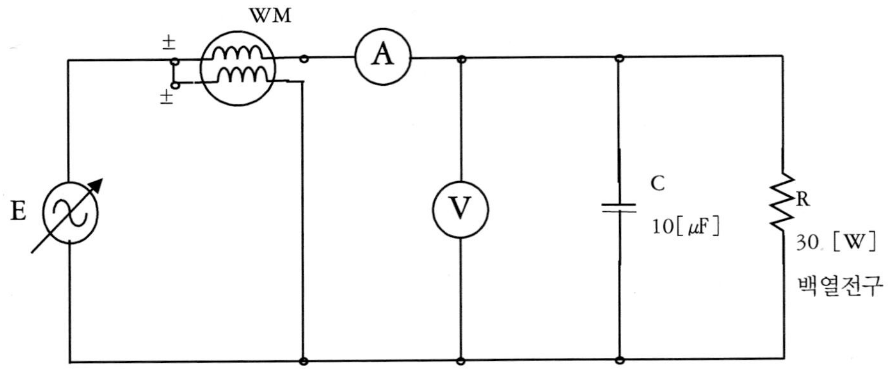

E: 교류전압조정기(슬라이닥스)   WM: 전력계
C: 콘덴서   R: 백열전구

그림 9.7 전력계를 이용한 전력 측정 회로

■ **표 9.1** 단상전력계에 의한 전력측정 결과(30W 백열전구, R: 1613[Ω], C: 10[μF])

	전원 전압 E [V]	50	60	70	80	90
측정값	전력계의 지시 P [W](유효전력)					
	전압계의 지시 V [V]					
	전류계의 지시 I [A]					
계산값 (측정값으로부터 계산)	피상전력 $P_a = I \cdot V$ [VA]					
	역률 $\cos\theta = \dfrac{P}{P_a}$					
	위상 $\theta = \cos^{-1}\dfrac{P}{P_a}$					
	무효전력 $P_r = P_a \sin\theta$					
이론값 (측정값과 비교)	유효전력 $P = \dfrac{V^2}{R}$ [W]					
	무효전력 $P_r = \omega C V^2$ [var]					
	피상전력 $P_a = \sqrt{(P^2 + P_r^2)}$					
	역률 $\cos\theta = \dfrac{P}{P_a}$					

■ **표 9.2** 단상전력계에 의한 전력측정 결과(30W 백열전구, R: 1613[Ω], C: 20[μF])

전원 전압 E [V]		50	60	70	80	90
측정값	전력계의 지시 P [W](유효전력)					
	전압계의 지시 V [V]					
	전류계의 지시 I [A]					
계산값 (측정값으로부터 계산)	피상전력 $P_a = I \cdot V$ [VA]					
	역률 $\cos\theta = \dfrac{P}{P_a}$					
	위상 $\theta = \cos^{-1}\dfrac{P}{P_a}$					
	무효전력 $P_r = P_a\sin\theta$					
이론값 (측정값과 비교)	유효전력 $P = \dfrac{V^2}{R}$ [W]					
	무효전력 $P_r = \omega CV^2$ [var]					
	피상전력 $P_a = \sqrt{(P^2 + P_r^2)}$					
	역률 $\cos\theta = \dfrac{P}{P_a}$					

(2) 3전압계법에 의한 전력 측정

① 그림 9.8의 회로를 결선하고 전원 전압 E를 표 9.3에 기입한 대로 변화시키면서 V_1, V_2, V_3을 측정하여 표 9.3에 기록한다.

② 그림 9.8의 회로에서 C를 20[μF]로 바꾸어 위의 과정을 되풀이하여 표 9.4에 기입한다.

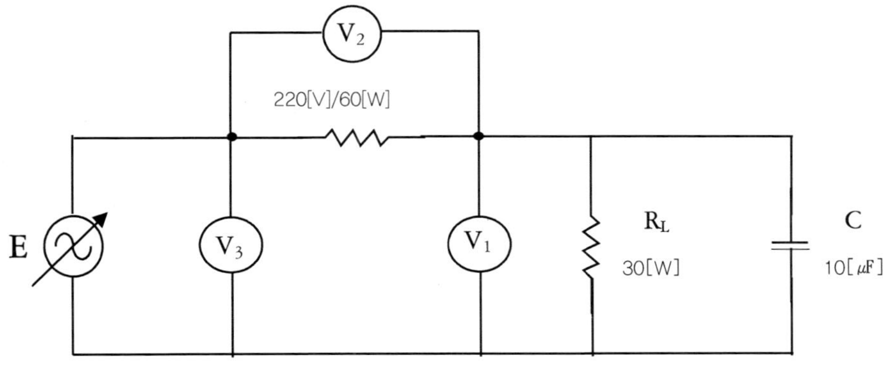

E: 슬라이닥스 전압 C: 콘덴서 R$_L$: 백열전구(60[W])

그림 9.8 전압계 3개를 이용한 전력 측정 회로

■ **표 9.3** 3전압계법에 의한 전력측정 결과(60W 백열전구, R: 1613[Ω], C: 10[μF])

$V = V_3$[V]	100	150	180	200	220
V_1[V]					
V_2[V]					
$P = (V_3^2 - V_1^2 - V_2^2)/2R$					
$\cos\theta = \dfrac{(V_3^2 - V_1^2 - V_2^2)}{2V_1 V_2}$					

■ **표 9.4** 3전압계법에 의한 전력측정 결과(60W 백열전구, R: 1613[Ω], C: 20[μF])

$V = V_3$[V]	100	150	180	200	220
V_1[V]					
V_2[V]					
$P = (V_3^2 - V_1^2 - V_2^2)/2R$					
$\cos\theta = \dfrac{(V_3^2 - V_1^2 - V_2^2)}{2V_1 V_2}$					

(3) 3전류계법에 의한 전력 측정(실습 생략)

① 그림 9.9의 회로를 결선하고, 교류 전압 조정기를 표 9.5에 주어진 값
으로 조정하면서 전류계 A_1, A_2, A_3을 읽어 표 9.5에 기록한다.

② 각 경우의 전력과 역률을 계산하여 기록한다.

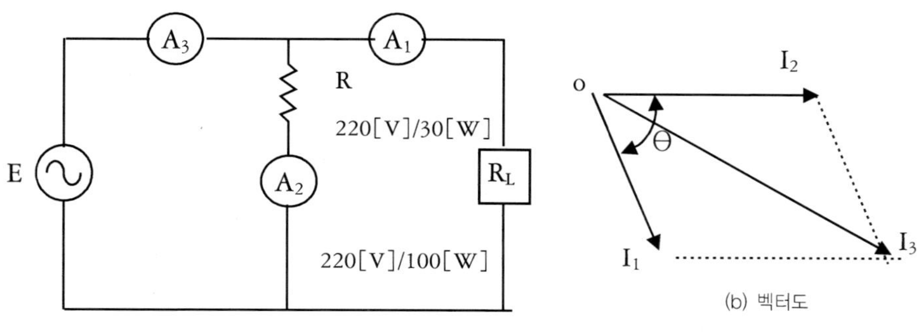

E: 전원(교류전압조정기)
A₁, A₂, A₃: 교류 전류계(부하에 따라 적당한 용량 선택)

그림 9.9 전류계 3개를 이용한 전력 측정

표 9.5 3전류계법에 의한 전력 측정

단 자 전 압		50	60	70	80	90	저항값
전류계의 측정값	A₁						
	A₂						
	A₃						
$P = (I_3^2 - I_1^2 - I_2^2)R/2$							
$\cos\theta = \dfrac{I_3^2 - I_1^2 - I_2^2}{2I_1I_2}$							

6. 연구 과제

(1) 유효 전력, 무효 전력, 피상 전력을 설명하시오

(2) 전력을 측정하는 방법에는 어떤 것들이 있는가?

백열등과 형광등의 특성

1. 실험 목적

(1) 백열등과 형광등의 구조를 알아본다.

(2) 백열등과 형광등의 원리와 특성에 대하여 배운다.

(3) 백열등과 형광등의 방전 특성과 회로 구성을 배운다.

2. 기계 및 기구

(1) 교류 전압 조정기(슬라이닥스) …1대

(2) 교류 전압계(300[V]) …3대

(3) 교류 전류계(30/500[mA]) …1대

(4) 스톱워치 …1개

3. 실험 재료

(1) 백열전구(220[V]/30[W], 60[W], 100[W]) …각 1개

(2) 형광등 세트(220[V]/20[W]) …1대

(3) 리드선 …다수

4. 관련 이론

(1) 백열전구

백열전구는 텅스텐과 같은 금속에 전류를 흐르게 하여 Joule열로 온도를 1500K 이상 상승시킬 때 생기는 발광을 이용한 것으로, 온도 복사의 대표적인 보기라 할 수 있다. 일반적으로 조명용 백열전구의 구조는 그림 10.1과 같다.

즉 유리구의 내부에 필라멘트는 앵커로 걸어서 스템으로 지지하고 있으며, 도입선을 통하여 외부 전극과 연결되어 있다. 백열전구의 필라멘트로는 용융점이 높아야 하고 고유 저항이 크며, 또 점화온도에서 증발이 적고 강도와 연성이 커야 한다. 여기에 알맞은 재료가 텅스텐인데, 텅스텐의 용융점은 3645K이다.

또, 필라멘트의 재료로서 전기 저항의 온도 계수가 (+)인 것을 요구하는 이유는 공급단자 전압이 변동할 경우 전류의 변화를 작게 하는 한편, 광속의 변화를 작게 하기 위한 것이다. 텅스텐의 저항 온도 계수는 크고, 점화 때의 저항에 비해 13~16배 정도가 된다. 전구의 단자 전압이 100[V]로부터 110[V]로 상승하여도 전루 증가는 5[%] 정도에 지나지 않는다. 그 결과, 스위치를 넣는 순간의 전류는 순간적으로 정상값의 13~16배 정도가 되지만, 필라멘트의 온도에 따른 저항값의 상승 때문에 곧 정상으로 내려간다. 필라멘트를 고온으로 유지시키고, 또 증발을 적게 하기 위하여 진공으로 한 다음 질소나 아르곤의 혼합 가스를 봉입한다. 그런데 가스로 봉입한 전구는 가스가 유리구 속을 대류하여 열을 유리나 베이스에 전달하기 때문에 전력의 손실이 생긴다. 이것을 가스손실(gas loss)이라 한다.

정전압 배전 방식에서는 부하의 변동에 따라 전등선의 전압이 변동된다. 따라서 전구에 가하는 전압의 변동은 피할 수 없다. 단자 전압의 변화에 대한 전류, 전력, 광속, 수명 등의 변화를 전압 특성이라 한다. 보통, 가스 봉입 전구의 전압 특성 곡선을 나타내어 보면 그림 10.2와 같다.

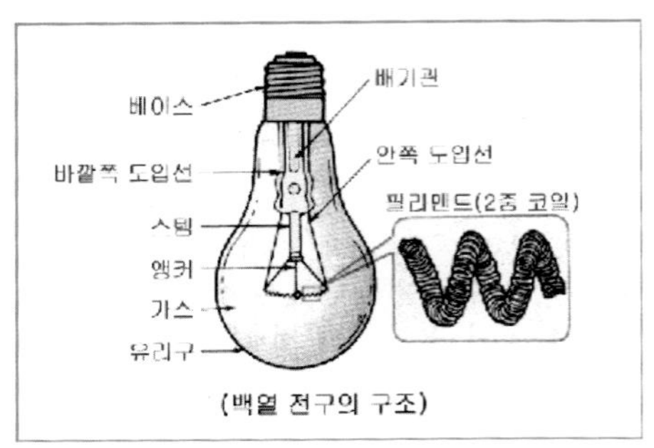

그림 10.1 백열전구의 구조

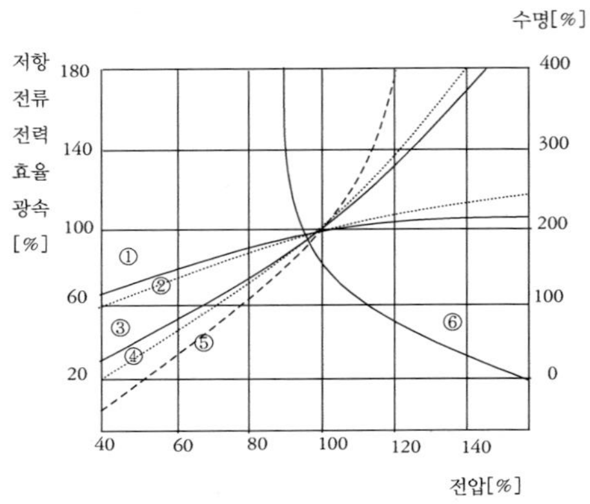

① 저항 ② 전류 ③ 전력 ④ 효율 ⑤ 광속 ⑥ 수명

그림 10.2 전구의 전압 특성

계산하기 편리하게 정격 전압에 대한 전류, 광속, 수명을 각각 I0, F0, L0
이라 하면, 정격 전압에서 크게 벗어나지 않는 범위에서 전류 I, 광속 F, 수
명 L은 각각 다음과 같이 나타내어진다.

$$I = I_0 (V/V_0)^\alpha \qquad F = F_0 (V/V_0)^\beta \qquad L = L_0 (V/V_0)^\gamma$$

여기서, 상수 α, β 및 γ는 진공 전구의 경우 α = 0.541, β = 3.86, γ = −
13.1이다. 따라서 전구의 저항 R, 전력 P, 효율 η는 각각 다음 식으로 나타
낼 수 있다.

$$R = R_0 \frac{V/I}{V_0/I_0} = R_0 (V/V_0)^{1+\alpha} \quad [\Omega]$$

$$P = P_0 \frac{V/I}{V_0/I_0} = P_0 (V/V_0)^{1+\alpha} [W]$$

$$\eta = \eta_0 \frac{F/P}{F_0/P_0} = \eta_0 (V/V_0)^{\alpha+\beta+1} [\text{lm}/W]$$

(2) 형광등

① 형광등의 구조

기체 또는 증기 속에서 방전을 이용한 광원을 방전등이라 한다. 열음극 형광등은 방전관의 일종으로써 그림 10.3과 같은 구조로 되어 있다. 음극은 텅스텐으로 된 필라멘트이며, 그 표면에 열전자의 방출을 쉽게 하기 위하여 전자 방사 물질인 바륨 산화물을 도포하였다.

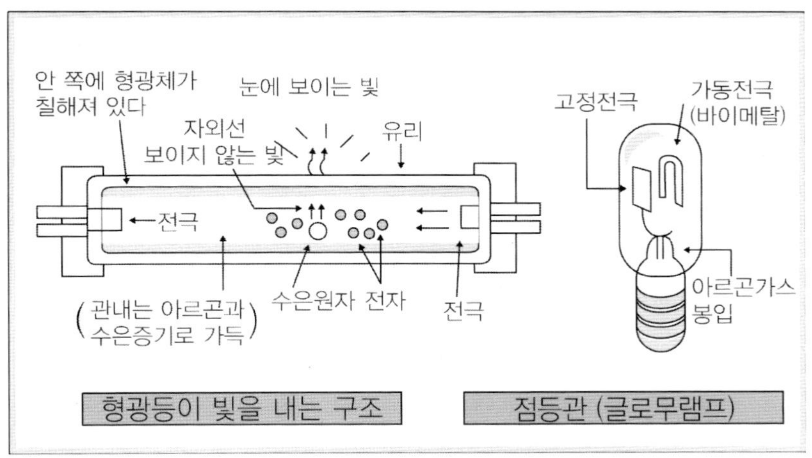

그림 10.3 형광 방전관의 구조와 원리

보조 전극은 음극과 함께 붙어 있으며, 교류로 점등될 때 필라멘트의 손상을 방지하기 위한 전극이다. 보기를 보면, 어느 순간 오른쪽의 음극이 음(−) 전위가 되는 경우, 방전 전류에 의한 가열로 음극으로부터 열전자가 방출되어 방전을 지속하지만, 오른쪽의 음극이 양(+) 전위로 되는 동안은 보조 전극이 양극으로 동작하여 왼쪽으로부터 오는 방전 전류를 받아 전자의 직접적인 충돌로 인한 필라멘트(음극)의 손실을 방지하여 준다.

유리관의 굵기와 길이는 형광등의 소비 전력에 따라 여러 가지로 설계된다. 유리관 내에는 수은과 방전 개시를 쉽게 하기 위한 아르곤 등의 적당한 가스를 봉입한다. 처음에는 아르곤 등의 가스가 먼저 방전하면, 방전에 의한 온도 상승에 의하여 다음에는 수은증기의 주 방전이 개시된다. 수은 증기의 방전에서는 대단히 많은 $2537[\text{Å}]$의 자외선을 방출한다. 이 자외선이 유리관 내부 벽에 얇게 도포된 형광 물질을 자극시켜서 관 밖으로 가시광선을 방사하게 한다.

가시광선의 형광 색깔은 형광 물질에 따라 다르며, 표 10.1은 각 형광체에 대한 조명색깔을 나타낸 것이다.

표 10.1 형광체에 의한 형광 색깔

형 광 체	분 자 식	형광의 색깔
텅스텐산칼슘	$CaWO_3$	파 랑
텅스텐산마그네슘	$MgWO_4$	청백색
규산 아연	$ZnSiO_3$	녹 색
규산 카드뮴	$CdSiO_3$	구리색
붕산 카드뮴	$Cd2B2O_5$	분홍색

(3) 방전 회로의 원리

보통 방전관은 두 전극에 가해지는 전압이 어느 값 이상에 도달할 때 급히 방전을 개시한다. 이 경우, 전압-전류 특성은 (−)저항성을 나타내며, 그림 10.4의 (b)의 곡선 ①과 같이 변화한다.

그림 10.4의 (a)의 안정기는 철심에 코일을 감은 초크 코일(choke coil)로서, 리액턴스(reactance) 때문에 그 전압-전류 특성은 그림 10.4의 (b)의 곡선 ②와 같이 된다. 지금 그림 10.4의 (a)에서 전원 전압을 정격값 $V_r[V]$로 하고, 스타터가 닫히면 형광등의 필라멘트에 전류가 흘러 온도가 올라가 열

전자가 방출된다. 이 폐회로를 예열 회로라 한다.

필라멘트의 저항을 무시하면, 이때의 동작점은 그림 10.4의 (b)의 점 1로 나타내어지며, 전류값은 안정기의 리액턴스값에 의하여 형광등 정격 전류의 2배에 가까운 값이다. 1∼2초 후에 스타터(또는 누름단추 스위치)가 열리면 예열 회로가 개방되는 동시에 안정기에 축적된 전자 에너지는 높은 유도 전압을 발생하며, 이것과 전원 전압에 의하여 형광등이 방전을 한다.

일단 방전이 되면 방전 전류의 증가와 함께 방전등의 전압, 안정기의 단자 전압은 각각 곡선 ① 및 ②를 따라 하강 또는 상승한다. 즉 그 합성 저항 특성은 곡선 ③과 같이 변한다.

곡선 ③과 전원 전압 Vr의 교점은 2와 3이나, 3은 불안정하므로 교점 2에서 안정하게 동작한다. 점등 상태에서 전원 전압을 낮추면 그 동작점은 곡선 ③의 점 2로부터 점 1을 거쳐서(이때, 램프 전압은 올라가고, 안정기의 전압은 내려감) 점 5에서 방전이 멈춘다. 이때, 전압 Vz를 방전 종지 전압이라 한다. 방전등의 전압은 Vr보다 다소 작아도 되지만, Vz보다 반드시 높은 전압이어야 한다.

형광등의 전압은 Vr보다 반드시 높은 전압이어야 한다. 형광등의 방전 기동에 쓰이는 스타터는 방전 개시 전에 닫힘으로써 예열 회로를 구성하며, 방전관의 음극에 전류를 흘려 열전자를 방출하는 한편, 수은 증기를 만들어 이것을 이온화한다. 그 후, 스타터가 열림과 동시에 안정기에서 발생되는 유도 전압에 의하여 형광등을 방전시킨다.

열음극 형광등(예열형)의 안정기에는 초크 코일이 사용된다. 이것은 형광등의 방전 개시를 위한 전압을 발생시키기 위한 것으로서, 점등 때 형광등에 흐르는 전류를 규정값으로 유지시킨다.

형광등 회로에는 초크 코일(안정기)이 있으므로, 역률이 50∼70%로 낮다. 이 역률을 개선하기 위하여 전원 쪽에 병렬로 콘덴서를 접속한다.

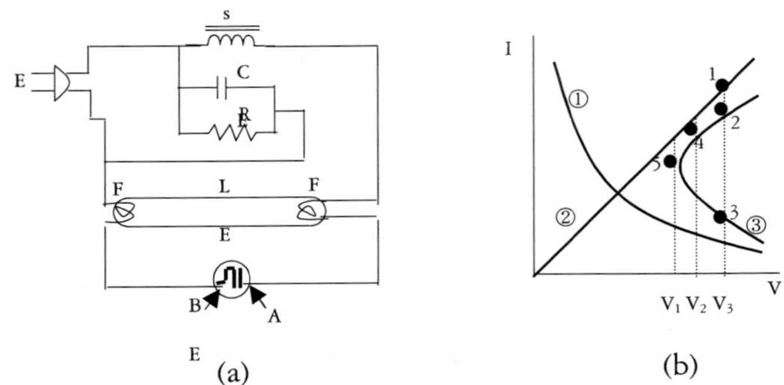

L: 형광 램프, F: 필라먼트, S: 안정기, G: 스타터(글로 방전관), B: 바이메탈(가동전극), A: 고정 전극, C: 여률 개선용 콘덴서, R: 콘덴서 방전용 고저항기, E: 교류 전원, V_2: 방전 종지 전압, V_r: 형광등 정격 전압, ① 형광 램프의 잔압－전류 특성 곡선 ② 안정기의 전압－전류 특성 곡선 ③ 형광등의 전 회로의 전압－전류 특성 곡선

그림 10.4 형광등의 방전 회로와 가동 특성 곡선

5. 안전 및 유의 사항

(1) 전구에 정격 전압보다 너무 높은 전압을 가하지 않도록 한다.

(2) 전구의 필라멘트가 충분히 가열된 다음 전류와 전압을 측정하도록 한다.

(3) 네온관에 정격 전류보다 콘 전류를 흘려주지 않도록 한다.

(4) 방전등의 필라멘트에 장시간 전류를 흘려주면 흑화 작용이 심하여 수명이 짧아진다.

(5) 필라멘트는 반드시 안정기와 직렬로 접속하여야 하며, 직접 필라멘트에 전원 전압이 걸리면 단선이 되기 쉽다.

(6) 이 실험에서는 형광등의 역률 특성을 고찰하기 위하여 역률 개선용 콘덴서를 사용하지 않는다.

6. 실험 방법 및 순서

(1) 백열전구의 특성 실험

① 30[W] 백열전구를 사용하여 그림 10.5와 같은 회로를 결선한다.

② 교류 전압 조정기로 전압을 가변했을 때 각 전류값을 측정한 다음 표 10.2에 기록한다.

③ 전구를 60[W], 100[W]로 바꾸어 접속하고, 위의 과정 ①~②를 되풀이하여 표 10.3, 표 10.4에 기록한다.

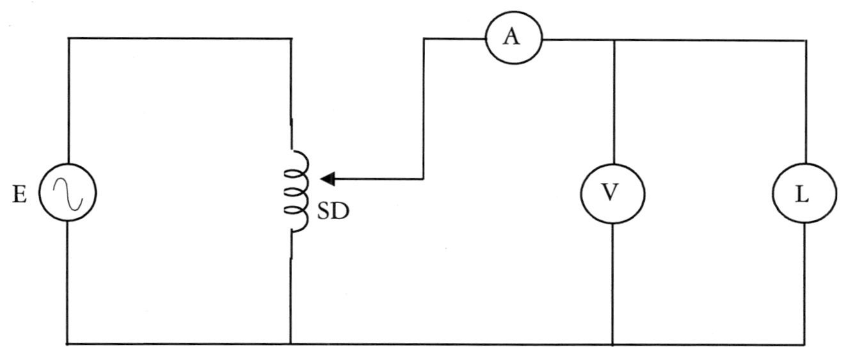

E: 교류 전원(100[V]), SD: 교류 전압 조정기, A: 교류 전류계(0.5/1/2[A]),
V: 교류 전압계(150/300[V]), L: 전구(220[V] 30[W], 60[W],100[W])

그림 10.5 백열전구 특성 측정 회로

표 10.2 백열전구 특성의 측정 결과(30W)

공급 전압 E[V]	전 류 I[mA]	전 력 P[W]	저 항 R=V/I[Ω]

표 10.3 백열전구 특성의 측정 결과(60W)

공급 전압 E[V]	전 류 I[mA]	전 력 P[W]	저 항 R=V/I[Ω]

표 10.4 백열전구 특성의 측정 결과(100W)

공급 전압 E[V]	전 류 I[mA]	전 력 P[W]	저 항 R=V/I[Ω]

(2) 형광등의 특성 실험

아래와 같이 그림 10.6의 결선도를 참조하여 그림 10.7의 회로를 구성한다.

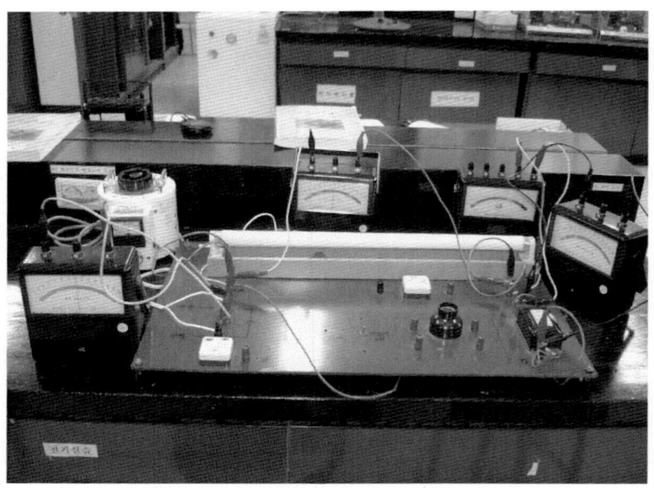

그림 10.6 형광등의 결선도

가. 기동 전압 실험

① 그림 10.7과 같이 회로를 결선한다.

② 형광등 회로에 교류 전압을 가한다.

③ 교류 전압 조정기(슬라이닥스)로 전압을 천천히 높이면서 형광등의 방전 개시 직전의 전압계 V_1, V_2, V_3의 지시값을 읽어 표 10.5에 기록한다.

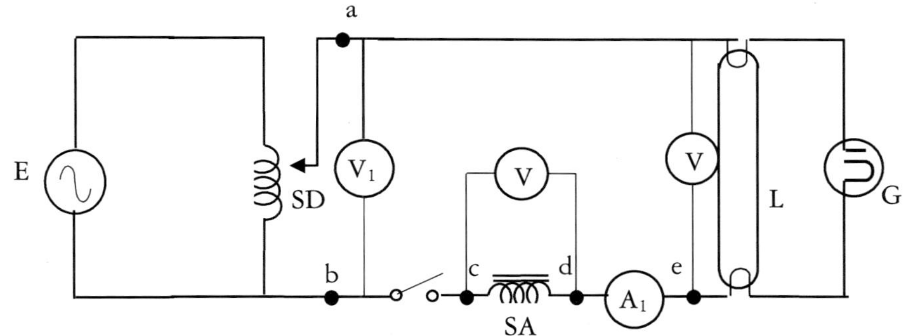

E: 교류 전원(220[V]), SD: 교류 전압 조정기, V_1, V_3: 교류 전압계(300[V]),
V_2: 교류 전압계(300[V]), L: 형광 방전관(FL − 20), SA: 안정기(20[W]용),
G: 점등관, A: 교류 전류계(1[A]), W: 전력계(60/120[V]/1,2[A])

그림 10.7 형광등의 방전 시험 회로

☐ **표 10.5 형광등의 기동 전압 특성 결과**

구 분	전원 전압 V_1 [V]	안정기 전압 V_2 [V]	형광등 전압 V_3 [V]	전 류 [mA]
방전 개시				
방전 개시 후				

나. 기동 시간 측정

① 그림 10.7과 같은 회로를 결선한다.

② SW_1을 닫고 형광등이 안정하게 방전 개시를 할 때까지의 시간을 측정한 다음 표 10.6에 기입한다.

③ 교류 전압 조정기로 공급 전압을 조정하여 두고 위의 과정 ②를 되

풀이한다.

표 10.6 형광등의 기동 시간 측정 결과

전원 전압 V_1[V]	방전 개시 시간 t[s]	비 고(동작 유무)
170		
190		
210		
220		

7. 연구 과제

(1) 백열전구의 구조와 전압 특성에 대해 설명하시오.

(2) 형광등의 구조와 전압 특성에 대해 설명하시오.

(3) 형광등의 회로도를 그리고 동작 원리를 설명하시오.

11
전선의 접속법

1. 실습 목적

(1) 절연 전선의 피복 벗기기를 익힌다.

(2) 단선의 직선 접속법, 분기 접속법을 익힌다.

(3) 연선의 직선 접속법, 분기 접속법을 익힌다.

2. 기계 및 기구

(1) 펜치 …1인 1개

(2) 니퍼 …1인 1개

(3) 라디오 펜치 …1인 1개

(4) 자 …1인 1개

(5) 와이어 스트리퍼 …1개

3. 실습 재료

(1) 비닐절연전선(단선 1.6mm) …수m

(2) 첨선 및 조인트선(에나멜선) …수m

4. 관련 이론

(1) 한국 산업 규격에서 정한 전선 중 단선은 그 크기를 지름[mm]으로 정하고, 최소 0.1[mm], 최대 12[mm]로 하여 42종이 있고, 연선은 그 크기를 공칭 단면적[mm2]으로 정하고, 최소 0.9[mm2], 최대 1,000[mm2]로 하는 26종이 있다.

(2) 절연 전선의 피복은 전공칼을 이용하여 벗기고, 사포 또는 전공칼을 이용하여 심선의 표면을 깨끗이 긁어낸다. 그러나 주석 도금을 한 것은 그대로 두어야 납땜이 잘 된다.

(3) 단선의 직선 접속에는 대표적으로 트위스트 접속(twist joint)이 있으며 단말 접속에는 쥐꼬리 접속이 있다.

5. 안전 및 유의 사항

(1) 전선 피복을 벗길 때, 전공칼에 손을 다치거나 심선이 상하지 않도록 유의하여야 한다.

(2) 전선의 피복을 벗길 때, 연필 깎는 모양으로 하면 심선의 손상이 적고 절연 테이프를 감기 쉽다.

(3) 전선 접속이 불완전하면 화재 등의 사고 발생 원인이 된다.

(4) 전선을 자를 때에는 반드시 아래 방향으로 두고 자른다.

6. 실습 방법 및 순서

(1) 전선의 피복 벗기기 기초 실습

① 그림 11.1 (a)와 같이 피복을 벗길 전선을 곧게 펴서 왼손에 잡고, 니

퍼와 라디오 펜치를 사용하여 피복을 벗긴다.

② 그림 11.1 (b)와 같이 와이어 스트리퍼를 사용하면 편리하다.

③ 전공칼을 사용할 수도 있지만 위험하므로 주의하여야 한다.

④ 이 실습에서는 그림 11.1 (a)의 경우를 사용한다.

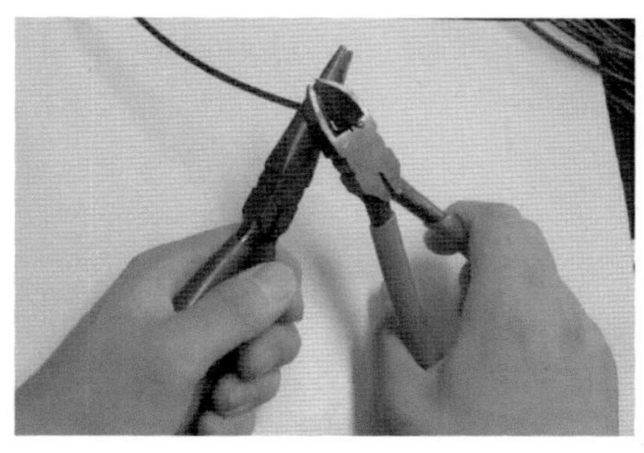

(a) 니퍼와 라디오펜치 사용

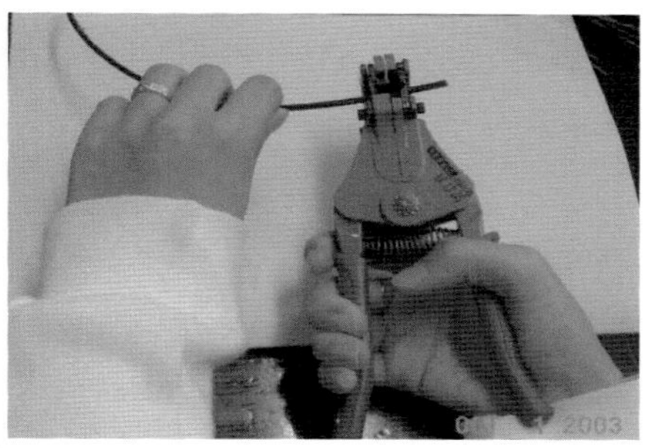

(b) 와이어스트리퍼 사용

그림 11.1 전선의 피복 벗기는 방법

(2) 단선의 트위스트 접속

① 그림 11.2와 같이 피복을 벗긴 두 전선을 약 120°의 각도로 서로 교차시킨다. 이때, 피복의 끝에서 교차점까지의 길이는 1.6[mm] 전선의 경우에는 약 30[mm] 정도로 하고, 2.0[mm] 전선의 경우에는 약 35[mm] 정도로 한다.

② 전선 교차점의 오른쪽을 펜치로 잡고, 전선을 1회 꼰다.

③ 전선을 직각으로 세워서 다른 전선에 4~5회 정도 감은 다음, 남는 부분은 잘라 버리고, 끝을 펜치로 오므린다.

④ 교차점의 왼쪽을 펜치로 잡고, 오른쪽을 위와 같은 방법으로 완성한다.

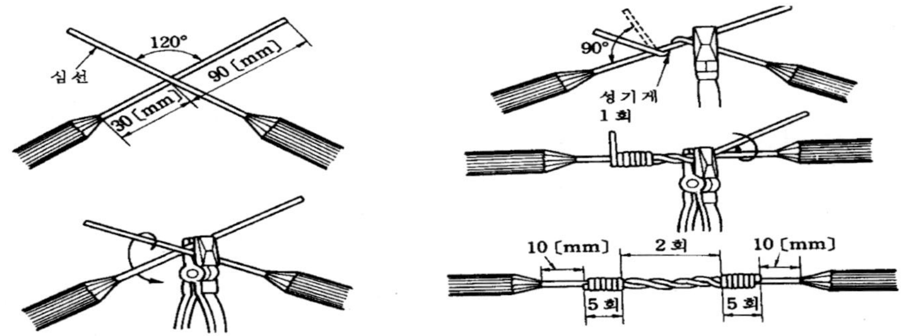

그림 11.2 단선의 트위스트 접속 순서

(3) 단선의 쥐꼬리 접속

① 그림 11.3과 같이 전선지름이 1.6[mm]인 전선을 45[mm] 정도 피복을 벗긴다.

② 두 전선을 합쳐 펜치로 잡은 다음, 심선을 90° 벌리고, 오른손으로 1회 비틀어 놓는다.

③ 펜치로 꼰 심선의 끝을 잡고 심선을 잡아당기면서 1~2회 꼰다.

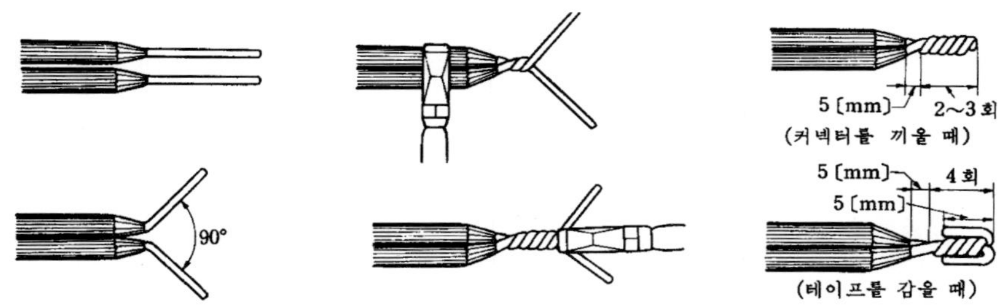

그림 11.3 단선의 쥐꼬리 접속 순서

(4) 단선의 브리타니아 접속

① 그림 11.4와 같이 전선 지름의 약 20배 정도로 피복을 벗기고, 전선 접속 부분, 보조선 및 조인트선을 사포로 닦는다.

② 두 심선의 접속 부분을 서로 겹치고, 약 120 [mm] 길이의 보조선을 댄다.

③ 1 [m] 정도 되는 조인트선의 중간을 전선 접속 부분의 중앙에 대고, 2회 정도 성기게 감은 다음, 각각 양쪽을 조밀하게 감는다. 이때, 감은 전체의 길이는 전선 지름 D의 약 15D 이상이 되도록 한다.

④ 펜치를 이용하여 두 심선의 남은 끝을 각각 위로 세우고 양쪽의 조인트선을 본선에만 5회 정도 감고, 보조선과 함께 꼬아서 8 [mm] 정도 남기고 자른다.

⑤ 위로 세운 심선을 잘라 낸다.

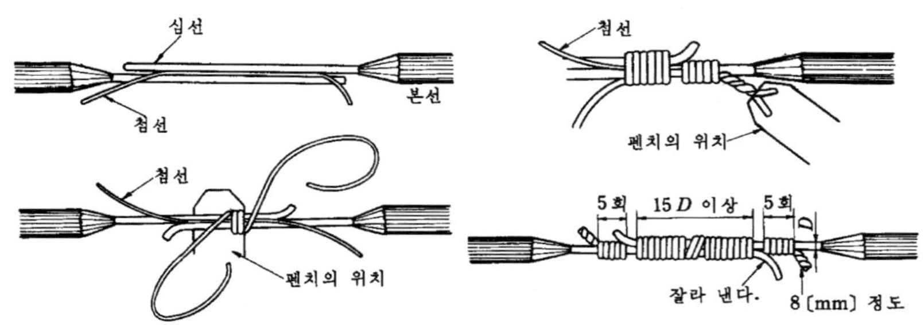

그림 11.4 단선의 브리타니아 접속 순서

(5) 전선의 분기 접속

위의 전선 접속 외에도 각종 분기 접속이 있다. 그림 11.5는 여러 가지 방법 중에서 단선의 트위스트 분기 접속, 단선의 브리타니아 분기 접속, 연선의 분할 단권 분기 접속을 나타낸 것이다.

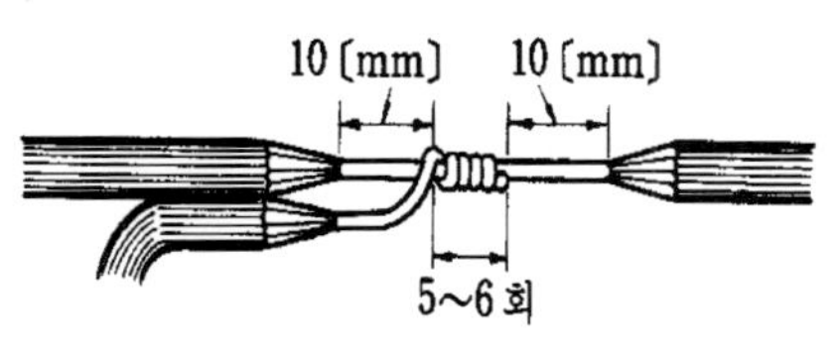

(a) 단선의 트위스트 분기 접속

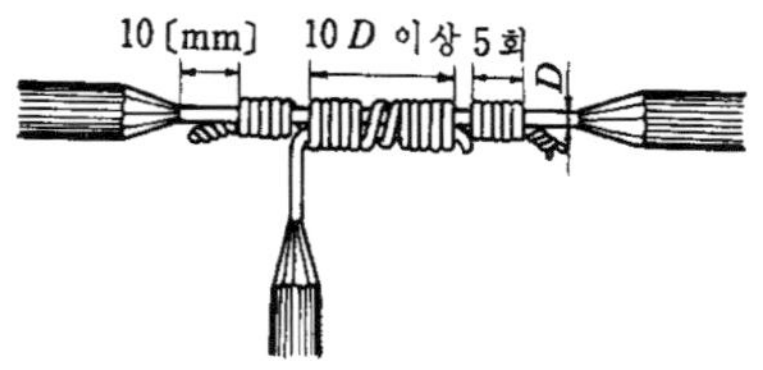

(b) 단선의 브리타니아 분기 접속

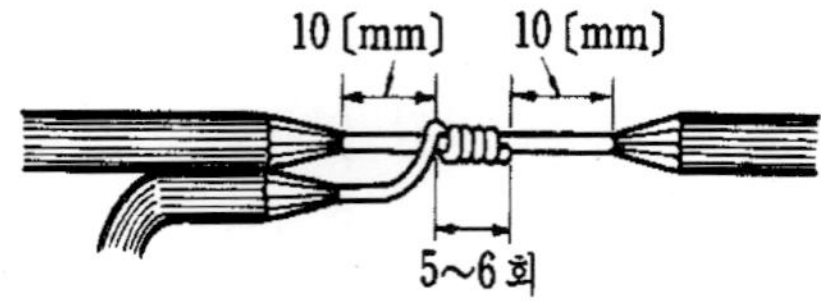

(a) 단선의 트위스트 분기 접속

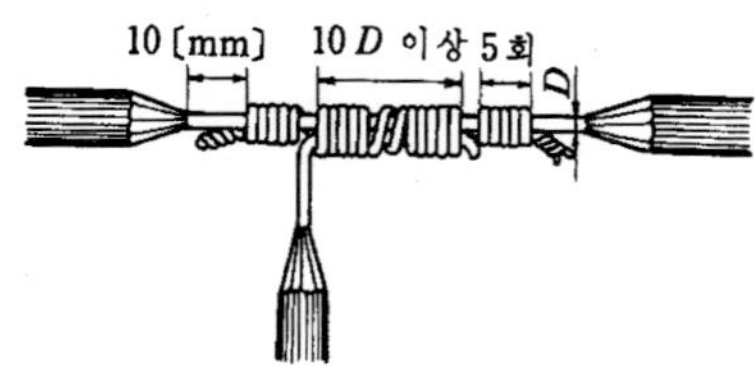

(b) 단선의 브리타니아 분기 접속

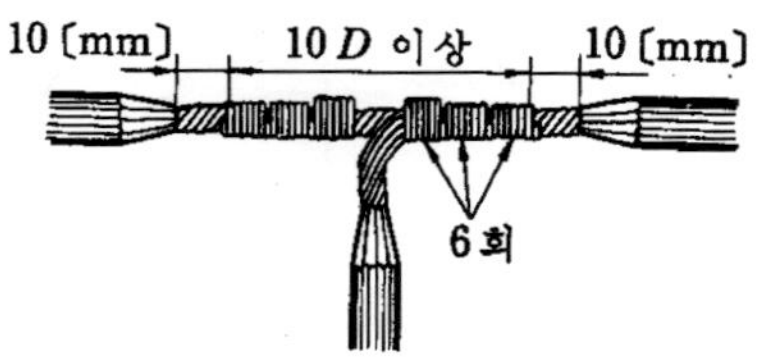

(c) 연선의 분할 단권 접속

그림 11.5 분기 접속 방법(그림 c는 실습 생략)

7. 연구 과제

(1) 전선의 접속법에는 어떠한 종류가 있는가?

(2) 연선의 표준 전선 굵기를 표시하는 방법을 설명하여라.

(3) 단선과 연선의 차이점 및 특징은?

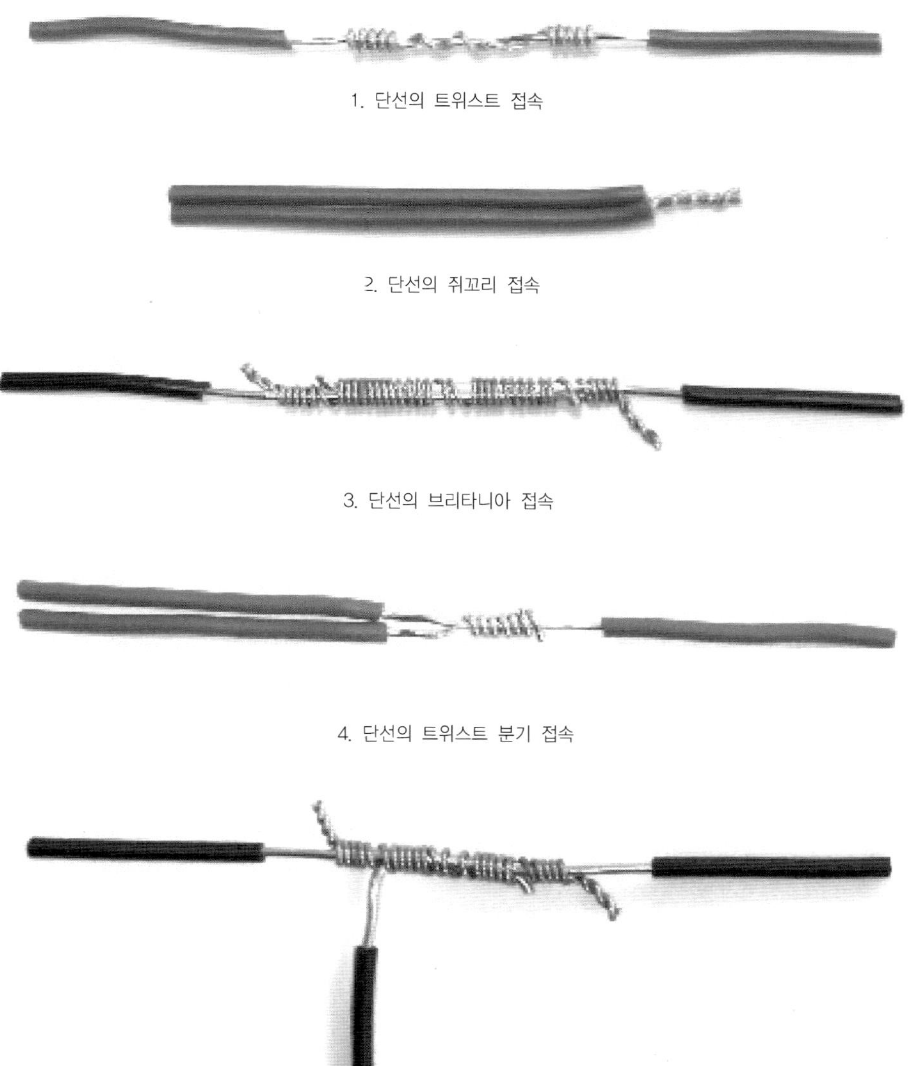

그림 11.6 전선 접속의 결과물을 붙이는 곳

12

3로 스위치 조명 설비 공사

1. 실습 목적

(1) 3로 스위치를 이용하여 2개소에서 전등을 점멸하는 회로를 이해한다.

(2) 3로 스위치를 이용하여 2개소에서 전등을 점멸하는 조명 설비를 공사
한다.

2. 기계 및 기구

(1) 펜치 …1개

(2) 니퍼 …1개

(3) 드라이버 …1개

3. 실험 재료

(1) 사각 박스, 리셉터클, 박스 커넥터 …각 1개

(2) 케이블 …1m

(3) 비닐 절연 전선: 1.6[mm] …3m

(4) 새들, 나사못 …17개, 50개

(5) 백열전구: 220V, 30W …1개

(6) 면장갑 …1개

4. 관련 이론

(1) 단극 텀블러스위치는 노브를 위로 했을 때 점등되는 것이지만, 3로 스위치(3－way switch)는 전환 스위치의 한 종류로서 점등(ON), 소등(OFF)의 위치를 표시하지 않는다.

(2) 3로 스위치는 스위치의 단자는 항상 접속되는 공통단자와 점멸에 따라 교대로 접속되는 2개의 접속단자로 되어 있다.

(3) 전압선 측은 3로 스위치를 거쳐, 리셉터클의 베이스 단자에 연결한다.

(4) 접지선 측은 리셉터클 소켓 단자에 결선한다.

5. 안전 및 유의 사항

(1) 전원 투입 전에 반드시 확인을 받는다.

(2) 전선을 자를 때에는 아래 방향을 향하게 하여 자른다.

6. 실험 방법 및 순서

(1) 주어진 재료를 이용하여 그림 12.1의 도면에 표시된 공사를 완성하시오.

(2) 시공 방법: ① 케이블 공사

            ② 몰드 공사

(3) 필요한 곳에는 새들을 이용하여 전선을 안전하게 고정시킨다.

(4) 박스 안에서 전선을 접속할 때에는 서로 다른 위치에서 접속하고 따로 테이핑한다.

(5) 배선 시에는 가능한 한 직선을 유지해야 한다.

(6) 동작 사항 점검

   ① 작업이 끝났으면 전기 스위치를 넣기 전에 반드시 검사를 받는다.

② KS 스위치를 넣는다.

③ S3 - 1, S3 - 2에 의해 전구가 2개소에서 점멸되는지 확인한다.

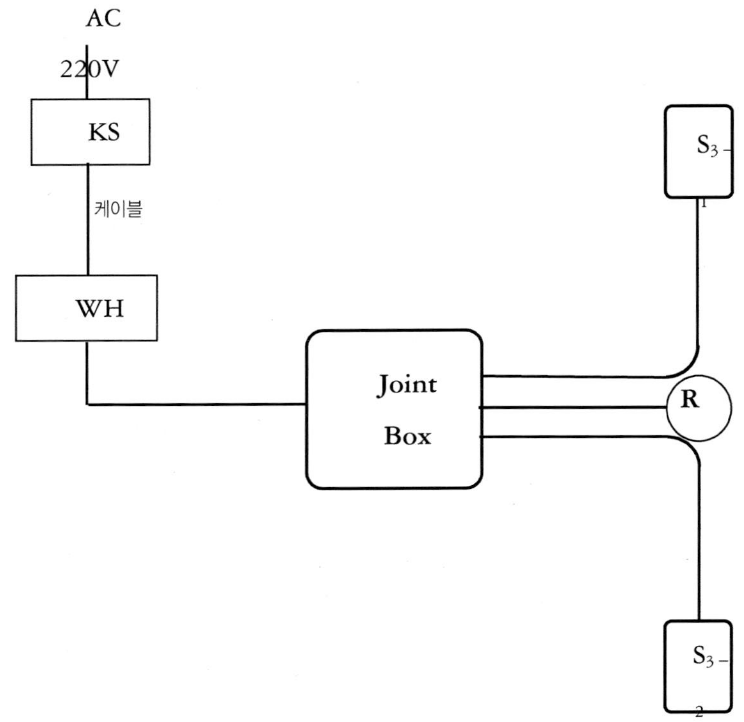

그림 12.1 전등의 2개소 점멸 회로 결선도

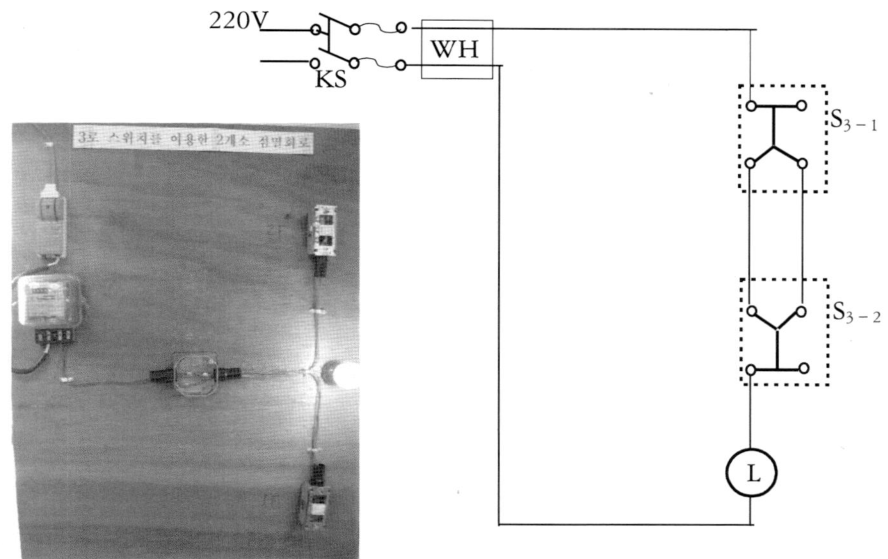

그림 12.2 3로 스위치를 이용한 전등의 2개소 점멸 회로 설비 공사

7. 연구 과제

(1) 3로 스위치를 일상생활에서 사용하고 있는 예(例)를 들으시오.

(2) 스위치의 종류를 설명하시오.

(3) 전등이 켜진 실습 결과물을 사진으로 찍어 아래에 붙이시오

13

PLC를 이용한 전동기 제어

1. 실험 목적

(1) PLC의 기본 원리를 이해할 수 있다.

(2) 작성된 시퀀스 회로를 PLC를 통해 프로그래밍할 수 있다.

(3) 단상 유도전동기 및 주변기기에 PLC를 연결하여 작동시킬 수 있다.

2. 사용기기 및 재료

(1) PLC 셀 …1셀

(2) 결선용 전선 …20개

(3) 프로그램용 컴퓨터 …1대

(4) PLC 구동 소프트웨어(MASTER K 200S) …1개

3. 관련 이론

〈A. 시퀀스 기초〉

(1) 자동제어란?

제어란 외부로부터 주어진 동작을 행할 수 있도록 어떤 기계 장치나 설

비의 운전 및 조작에 관계되는 상태변수의 제어 및 조작을 인간의 손과 발 등에 의해서 수동 제어하지 않고 인간에 의해 설계된 제어기기 등을 이용하여 자동적으로 희망하는 조건을 유지하거나 혹은 변화시키면서 제어하는 일종의 수단과 방법이라고 할 수 있다.

(2) 시퀀스 제어란?

시퀀스는 어떤 일이나 작업 등이 항상 일정한 순서를 가지고 진행되어 가는 현상을 의미한다. 교통신호기는 보통 차량의 통행량에 관계없이 보행신호, 좌회전신호 및 직진신호 등이 항상 일정한 시간간격을 가지고 번갈아 가면서 순차적으로 이루어지며, 가정용 세탁기의 경우도 마찬가지이다. 이와 같이 미리 정해진 공정순서를 논리적으로 분석하여 제어회로를 구성하고, 또한 각종 제어기기들을 제어목적에 부합되도록 하드웨어 혹은 소프트웨어적으로 구성하여 제어하는 것을 시퀀스 제어라고 한다.(자동판매기, 엘리베이터, 컨베이어 시스템, 자동 공작기계, 상하수도처리 설비)

(3) 릴레이 시퀀스 제어

"미리 정해진 순서에 따라 제어의 각 단계를 기계식 릴레이의 접점을 이용하여 차례로 진행해 나아가는 제어"를 말한다. 시퀀스 제어에서는 단계마다 해야 할 제어동작이 사전에 정해져 있어서 이전 단계의 동작을 완료한 후 다음 단계로 동작을 이행하는 데 있어서 타이머 등을 사용하여 시간을 제어하면서 진행시킬 수도 있다. 또 제어 결과에 따라 다음 단계에서 해야 할 동작을 선택하여 동작의 과정을 달리할 수 있다.

그림 13.1은 전동기 회로의 배선설치를 가장 간단하게 보여 주는 실제의 예이다. 그림의 구성은 모터를 운전하는 데 필요한 보호장치와 스위치류 그리고 운전자가 감시할 수 있는 제어부 판넬 등이 있다. 이것을 주 회로부와 릴레이 시퀀스 회로부로 나누어서 나타내면 그림 13.2와 같이 다시 표현될 수 있다.

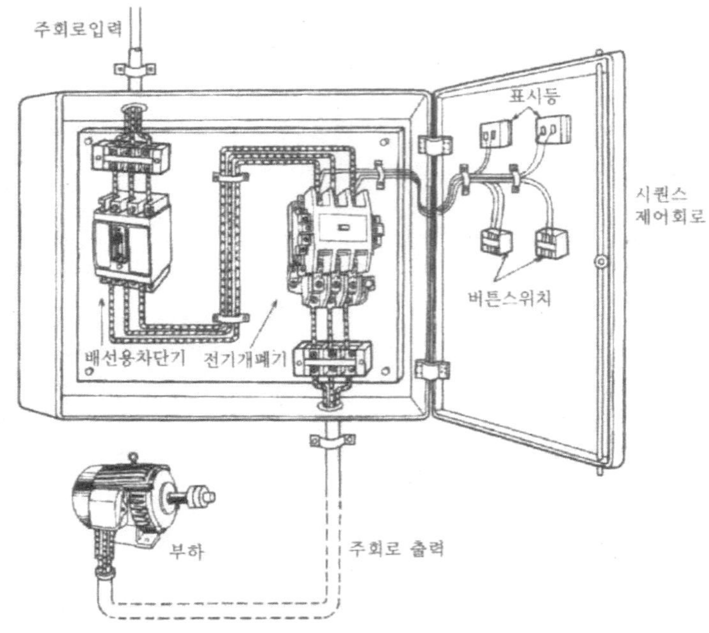

그림 13.1 전동기 회로 배선설치공사의 기본 예

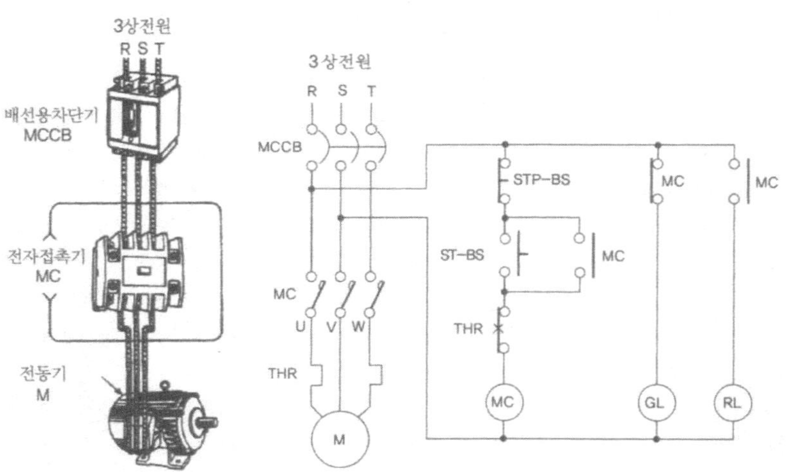

그림 13.2 전동기의 주회로와 릴레이 시퀀스 회로

(4) 시퀀스 제어의 입·출력 회로

시퀀스 제어는 유접점 시퀀스(relay sequence)와 무접점 시퀀스(logic sequence)
및 무접점 시퀀스의 일종인 PLC에 의한 시퀀스 제어로 크게 나눌 수 있다.
(주차 대수가 3대인 주차장의 만차 표시장치를 중심으로)

가. 유접점 시퀀스(relay sequence)

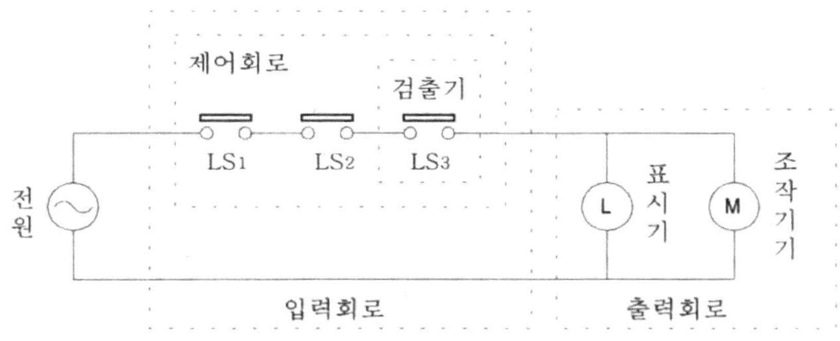

그림 13.3 유접점식 주차장 시퀀스 제어

나. 무접점 시퀀스(logic sequence)

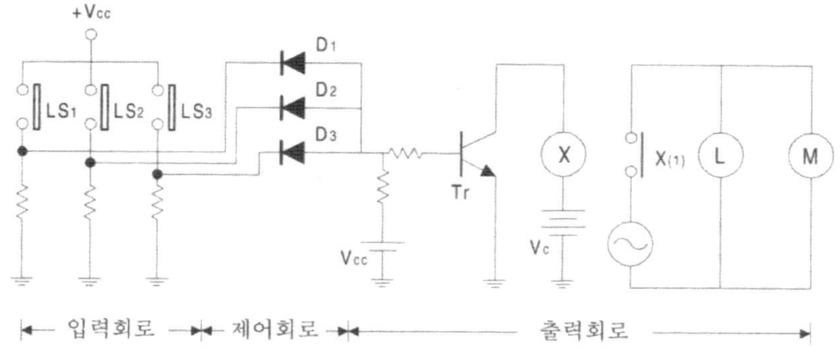

그림 13.4 무접점식 주차장 시퀀스 제어

다. PLC 시퀀스(programable logic controller)

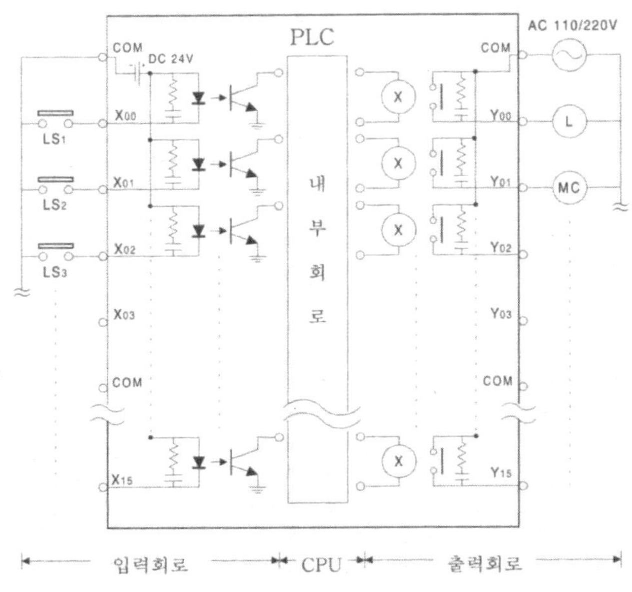

그림 13.5 PLC에 의한 주차장 시퀀스 제어

(5) 시퀀스 회로도

시퀀스 회로도의 표현에는 실체배선도와 시퀀스 회로도가 있다.

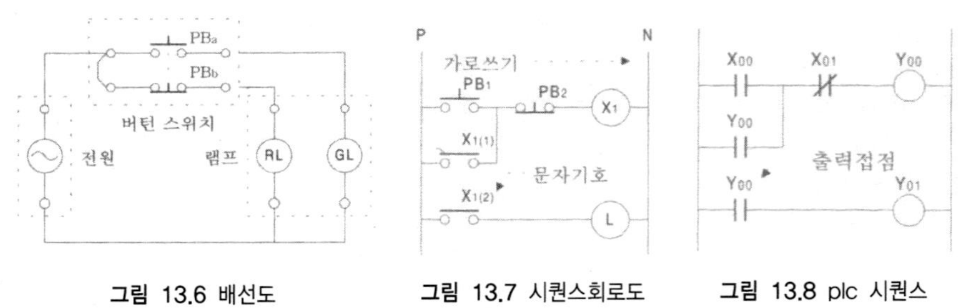

그림 13.6 배선도   그림 13.7 시퀀스회로도   그림 13.8 plc 시퀀스

(6) 시퀀스 기초회로

시퀀스 제어를 실제로 현장에 응용하기 위하여 가장 많이 활용되고 있는

자기유지회로, 우선회로, 시간제어회로, 표시경보회로, 인터록 회로 및 입출력 제어회로 등 기본회로를 유접점식 릴레이 시퀀스와 무접점식 로직 시퀀스로 나타내었다.

가. 자기유지회로

시퀀스 제어에 있어 자기유지회로는 외부로부터 어떤 입력이 순간적으로 가해질 때 동작하며, 또한 그 입력이 사라져도 자기 자신의 접점에 의하여 스스로 동작회로를 구성하므로 계속적으로 하여 그 동작상태를 유지하는 회로로서 기억회로라고도 한다.

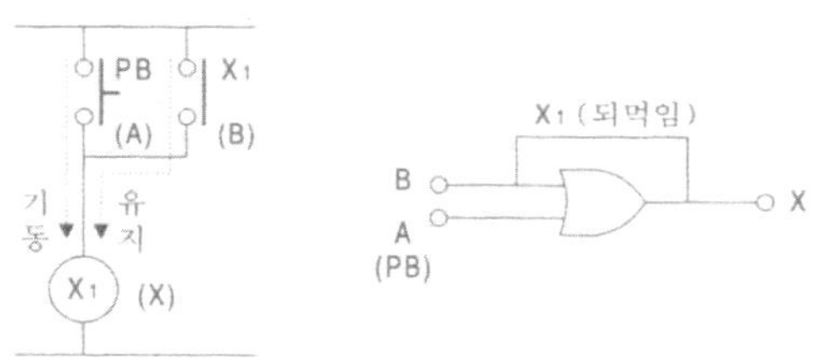

그림 13.9 자기유지회로

나. 정지(기동)우선회로

시퀀스 제어회로에 있어 우선회로란 2개 이상의 입력접점이 있을 때 어느 입력접점을 우선적으로 동작시킬 것인가를 결정하는 회로를 말하며, 이에는 동작방법에 따라 정지우선회로, 기동우선회로, 단락우선회로, 선행동작우선회로 등이 있다.

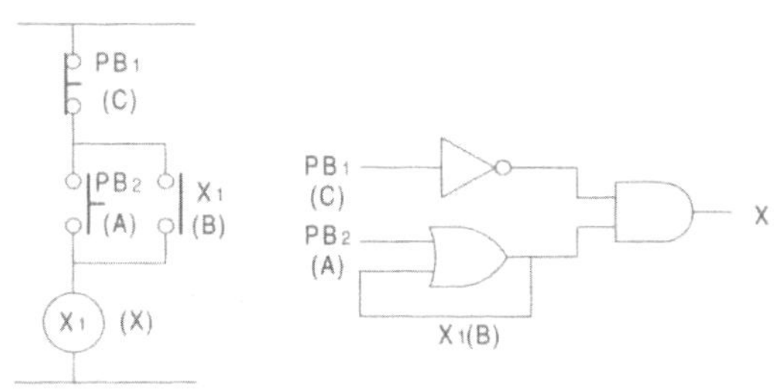

그림 13.10 정지우선회로

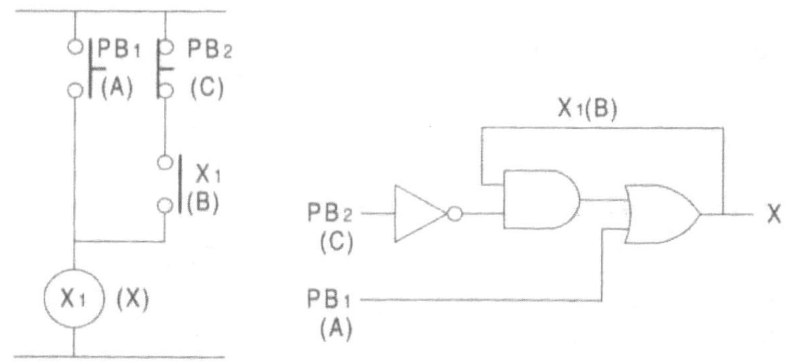

그림 13.11 기동우선회로

〈B. PLC 기초〉

(1) PLC의 정의 및 출현

PLC(Programmable Logic Controller)란 종래에 사용하던 제어반 내의 계전기, 타이머, 카운터 등의 기능을 IC, 트랜지스터 등의 반도체 소자로 대체시켜 기본적인 시퀀스 제어 기능에 수치 연산 기능을 추가하여 프로그램 제어가 가능토록 한 자율성이 높은 제어장치이다. 1978년 미국의 NEMA-(National Electrical Manufacturers Association)에서는 "PLC란 미리 정해진 순서 또는 조건에 따라 제어의 단계를 순차적으로 행하는 제어로서 control relay, timer, shift registor, Aux relay, counter 등의 기능을 반도체 소자로 대체하여 무접점화를 이룬 기기이다."라고 정의하였다. 즉 PLC란 간단히 표현하여 종래의 시퀀스 제어회로를 프로그램으로 제어하기 위한 산업용 컴퓨터라고 해도 좋을 것이다.

1960년대 전자제어장치를 이용하여 시퀀스를 달성하고자 하는 노력이 한창일 때 1968년 미국의 자동차 메이커 제너럴 모터사가 자동차 조립 라인에 적용시키기 위한 제어장치 구매를 위해 발표한 PLC에 관한 10대 사양조건이 PLC 개발의 계기가 되었고, 1969년 Digital Equipment사가 'PDP −

14'를 개발한 것이 최초의 PLC의 탄생이라 할 수 있다.

(2) PLC의 특징

PLC는 그 몸체 안에 고집적도 IC를 조립한 일종의 마이크로컴퓨터이다.
그러므로 PLC는 유접점 시퀀스를 포함해서 '1'과 '0'을 취급하는 논리회로
로 구성된 것인데 논리회로의 연산을 전문으로 하는 컴퓨터 기술이 시퀀스
에 채택되어 PLC가 만들어졌으며 PLC의 가장 큰 특징은 제어회로의 설계,
해석, 테스트, 변경이 가능하다는 것이다. 즉 종래의 시퀀스 제어는 각종 유
접점 계전기를 전선으로 배선하여 제어내용을 구성한 하드 와이어드(Hard
Wired) 방식이었으나 PLC제어는 프로그램에 의해서 제어 내용을 만드는 소
프트 와이어드(Soft Wired) 방식이 그 특징이다. 또 PLC의 가장 큰 특징이
라고 할 수 있는 것은 "제어회로의 설계, 해석, 테스트, 변경이 가능하다는
것이다."

(3) PLC의 종류

조립형 PLC: 전원 유니트와 CPU 유니트를 기본으로 설치하고 입력유니
　　　　　　트, 출력유니트, 특수유니트 등 필요한 유니트를 조합하여
　　　　　　베이스에 설치하여 사용한다.
일체형 PLC: 1개의 케이스에 전원부, CPU, 메모리부, 입출력 접점부가
　　　　　　들어 있고 취급이 간단하다. 비교적 소형의 자동화기기에
　　　　　　사용되고 있다.

그림 13.12 조립형 PLC

그림 13.13 입/출력 유니트

(4) PLC의 구조

PLC는 계전기접점 또는 논리소자를 프로그램화하여 기억시키고 이들을 조합함으로써 회로를 구성하고 또는 해체하도록 만든 장치로서 사용자들은 필요한 시퀀스를 쉽게 얻을 수 있도록 한 것이다. PLC는 규모의 대, 소를 불문하고 전기적, 이론적 구성의 기본은 마이크로컴퓨터와 동일하다. PLC는 용도상 컴퓨터에 비해 프로세서 입출력(리미트 스위치, 누름 스위치, 솔레노이드 밸브 등) 신호용 인터페이스부가 강화되고 있다. 또한 당초 컴퓨터 기술을 시퀀스 제어에 응용하여 프로그램을 자유롭게 변경할 수 있는 계전기 대체 장치라고 하는 목적으로 출발한 것이므로, 기본 구성은 컴퓨터와 동일하다.

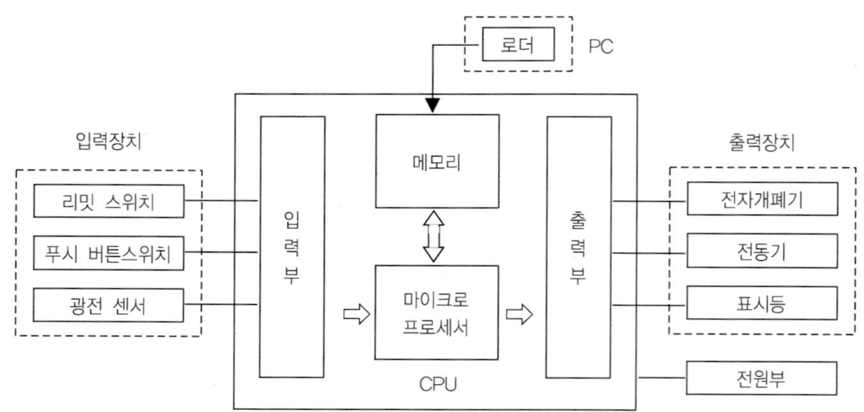

그림 13.14 PLC의 전체 구성도

즉 입력부, 출력부, 전원부, CPU부(기억, 연산, 제어)로 나누어진다. 위 그림 13.14은 PLC의 전체 구성도를 나타낸 것이다.

- 입력부: PLC가 제어동작을 수행하기 위한 외부 입력 측 기기의 입력 신호를 받아 CPU에서 사용할 수 있는 신호로 변환해 주는 역할을 한다.
- 출력부: PLC 내부의 출력명령을 IC 신호 레벨로부터 증폭기를 거쳐 계전기 코일을 구동하고, 내부 연산회로의 연산결과를 외부구동기에 맞는 신호로 변환하여 출력시키는 부분이다.
- 전원부: 교류 100[V] 또는 220[V]의 상용 전원을 PLC에서 사용하는 직류 5[V] 및 24[V]의 전압으로 변환하는 장치이며 잡음, 서지를 없앤다.
- CPU부: 프로그램을 순차적으로 진행하며 입력부에서 필요한 입력신호를 받아 시퀀스 및 연산처리를 행한 뒤 그 결과를 출력부에 내보내는 부분으로 PLC의 뇌에 해당하며 접점의 직·병렬접속, 타이머 또는 카운터 동작, 사칙연산의 산술처리, 데이터 전송 및 코드 변환 등을 수행한다. 이러한 연산처리에 통상 마이크로프로세서가 이용되고 있으며 고속을 요하는 경우에는 기본 시퀀스 명령을 논리 IC로 처리하고 있다. 실제 구성은 마이크로프로세서, OS ROM, data RAM, user program RAM(ROM), I/O 인터페이스, 주변기기 인터페이스 등으로 이루어져 있다.

(5) PLC의 제어기능

사용자가 프로그래밍한 프로그램을 반복해서 수행하는 프로그램 제어 기능이 있다.

① 입·출력 데이터 처리 기능
② 시퀀스 처리 기능: 일반 시퀀스 처리를 수행하는 기본 명령을 AND, OR, NOT 논리의 개념으로 처리하여 결과값을 메모리에 저장한다.

그림 13.15와 같이 시퀀스 회로는 A와 B가 동시에 ON이거나 C가

ON인 경우에 출력 Y가 동작되는 (A AND B) OR C＝Y의 논리식으
로 표시된다.

0 step으로 표시되는 어드레스로부터 프로그램을 순차적으로 진행하면
서 먼저 A의 상태를 체크하여 연산부에서 기억하고 다음의 AND 조
건 B의 상태에 따른 직렬회로 조건 C의 여부를 판단한다.

앞의 연산 결과가 OFF인 경우에만 C의 상태를 체크하여 최종 결과를
Y상태 번지에 저장하게 되어 한 블록의 시퀀스 처리를 완료하게 된다.(A,
B, C는 명령상태이고, Y는 출력명령에 속하는 코일을 의미한다.)

③ 타이머와 카운터 기능: 계전기 회로에서 많이 사용되고 있는 타이머
   는 일정한 시간 간격으로 연속적으로 나오는 타임 베이스 펄스를 카
   운트하고 그 카운트 수에 타임 베이스(펄스의 간격)의 시간을 곱한 값
   이 타이머 시간이 된다.

④ 연산 처리 기능: 단순한 계전기 대체 효과를 벗어나 점차 공장 자동
   화 및 FMS에의 적용이 대두되고 있는 PLC의 산술·논리 연산처리,
   데이터의 전송, 코드변환, 비교연산 등의 기능을 포함하고 있다.

⑤ 통신 기능: PC와 시리얼 통신을 할 수 있다.

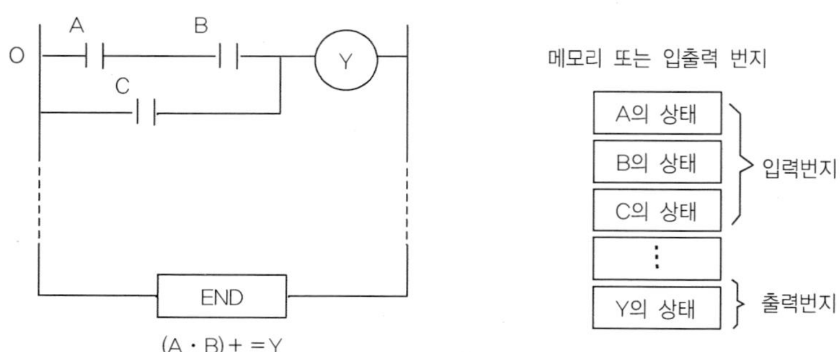

그림 13.15 시퀀스 처리 예

(6) PLC 프로그램

가. 프로그래밍 방식

　　PLC로 기계나 장치를 제어할 경우 먼저 그 제어의 내용을 미리 메모리에 가르쳐 두어야 한다. 즉 PLC가 판단할 수 있는 언어를 일정한 약속에 따라 순서대로 기입한 것을 프로그램(Program)이라고 하며 그 프로그램을 작성하여 메모리에 기억시키는 것을 프로그래밍(Programming)이라고 한다. 위와 같은 작업을 실행하기 위해서는 PLC가 이해하는 언어를 알아야 한다. 우리 인간도 한국어, 영어 불어, 일본어 등 여러 가지의 언어가 있듯이 PLC가 이해할 수 있는 언어도 제작회사에 따라 다양하다. 또한 PLC는 컴퓨터와 달리 기계를 취급하는 사람이나 시퀀스의 회로 조작에 익숙한 사람이 사용하므로 이해하기 쉬운 프로그램 언어로 고안되었다.

① 회로도 방식

　　회로도 방식은 미리 계전기 회로나 논리 심벌로 시퀀스 회로를 작성하고 이것을 변환하여 프로그램하는 방식으로, 래더도 방식, 논리기호 방식, 명령어 방식이 있다.

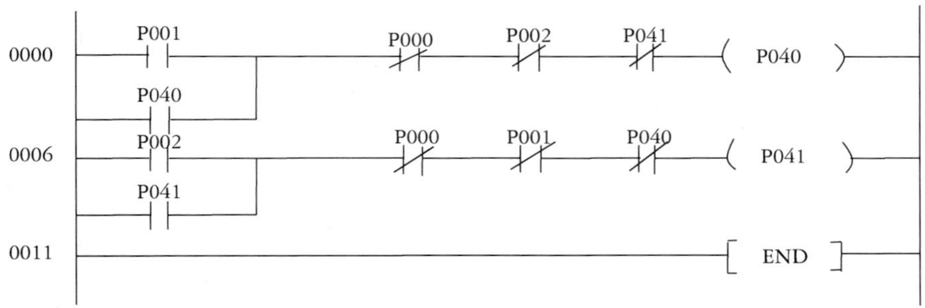

그림 13.16 래더도 방식

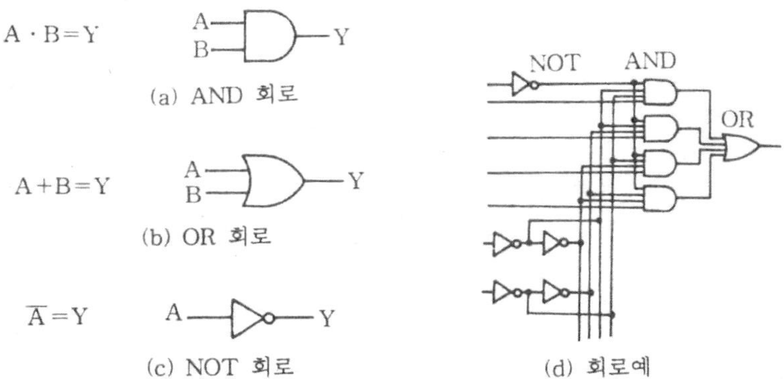

그림 13.17 논리기호 방식

표 13.1 명령어 방식의 예

스 텝	명 령	데이터
0000	LOAD	01
0001	LOAD	02
0002	OR	30
0003	AND LOAD	
0004	AND NOT	03
0005	OUT	30

② 공정 진행형 방식

회로도 방식에서는 기계의 동작을 우선 전기회로로 표시하고 그것을 프로그램으로 변환했는데 공정진행형 방식에서는 전기회로도를 만들지 않고 기계의 움직임을 직접 차트화하여 이것을 프로그램으로 변환하는 것으로, 플로차트 방식, 타임차트 방식이 있다.

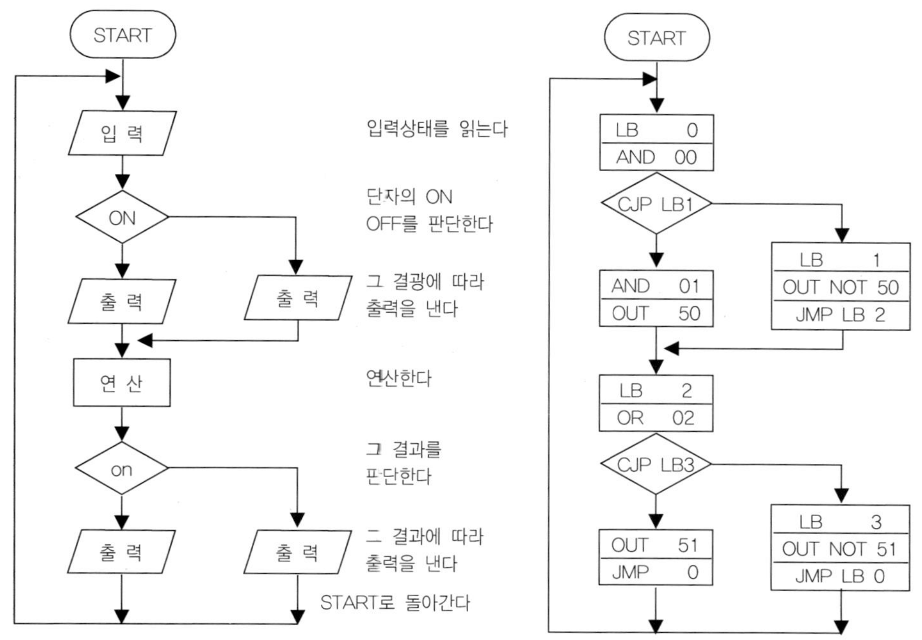

그림 13.18 마이크로컴퓨터용 플로차트(왼쪽)와 PLC용 플로차트(오른쪽)

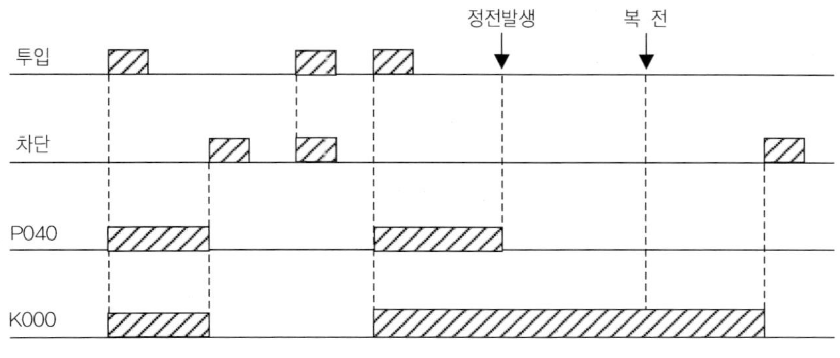

그림 13.19 타임차트 방식

나. PLC 메모리 구성

데이터 메모리는 사용 용도에 따라 여러 종류로 분류되며, 각 메모리 명칭의 구분을 위해 영어 첫 글자를 딴 것을 식별자라 한다.

① 입·출력(P)

외부기기와 직접 연결되는 입·출력기기의 어드레스(Address), 입·출력으로 사용되지 않는 영역은 보조계전기로 동작가능하고 입력은 a, b 접점으로 사용가능(출력은 a로만 가능)하다. 입·출력 P는 외부기기와 대응되는 영역으로 입력기기는 PBS, 절환 스위치, 리미트 스위치 등의 신호를 받아들이는 입력부와, 출력기기로 사용되는 솔레노이드, 모터, 램프 등에 연산결과를 전달하는 출력부가 해당된다.

② 보조계전기(M)

PLC 내의 내부 계전기로서 보조접점으로 사용, 전원 ON 시와 RUN 시작 시에 전부 0으로 소거된다. PLC 내의 내부 계전기로서 외부로 직접 출력이 불가능하나 입출력 P와 연결하여 외부 출력이 가능하다. 전원 ON 시와 RUN 시작 시에 전부 0으로 소거되고 a, b 접점의 사용이 가능하다.

③ 타이머(T)

기본주기 10[ms], 100[ms]의 타이머 기능, TON, TOFF, TMR, TMON, TRTG의 5종의 명령어로 구성되고 최대 설정값은 65535(FFFFH)까지 가능하다.

④ 카운터(C)

입력 조건의 OFF – ON시(Rising Edge) Count됨, CTD, CTU, CTUD, CTR의 4종 명령어로 구성되고 최대 설정값은 65535(FFFFH)까지 가능하며 10진으로 표시한다.

⑤ 데이터 레지스터(D)

내부 데이터를 보관하는 곳으로 기본 16비트, 32비트로 읽고, 쓰기가 가능하며 32비트로 지정한 경우에는 지정된 번호가 하위 16비트로 지정한 번호 +1이 상위 16비트로 처리된다. 응용 명령에서만 사용되는 것으로 10,000

워드(word)가 내장되어 있으며 D9,000 이상은 시스템에서 제어되는 영역으로 이 영역을 사용 시는 주의가 요구된다. 전원 ON 시와 RUN 시작 시에 파라미터로 지정한 영역을 제외한 부분은 0으로 소거되며 Default Latch 영역은 D6,000~D8,999이다.

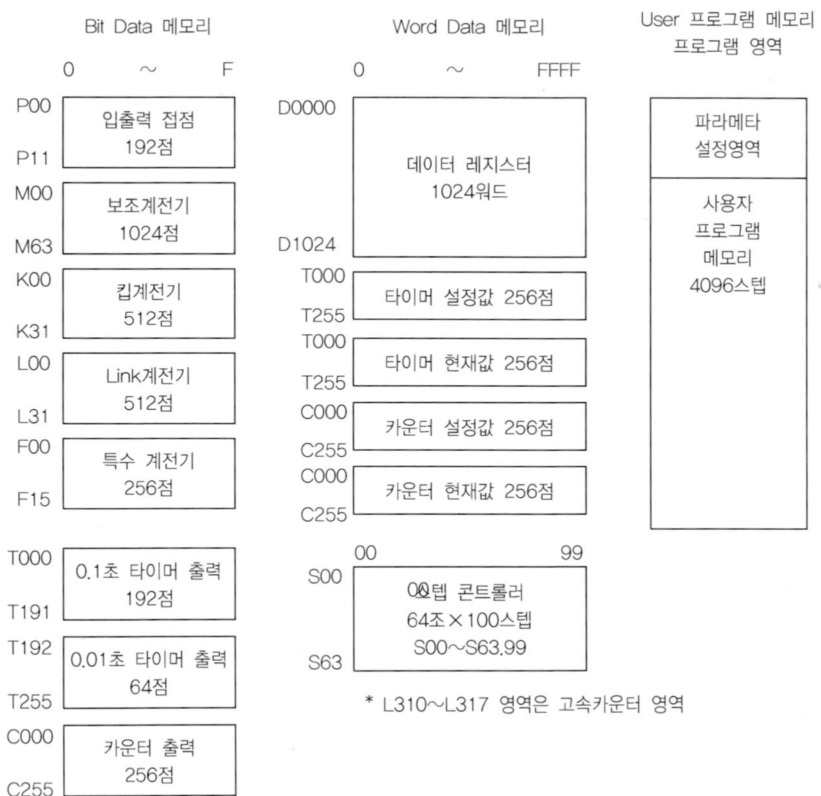

그림 13.20 내부 MEMORY구조

4. 실습 순서

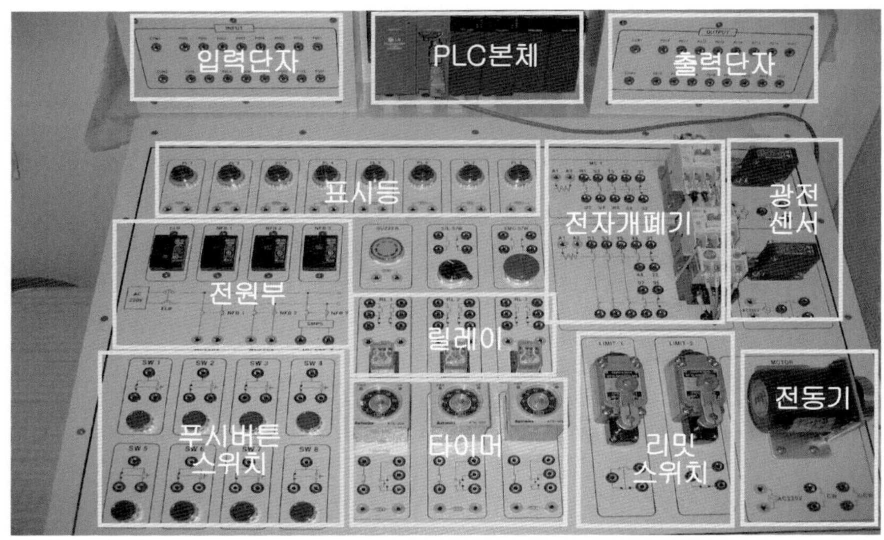

그림 13.21 PLC 실험 장치의 외부

(1) 동작원리 설명

PLC를 이용한 단상 유도전동기의 운전 회로도는 그림 13.22와 같다. 이 회로를 동작시키기 위하여 우선 그림 13.24부터 그림 13.34까지 프로그래 밍을 하고, 그림 13.35와 그림 13.36과 같이 결선한 후, 아래의 순서로 운전을 한다.

① 전원스위치 NFB1과 NFB2를 투입한다.

② 이때 MC－b 접점을 통하여 정지 표시등 GL이 점등된다.

③ PBS2－a를 누르면 MC가 여자되어 MC의 주접점 MC－a가 붙어 전동기가 운전된다. 동시에 MC의 보조접점 MC－a가 붙어 자기유지회로가 구성되고 운전 표시등 RL이 점등된다.

④ 운전을 정지하려면 PBS2－b를 누르면 MC가 소자되어 주접점 MC－a이 떨어져 전동기는 정지하고 MC－b접점이 붙어 GL이 점등된다.

⑤ 정상 운전 상태에서 과부하가 걸리면 열동계전기(THR)가 동작하여, 즉
   THR-b 접점이 떨어져 MC가 소자되어 전동기는 정지하고 RL소등,
   경고등 OL이 점등된다.

(2) 프로그램의 작성 순서

PLC 프로그램 작성 순서는 그림 13.23과 같다.

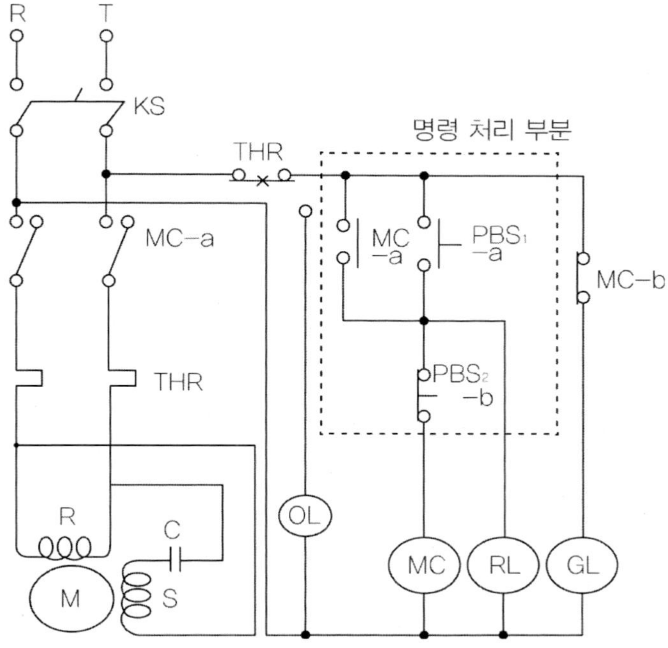

그림 13.22 PLC를 이용한 단상 유도전동기의 운전회로

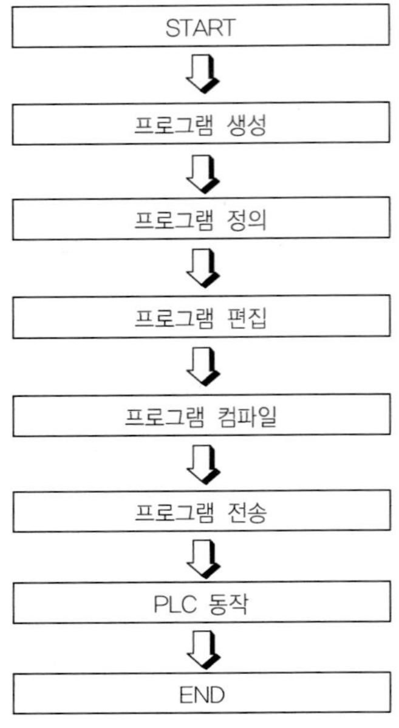

그림 13.23 프로그램 작성순서

가. PC를 이용하여 프로그램 작성하기

PLC로 단상 유도전동기를 제어하기 위한 래더 다이어그램을 그림 13.37
과 같이 만들어야 한다. 여기서부터는 PC를 이용하여 프로그램을 작성해
보도록 한다.

① KGL-WIN(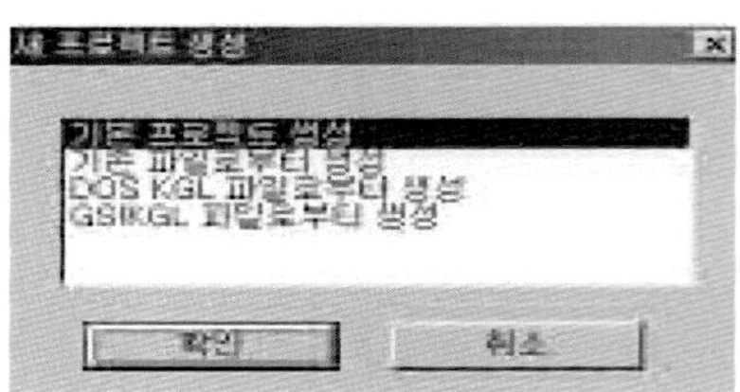)을 실행하여 초기화면에서 메뉴의 [프로젝트-새프
로젝트]를 선택한다.

② 그림 13.24와 같이 새 프로그램 생성 창이 생긴다. 처음 프로젝트를
만들 때는 [기본 프로젝트를 생성]을 선택한 후 확인 버튼을 누른다.

그림 13.24 새 프로젝트 생성

③ 확인 버튼을 누르면, 그림 13.25와 같은 프로젝트 정보창이 생긴다.
여기서 PLC 기종, 프로그램 언어, 제목, 회사, 저자, 설명을 입력한다.

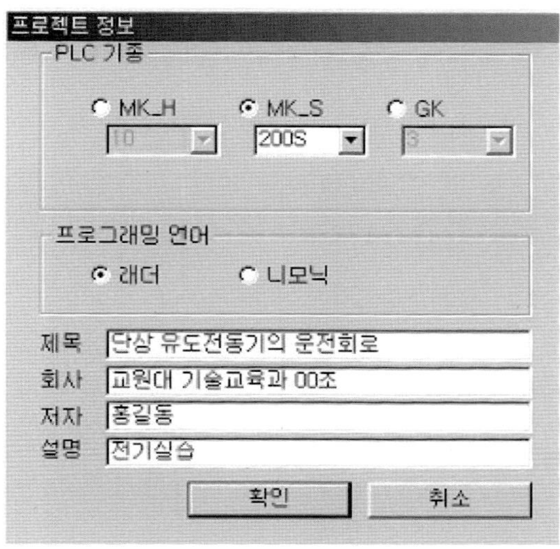

그림 13.25 프로젝트 정보

④ 확인 단추를 누르면 그림 13.26과 같은 프로젝트, 메시지, 프로그램
창이 열린다.

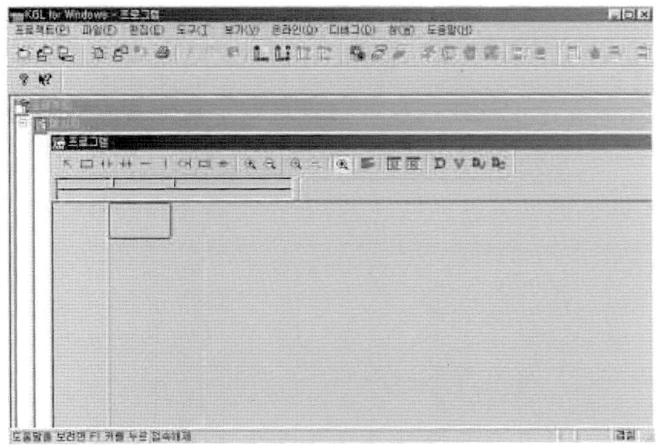

그림 13.26 프로그램창 열기

⑤ 래더 다이어그램 작성

그림 13.37의 단상 유도전동기의 운전회로 래더 다이어그램을 보면서, 아래의 순서로 래더 도구 단추를 이용하여 프로그램을 작성한다.

㉮ 그림 13.27의 프로그램 창에서 그림 13.37의 래더 다이어그램을 보고 실선박스 안에 원하는 래더 도구 단추에 커서를 위치시킨다.

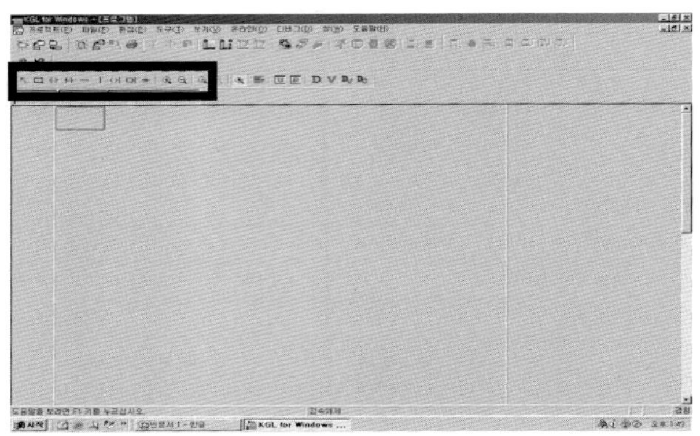

그림 13.27 프로그램 작성의 초기화면

㉯ 삽입하고자 하는 래더 다이어그램 도구 단추를 선택한 후 래더 도구 단추가 삽입될 부분에 클릭하면 그림 13.28과 같이 접점 입력 대화상자가 나타난다.

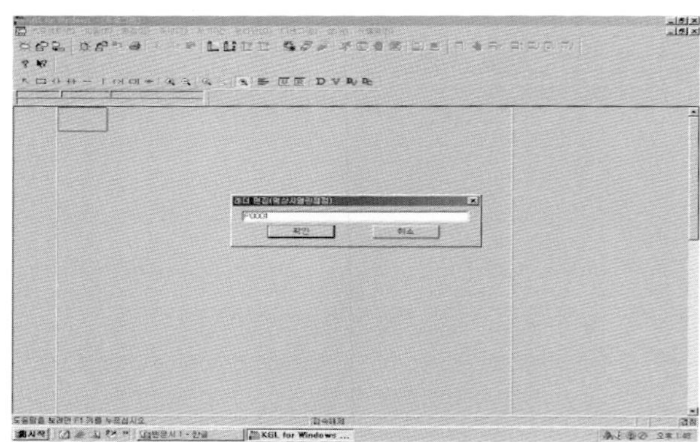

그림 13.28 래더도 접점 입력

㉐ 입력하고자 하는 디바이스번호(P0000 또는 P0)를 입력하고 확인 단추를 클릭하거나 엔터키를 치면 그림 13.29와 같이 래더도가 만들어진다.

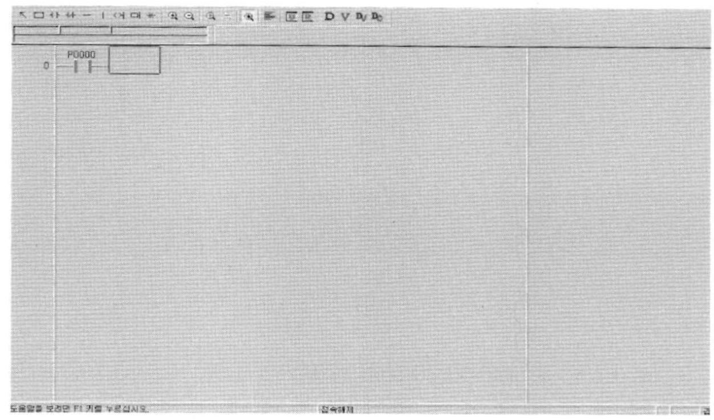

그림 13.29 래더도 작성

㉑ 잘못 그렸을 경우에는 수정할 부분에 커서를 위치한 후 Delete 나 ← 키를 누른다.

㉒ 이와 같이 ㉮→㉐를 반복하여 그림 13.37과 같은 다이어그램을 작성한다.

㉓ 래더 프로그램 작성 후 마지막에는 응용명령 도구단추(□⊣)를 선택하고 응용명령 입력 대화상자에 END를 입력한다.

⑥ 변수/설명문 입력하기

㉮ 프로젝트 창을 활성화시키면 그림 13.30이 나타난다.

㉯ [변수/설명]을 선택하여 더블 클릭을 하면 입력창이 나타난다.

㉰ 입력창에는 디바이스명을 입력하고 비트를 설정한 후 129쪽의 표 13.2와 같이 변수와 설명을 입력한다.

㉑ 변수/설명을 확인하려면 프로그램 창에서 디바이스와 설명보기 아이콘(Dc)을 클릭하면 확인할 수 있다.

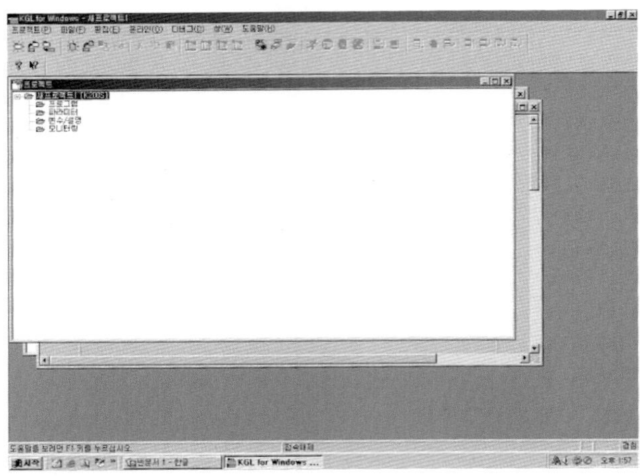

그림 13.30 변수/설명문 입력 창

⑦ 작성된 프로그램을 PLC에 전송하기

㉮ '로컬' 접속방법으로 컴퓨터의 시리얼 포트와 PLC의 RS - 232C 케이블 접속단자를 연결한다.

㉯ PLC 외부 실험장치의 ELB(누전차단기)를 ON시킨 후, PC의 메뉴 [**온라인 - 접속**]을 선택하여 PLC와 접속한다. 정상적으로 접속되면 PLC와의 연결 상태를 나타내는 안내문이 상태 표시줄에 아래와 같이 나타난다.

로컬/K200S/리모트런

㉰ 만일 정상적으로 접속이 이뤄지지 않으면, 아래와 같이 수정한다.

- **PLC 접속 실패** ⇒ PLC와 KGL - WIN과의 통신이 이뤄지지 않는 경우이다. 접속옵션, 접속방식, 통신포트가 제대로 설정되었는지 확인한다.
- **PLC와 프로젝트의 타입이 일치하지 않는다.** ⇒ PLC의 기종 설정이 잘못된 경우이다. 프로젝트 등록정보에서 기종을 올바르게 설정한다.

㉱ PLC와 접속 후 PC의 탑메뉴에서 [**온라인 - 다운로드**]를 선택하면 그림 13.31과 같이 [PLC로 다운로드] 창이 활성화된다.

㉤ 확인 단추를 누르면 파라미터와 프로그램이 PLC로 다운로드된다.
이때 파라미터 및 프로그램의 체크 박스를 클릭하여 선별적으로
다운로드를 실행할 수 있다.

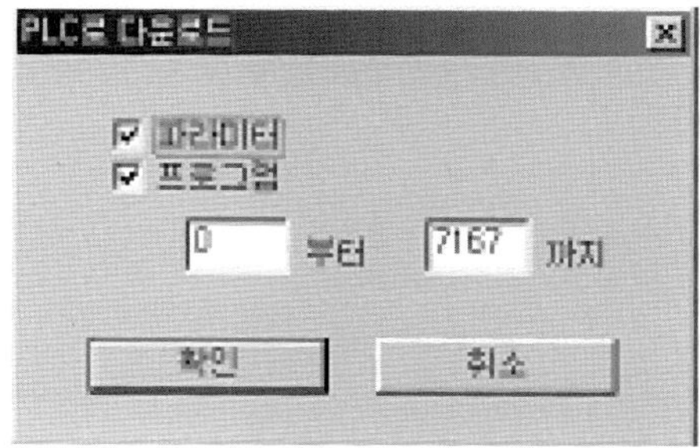

그림 13.31 PLC로 다운로드

㉥ 다운로드는 스톱모드에서만 가능하므로 PLC의 모드가 스톱모드가
아닐 경우엔 PC의 탑메뉴 [**온라인 – 모드변경 – 스톱**]이나 아이
콘을 선택하여 스톱모드로 바꾼 후 다운로드해야 한다. 정상적으로
다운로드가 완료되면 그림 13.32와 같은 메시지 창이 나타난다.

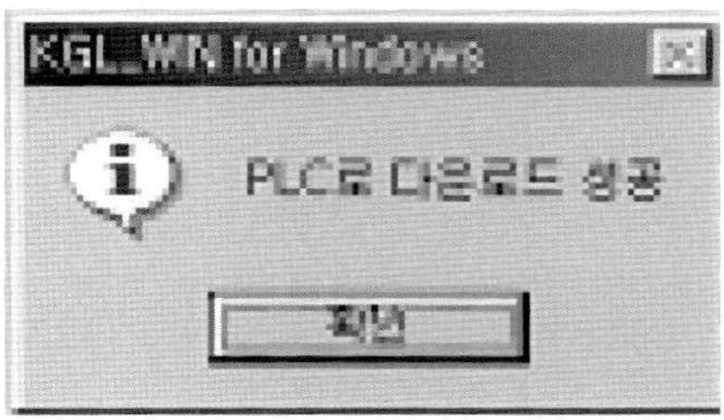

그림 13.32 PLC 다운로드 성공

㉦ 확인 단추를 누른 후, PC의 탑메뉴 [**온라인 – 모드변경 – 런**]을 선
택하여 모드를 런으로 한다.

㉧ 프로그램에 사용된 디바이스값(변수값) 및 시스템을 모니터하기 위
해서 PC의 탑메뉴 [**온라인 – 모니터 시작**]이나 을 선택하면 그
림 13.33과 같이 모니터링 화면이 나타난다.

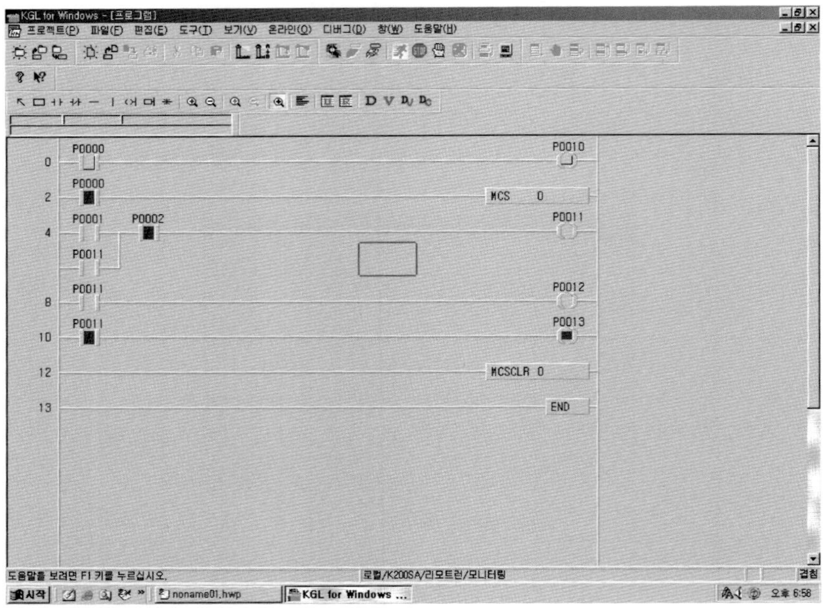

그림 13.33 단상 유도전동기 운전 모니터링

㉢ 접속이 끊긴 상태에서 그림 13.34와 같이 PC 탑메뉴 [**온라인 - 접속 + 다운로드 + 런 + 모니터 시작**]이나 을 선택하여 한꺼번에 접속, 다운로드, 런모드로 변경 및 모니터링을 실행할 수 있다.

그림 13.34 접속 + 다운로드 + 런 + 모니터
시작

㉣ 온라인 편집은 PLC와 KGL - WIN의 프로그램이 일치하는 상태에서, 온라인 + 모니터링 중 프로그램을 수정하고자 할 때 사용되며, 온라인 편집하기를 실행하면 수정된 프로그램이 자동으로 PLC로 다운로드된다.

나. PLC 실험 장치의 회로 결선하기

① 그림 13.35와 같이 외부 출력은 220[V] 전원에 연결하고 내부 입력 전원은 DC 24[V] 전원을 사용하여 결선한다.

② 그림 13.35의 접속도는 그림 13.36의 결선도와 같다.

③ 단상 유도전동기 동작 순서에 따라 단상 유도전동기를 운전한다.

그림 13.35 PLC 실험 장치의 실제 접속도

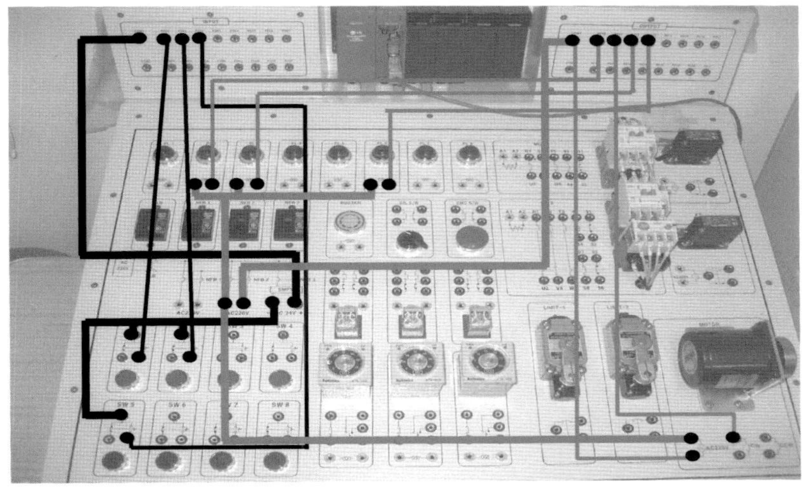

그림 13.36 PLC 실험 장치의 결선도

다. 래더 다이어그램과 니모닉 프로그램

단상 유도전동기 운전회로의 래더 다이어그램은 그림 13.37과 같고, 니모
닉 프로그램은 표 13.2와 같다.

표 13.2 니모닉 프로그램

스 텝	명 령	디바이스	변 수	설 명
단상 유도전동기의 운전회로(MCS 명령어)				
0	LOAD	P0000	THR	열동계전기
1	OUT	P0010	OL	과부하 표시등
2	LOAD NOT	P0000	THR	열동계전기
3	MCS	0		
4	LOAD	P0001	PBS1	기동스위치
5	OR	P0011	MC coil	전자접촉기
6	AND NOT	P0002	PBS2	정지스위치
7	OUT	P0011	MC coil	전자접촉기
8	LOAD	P0011	MC coil	전자접초기
9	OUT	P0012	RL	운정등
10	LOAD NOT	P0011	MC coil	전자첩촉기
11	OUT	P0013	GL	정지등
12	MCSCLR	0		
13	END			

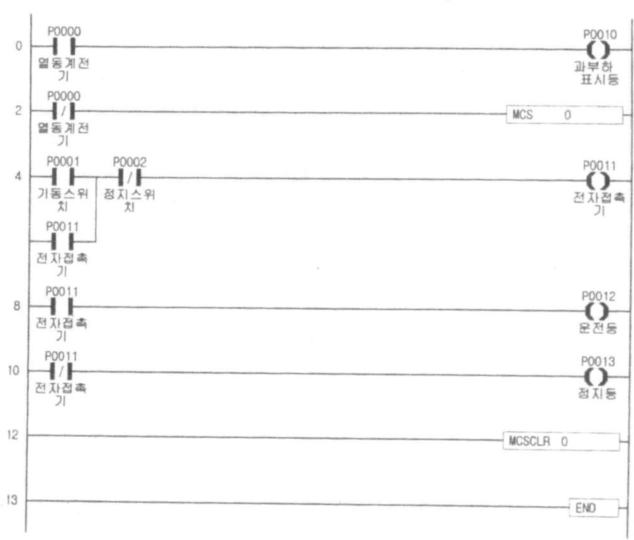

그림 13.37 래더 다이아그램

5. 안전 및 유의 사항

(1) PC와 본체의 각종 통신 커넥터 및 플러그를 정확하게 끼운다.

(2) 실습 후에는 작성한 PLC프로그램을 개인별 디스켓에 저장한 뒤 PC본
체에 저장되지 않도록 곤련 내용을 모두 삭제하고 종료한다.

(3) 외부 실험 장치 연결 시 감전에 주의하고, 전원 투입 시는 담당교수
에게 검사를 받고 실시한다.

(4) 전선 연결 시 무리한 힘을 가하지 않는다(단선에 주의).

6. 연구 과제

(1) (전자)릴레이란 무엇인지 조사해 보자(생활에서의 사용 예를 들어보자).

(2) 계전기 제어반과 PLC를 비교해 보자.

(3) a접점, b접점, c접점을 비교해 보자.

(4) 실험에서 결선한 PLC 회로의 사진을 찍어 이곳에 붙여 보자.

(5) 위의 실험에서 자기유지회로와 우선회로가 들어간 부분을 표시하고
설명해 보자.

14

전동기와 발전기 특성

1. 실험 목적

(1) 유도전동기의 특성을 이해한다.

(2) 직류발전기의 특성을 이해한다.

2. 기계 및 기구

(1) 전동기/발전기 셀 …1대

3. 실험 재료

(1) 회로 연결 코드(4Φ 플러그부) …1셀

(2) AC 전원 코드 …1개

4. 관련 이론 및 실습 순서

그림 14.1은 발전기/전동기 셀으로서 (주)ED에서 생산하는 기기(MG－5212)의 외관을 나타낸 것이고, 이 기기로 할 수 있는 실험 내용과 규격(specification)은 표 14.1과 같다.

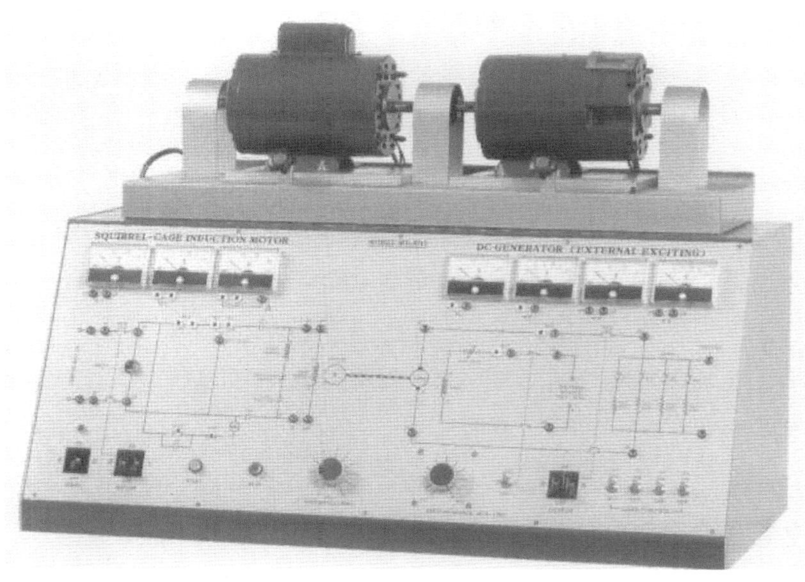

그림 14.1 전동기 / 발전기 셑의 외관

표 14.1 전동기/발전기 셑의 규격 및 특징

실험실습내용			
1. 농형 유도 전동기의 기동 특성과 부하특성		5. 직류 타려식 분권 발전기의 부하특성	
2. 농형 유도 전동기의 회전방향 변경		6. 발전기의 무부하 포화 특성	
3. 유도 전동기의 Slip 속도와 Torque		7. Shunt Field와 출력	
4. 유도 전동기의 무부하 역율과 부하 역율		8. 직류 분권 발전기의 손실과 효율	
MOTOR SECTION		Output Power	120V, 1A
Winding Type	Squirrel Cage Rotor	Number of Pole	4 Pole
	Split-phase Stator	Field Exc.	External Exciting
Speed	1725 RPM	Shunt Rheostat	0~300Ω, 50W
Input Voltage	AC 110V, 60Hz	Exciting Power	DC 0~120V, 1A
Input Current	6.6A Approx.	Indication Meter	2-Current, 2-Voltage
Horsepower	$\frac{1}{3}$HP	Over Load Trip	2A Approx.
Start Capacitor	180~220μF	Load Resistance	48Ω~480Ω, 500W
Indication Meter	1-Current, 1-Voltage	일반 사양	
	1-RPM Meter, 1-Watt	Main Input Voltage	AC 220V
Over Load Trip	7A Approx.	Rating	30 Minutes
GENERATOR SECTION		Motor 크기	145(직경)×215(길이)mm
Winding Type	Shunt (separated)	Generator 크기	145(직경)×215(길이)mm
Speed	1725 RPM	System 크기	960(W)×480(H)×670(D)mm

이 기기는 농형 유도전동기(Squirrel – Cage Induction Motor)와 타여자식 직류발전기가 결합된 MG 셑이다. 이는 일반적으로 많이 사용되는 교류 단상 전동기와 직류 발전의 원리를 설명할 수 있게 한다. 여기서 사용되는 전

동기나 발전기의 출력은 비록 소출력형이지만, 그 동작 절차나 입출력 특성들은 수kW급과 거의 동일하므로 실험실습을 통하여 이들의 시동과 운전법을 이해할 수 있게 될 것이다. 특히, 농형 유도전동기의 Torque와 부하특성 측정과 함께 타려식 발전기의 Field Exciting과 출력 및 부하특성 그리고 발전기의 손실과 효율 등을 측정해 볼 수 있다.

이 기기 셀의 판넬에는 전동기와 발전기의 회로 및 전류, 전압, 전력계 등의 연결 위치를 표시하고 있으며, 또한 가변 부하 저항과 함께 입출력 보호 NFB들이 배치되어 있다. 전동기의 입력전압은 AC 110V이며, 직류발전기의 정격출력은 DC 120V, 1A이다.

(1) 농형 유도전동기의 기동 특성과 SLIP

가. 예비지식

단상 유도전동기는 고정자 주권선 외에 기동을 위한 보조권선, 즉 Start Winding을 갖고 있다. 이것은 두 권선 전류 간에 위상차를 주어 기동 토크를 얻게 한다. 그리고 속도가 정상의 약 70%에 달하게 되면 기동 권선은 원심력 스위치에 의해 Open되고, 이후로는 고정자 주권선과 회전자 회전과의 관계에서 주고정자 권선에 회전자계가 발생하여 모터는 계속 회전하게 된다.

콘덴서 기동형(Capacitor Starting) 전동기도 기동이 된 후 그 속도가 정상의 약 70%에 달하게 되면 기동 권선과 콘덴서는 원심력 스위치에 의해 open되고, Main 고정자 권선이 모터를 구동하는 데 사용된다. 여기서 일단 전동기가 구동되면 분상모터나 콘덴서 기동전동기는 모두 높은 인덕턴스를 갖는다. 이러한 이유로 인해서 전동기의 역률은 낮아진다.

여기서는 기동력이 우수한 콘덴서 기동전동기를 가지고 실습하게 되며, 이 모터는 기동 권선과 직렬로 콘덴서를 연결시키고 있다. 이와 같이 하면 기동 권선을 흐르는 전류는 전압보다 약 45° 앞서게 된다. 이것은 결국 기동 권선 전류는 주고정자 권선 전류와 약 90°의 위상각을 갖게 된다. 즉 2

상 전력이 있는 것과 같은 상태가 되므로 기동 회전자계를 얻을 수 있게 된다.

실습에서 우리는 기동 특성을 측정해야 하고, 그 방법을 알아야 한다. 그런데 기동 전류는 기동하자마자 감소하며, 또한 회전자를 강제로 정지시키게 되면 기동 권선에는 과전류가 흘러 전동기는 타게 된다. 이를 위해서 되도록 낮은 전압에서 전동기를 기동시키면서 이때 기동 순간의 전압, 전류를 측정한 후, 이 값을 가지고 식 14.1과 같이 계산하여 정상 입력 전압에서의 정상 기동 전류를 구한다.

기동 입력 전압: 측정 기동 전류 = 정상입력전압: 정상 기동 전류

$$\text{정상 기동 전류} = \frac{\text{측정기동전류} \times \text{정상입력전압}}{\text{기동입력전압}} \quad\cdots\cdots\cdots\cdots\cdots\cdots \quad (14.1)$$

일반적인 유도전동기는 교류 입력 주파수로 인해서 이론적 최대속도인 동기속도가 있지만, 실제로 회전 토크를 얻기 위해서는 동기속도보다 낮은 속도를 갖도록 설계되어야 한다. 이때 동기속도와 전동기의 실제 속도와의 차를 전동기의 슬립(Slip) 속도라 부르며 예를 들면 다음과 같다.

- 4극 전동기의 동기속도는 1,800RPM이며, 만일 전동기 속도가 1,725RPM 이라면 이때의 Slip 속도는 $1800 - 1725 = 75$RPM이 된다.
- 그러므로 전동기의 Slip율은 다음과 같이 나타낸다.

$$\frac{\text{Slip속도}}{\text{동기속도}} \times 100(\%) \quad\cdots\cdots\cdots\cdots\cdots\cdots\cdots\cdots\cdots \quad (14.2)$$

여기서, 전동기가 기동하는 순간에는 Slip이 1(즉 Slip율이 100%)로서 회전자의 유도전류는 고정자 주파수와 같은 최대인 60Hz의 전류가 흐르게 된다. 그리고 회전자 도체의 유도 리액턴스 $[X_L = 2\pi fL]$은 최대이고, 이에 따라 도체 양단 전압은 최대 상태가 되어 1차(고정자)의 공급전력은 그만큼 크게 증가된다.

이때의 기동 Torque는 다음과 같다.

Ts = KøIR cosΘ   여기서, K: 상수(Air-Gap에 따라 다름)

ø: 고정자 자계의 세기

IR: 회전자 전류

나. 작동 준비

전동기의 무부하 기동 특성은 전동기만의 동작이 원칙이겠으나, 여기서는 그 측정 방법을 배우는 것이 주목적이므로 편의상 전동기의 무부하 실습은 무부하 발전기를 연결한 상태에서 실습한다.

① 우선 실습장비(MG-5212)의 전동기와 발전기의 연결이 확실한지 확인하고, main 스위치 및 전동기 스위치를 OFF시켜 놓는다.

② 전동기(Motor) 회로의 M-1, M-2 및 전력계(Wattmeter)들을 표시된 각각의 단자에 연결한다.

③ AC 0~110V source 단자와 input 단자를 연결 코드로 연결시킨다. 그리고 전동기 회로의 주권선이 회로에 연결되도록 J3~J4 및 J5~J6을 점선과 같이 연결한다.

④ 발전기의 M-1, M-2, M-3, M-4 계기들을 표시된 각각의 단자에 연결한다.

⑤ 발전기 회로의 RH-1을 좌우 중간위치로 놓은 후 Exciting Source DC 0~120V 손잡이를 반시계방향의 최소로 돌려놓는다. 그리고 Exciting 스위치를 OFF시킨다.

⑥ Main과 전동기 스위치를 ON시킨 후 장비 좌측 옆의 AC 0~110V Source 전압조정 손잡이를 돌려 약 100V 정도가 되게 하라. 그리고 전동기 스위치는 다시 OFF시킨다.

⑦ 발전기 회로의 부하 스위치 S-1~S-4 및 Output 스위치를 OFF시킨다.

⑧ 전동기와 발전기 회로부에 장애물이나 걸리는 물건이 놓여 있는가 확인하고, 끝으로 회로 구성이 정상인가 다시 한 번 확인한다.

다. 동작과 측정

① 전동기가 정상적으로 회전하는가 보기 위해 우선 Main과 전동기 스위
치를 ON시키고 버튼을 눌러 전동기가 정격 속도(1725rpm)로 회전하
도록 AC Source를 조정한다. 정상 Stop 버튼을 눌러 전동기를 정지시
키고, AC Source 전압 조정 손잡이를 최소(0V) 위치로 돌려놓는다.

② 전동기 Start 버튼을 누르고 AC Source 손잡이를 서서히 올리면서 전
동기가 회전하기 직전의 전류계(M-2) 지시와 입력전압계(M-1)의 지
시값을 읽어 표 14.2 측정값의 각 해당 칸에 기록하라. 그리고 Motor
Stop 버튼을 눌러 정지시킨다. 특히 이 측정은 가능한 짧은 시간 내(약
5초)에 측정하도록 주의한다.

표 14.2 기동 전류 및 전압 측정값

	측 정 값	계 산 값
기동전류(IS)		
기동 시의 전압(VS)		110V

③ 측정값을 가지고 정상 입력전압(AC 110V)에서의 기동 전류를 계산하
여 표 14.2에 기록하라. 전동기가 회전하기 직전의 기동 전류는 전동
기 입력전압에 비례하여 증가한다.

④ AC Source 전압조정 손잡이를 돌려 AC 110V로 한 후, 전동기 Start
버튼을 눌러 전동기를 동작시킨 후 이때의 입력전류(M-2), 입력전압
(M-1), 그리고 전동기 속도(RPM)의 지시값을 읽어 표 14.3 무부하의
해당란에 기록하라.

⑤ 이번에는 발전기의 OUTPUT 스위치 및 부하 스위치 S-1~S-4 모
두를 ON시킨 후 아래의 입력전류, 입력전압 그리고 RPM의 지시를
읽고 표 14.3 FULL 부하의 각 해당란에 기록하라.

	무부하	Full 부하
입력전류(I)		
입력전압(V)	110V	110V
회전속도(RPM)		

⑥ 측정이 끝났으면 Stop 버튼을 눌러 전동기를 정지시킨 후 전동기 스위치와 발전기의 OUTPUT 스위치를 OFF시킨다. 계속 실습을 하지 않을 때에는 Main 스위치도 OFF시켜 놓는다.

라. 요점 정리

① 기동 시의 Slip율은 100%이므로 이때 농형 회전자에는 고정자 전류와 같은 주파수의 최대 전압이 유도되고, 이로 인해 고정자 전류는 그만큼 증가한다. 이것은 변압기의 2차가 단락되어 있는 것과 같은 상태가 되므로 기동 전류가 지속되면 전동기는 타 버리게 된다.

② 대부분의 유도전동기는 무부하 시에 비하여 부하 시에 Slip 속도가 증가한다. 따라서 부하 시에는 입력전류가 증가되고 회전 Torque도 그만큼 증가한다.

(2) 농형 유도전동기의 회전 방향 변경

가. 예비지식

앞 절의 예비지식에서도 간단히 설명했지만 콘덴서 기동 방식인 경우 주권선과 기동 권선 간에 전류 위상차가 있게 하므로 기동 회전자계를 얻게 할 수 있다. 즉 기동 권선과 콘덴서를 직렬 연결하면 기동 권선 전류의 위상은 Main 권선 전류보다 약간 뒤지게 되며, 이로 인하여 회전자는 주자극에서 기동 자극 방향으로 회전하게 된다. 그러나 정상 회전 방향으로 된 결선에서 주권선이나 또는 기동 권선의 권선 방향을 반대로 결선해 주게 되면 전동기는 역방향으로 회전을 하게 된다.

다음의 그림 14.2를 정상 회전 방향이라고 할 때, 그림 14.3은 주권선을 반대로 연결하여 역회전이 되도록 하고 있다.

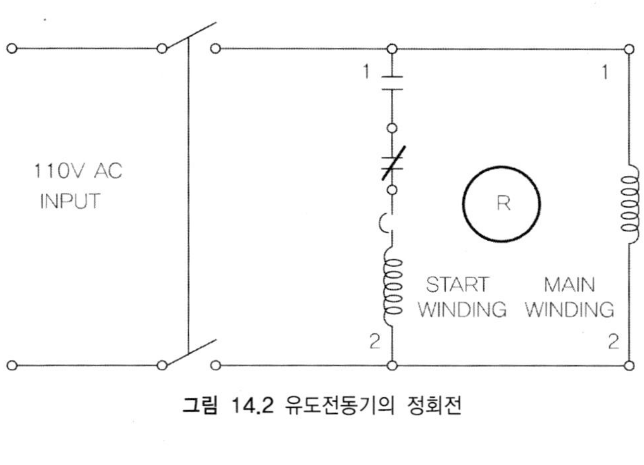

그림 14.2 유도전동기의 정회전

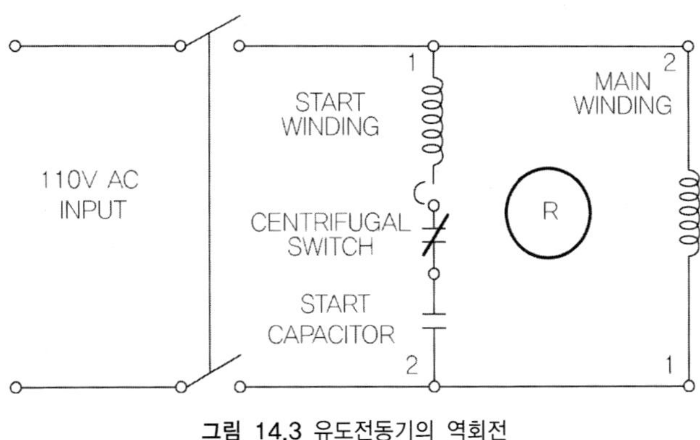

그림 14.3 유도전동기의 역회전

나. 작동 준비

① 앞에서 배운 '농형 유도전동기의 기동특성과 Slip' 작동 준비의 ①～
③ 및 ⑤～⑥ 항을 실행한다.

② 전동기와 발전기 회전부에 장애물이나 걸리는 물건이 놓여 있는가 확
인하고, 끝으로 회로구성이 정상인가 다시 한 번 확인한다.

다. 동작과 측정

① 전동기 스위치를 ON시키고 Start 버튼을 누른 후 전동기가 회전하는

가 보아라. 그리고 회전 방향을 표 14.4의 정상 회전 방향란에 표시하라.
② Stop 버튼을 눌러 전동기를 정지시킨 후 전동기 스위치를 잠시 OFF 시킨다. 그리고 그림 14.3과 같이 주권선을 역으로 연결시킨다. 즉 단자 J3 - J6 그리고 J5 - J4를 연결하라.
③ 다시 전동기 스위치를 ON시키고, Start 버튼을 누른 후 전동기가 회전하는가 보아라. 그리고 회전 방향을 체크하여 표 14.4의 역방향란에 표시하라.

표 **14.4** 유도전동기의 정회전과 역회전

정상 회전 방향	역회전 방향

④ 측정이 끝났으면 Stop 버튼을 눌러 전동기를 정지시키고, 전동기 스위치를 OFF시킨다. 그리고 전동기의 Main 권선을 역으로 연결한 것을 그림 14.2와 같이 정상으로 연결시켜 놓는다. 계속 실습을 하지 않을 때에는 Main 스위치도 OFF시켜 놓는다.

라. 요점 정리
① Motor의 축에 연결된 기계에 따라서는 모터의 회전 방향이 반대로 되면 절대로 안 되는 경우가 있다. 따라서 이런 경우에 만약 전동기를 역방향으로 회전 실험을 해야 할 때에는 전동기 축에 연결된 부하 장치를 분리하고 실험을 해야 한다. 그리고 실험이 끝난 후에는 반드시 본래의 정상적인 회전 방향으로 연결시켜 주어야 한다.
② 전동기에 따라서는 역방향으로 회전시키면 정상적인 성능을 갖지 못하는 전동기들이 있다. 그러므로 정·역방향으로 사용해야 할 장치에 사용되는 전동기는 구입 시에 이를 고려하여 구입해야 한다.

(3) 유도전동기의 부하특성과 TORQUE

가. 예비지식

단상 유도전동기는 주로 소출력(수HP 이하)에서 많이 사용된다. 특히, 가정용 전기기기인 선풍기, 세탁기, 에어컨 등에서 많이 사용되며, 220V용 전동기인 경우에는 공장의 각종 제조 설비에서도 사용되고 있다.

이러한 모터의 성능을 나타내는 것으로는 출력(kW 또는 HP), 회전수(RPM), Torque(N. m), 효율(%), 역률(%), 입력전압, 입력전류 등이 있으나, 여기서는 전동기의 부하에 따라 Torque, 회전수, 출력 및 속도 등이 어떻게 변화하는지를 실습하고자 한다. 일반적으로 속도변화, 효율 그리고 Torque와 출력과의 관계는 다음과 같이 나타내고 있다.

- 속도변동률(%) $= \dfrac{\text{무부하속도} - \text{Full부하속도}}{\text{Full부하속도}} \times 100$

- 출력 P $=$ 입력전력 $-$ 무부하손실 또는 $P = 2\pi\dfrac{N}{60}T[W]$

  여기서, N은 전동기의 회전수(RPM), T는 Torque(N · m)

- 효율 $\eta = \dfrac{\text{출력}}{\text{입력}} \times 100$

나. 작동 준비

① 앞에서 배운 '농형 유도전동기의 기동 특성과 Slip'의 작동 준비 ① ~ ⑧과 같이 실행한다.

다. 동작과 측정

① Main과 전동기 스위치를 ON시키고 Start 버튼을 눌러 전동기를 동작시킨다. 그리고 정격속도인 1,725RPM(약 1% 이내 차이는 있을 수 있음)이 되도록 AC Source를 조정한다.

② 발전기의 Exciting 스위치와 Output 스위치를 ON시켜 놓은 후, Exciting

Source DC 0∼120V 손잡이를 돌려 발전 출력 전압이 120V가 되게
한다.

③ 이상의 상태에서 전동기 회로의 M−1, M−2, Wattmeter 및 RPM
Meter들의 지시값을 표 14.5 전동기의 무부하 각 해당 칸에 기록하
라. 그리고 발전 회로의 M−1∼M−4 계기들의 지시를 읽고 표 14.5
발전기의 무부하 각 해당 칸에 기록하라.

④ 이번에는 발전기 부하 스위치 S−1, S−2를 ON시키고, 위와 같이 측
정하여 표 4−1 전동기와 발전기의 1/4 부하 각 해당란에 기록하라.

⑤ 이어서 발전기의 부하 스위치를 1/2 부하를 위해 S−3, 그리고 Full
부하를 위해서는 S−1, S−2, S−3, S−4를 ON시키면서 그때그때 위
와 같이 측정하여 표 4−1 전동기와 발전기의 1/2 부하와 Full 부하
의 각 해당란에 기록하라.

표 14.5 부하 변동에 따른 전동기와 발전기의 측정값

		무부하	1/4 부하	1/2 부하	Full 부하
전동기	입력전압(V)				
	입력전류(I)				
	Wattmeter(W)				
	속 도(RPM)				
발전기	출력전압(Vo)				
	부하 전류(IL)				
	Torque(N.m)				

⑥ Stop 버튼을 눌러 전동기를 정지시킨 후 전동기 스위치를 OFF시킨다.
그리고 전동기와 발전기의 기계적 연결을 분리시킨다. 특히 분리 후
Rubber Coupling 등 부품이 분실되지 않도록 주의한다.

⑦ 전동기 회전부에 장애물이 있는지 확인 후 Start 버튼을 눌러 전동기
를 동작시킨다. 그리고 이때 입력전압과 입력전류 및 Wattmeter의 지
시값을 읽어 표 14.6에 기록하라.

입 력 전 압(V)	입 력 전 류(I)	Watts(W)

⑧ 다시 Stop 버튼을 눌러 전동기를 정지시킨 후 전동기 스위치를 OFF 시킨다. 그리고 전동기와 동력계를 고무 연결기(Rubber Coupling)를 사용하여 다시 연결시킨다.

⑨ 전동기와 동력계를 Clamp로 꼭 조여 흔들리지 않도록 한 후, 회전축의 연결된 부분을 손으로 서서히 회전시켜 보아라. 만약, 불균형이 있으면 바로잡아 주어야 한다.

⑩ 계속 실습하지 않을 때에는 Main 스위치도 OFF시킨다.

라. 실습 평가

① 표 14.5의 자료를 가지고 속도 변동률을 구하라. 단, 이때의 무부하는 무부하 발전기가 연결된 상태이다.

② 표 14.5 및 표 14.6의 자료를 이용하여 전동기의 정격 최대출력(Full 부하)을 구하라. 그리고 구한 값으로부터 Full 부하 Torque를 구하라.

[참 고] 출력 P≒Full 부하 입력전력 − 모터만 동작 입력전력

$$\text{Torque } T = \frac{60}{2\pi} \cdot \frac{P}{N} \qquad \text{여기서 } N: \text{속도(RPM)}$$

마. 요점 정리

① 전동기는 정격 출력 범위 내에서는 부하에 거의 비례하여 출력이 증가한다. 전동기의 출력은 전기값(kW)이나 마력(HP)으로 표시하는데 그 관계는 다음과 같다.

$$0.7355\text{kW} = 75\text{kg} \cdot \text{m/s} = 1\text{HP}$$

② 전동기의 효율은 정격부하에 가까운 부하가 있을수록 효율이 높아진

다. 그 이유는 P = Full 부하 입력전력 − 손실전력에서 고정손실전력은
부하가 크든 적든 큰 차이가 없기 때문이다.

(4) 타려식 직류발전기의 부하특성

가. 예비지식

직류 타려식 발전기에서의 무부하 출력은 회전속도와 계자 여자 전류가
일정한 이상 발전출력전압은 일정하게 된다. 그러나 발전기의 출력에 부하
가 있게 되면 출력전압은 변하게 된다. 그 이유는 다른 발전기와 마찬가지
로 회전자 권선 저항에 의한 전압 강하가 생기기 때문이다. 따라서 발전출
력단자전압은 다음과 같이 된다.

$$\text{발전출력단자전압} = \text{발전전압} - R_A \cdot I_L$$

여기서 R_A는 회전자 권선 저항이며 I_L은 부하 전류이다. 자려식 분권발
전기에서라면 발전출력단자전압이 위의 식과 같이 되지 않는다. 그것은, 부
하에 의해 출력단자 전압이 변화되면 이는 바로 발전기 계자의 여자 전류
가 변하기 때문이다. 타려식 발전기는 자려식에 비하여 다음과 같은 특징
이 있다.

① 타려식 발전기는 자려식 분권발전기와 같이 발전출력전압에 의해
   Field 자계가 생기는 것이 아니므로 외부 Exciting 전압이 변치 않는
   한 자려식 발전기에 비하여 그만큼 출력전압 변동률(Voltage Regulation)
   이 적다. 전압 변동률 VR(%)는 다음과 같다.

$$VR = \frac{V_{NL} - V_{FL}}{V_{FL}} \times 100.$$

여기서, VNL: 무부하 단자전압   VFL: Full 부하 단자전압

② 자려식이 아니므로 잔류자기가 없어지는 것에 대하여 염려할 필요가
   없으며 역회전 시에도 발전이 된다. 그러나 역회전 시는 발전 출력전

압의 +, -는 바뀌게 돈다.

나. 작동준비

① 먼저 실습장비의 전동기와 발전기의 연결이 확실한가 확인하고, Main
스위치 및 Motor 스위치를 OFF시켜 놓는다.

② 전동기 회로의 M-1, M-2 및 Wattmeter들을 표시된 각각의 단자에
연결한다.

③ AC 0~110V Source 단자의 Input 단자를 연결 Cord를 사용하여 연결
시킨다. 그리고 전동기 회로의 권선이 회로에 연결되도록 J3~J4 그
리고 J5~J6을 점선과 같이 연결한다.

④ 발전 회로의 M-1~M-4 계기들을 각각의 표시된 단자에 연결한다.
그리고 RH-1을 시계방향으로 최대한 돌려놓는다.

⑤ Main과 Motor 스위치를 ON시키고 장비 좌측 옆에 있는 AC 0~110V
Source 손잡이를 돌려 약 100V 이하가 되게 하라. 그리고 Exciting Source
DC 0~120V 손잡이를 조정하여 110V로 한 후, 전동기 스위치는 다
시 OFF시켜 놓는다.

⑥ 발전 회로의 Exciting 스위치와 Output 스위치를 ON시키고, 부하 스
위치 S-1~S-4는 모두 OFF시켜 놓는다.

⑦ 전동기와 발전기 회전투에 장애물이나 걸리는 물건이 놓여 있나 확인
하고, 끝으로 회로 구성이 정상인가 다시 한 번 확인한다.

다. 동작과 측정

① 전동기를 ON시키고 Start 버튼을 눌러 모터를 동작시킨 후 정상 회전
이 되도록 AC Source를 AC 110V가 되도록 조정한다. RPM을 측정하
고 속도가 1,750RPM인가 확인하라. 단 1,750 ± 1% 이내면 정상이다.

② 발전 회로의 RH-1을 조정하여 발전출력전압이 120V가 되게 하라.
그리고 이때의 M-1~M-4 계기들의 지시를 읽고 표 14.7 무부하
의 각 해당란에 기록하라.

③ 발전 회로의 부하 스위치 S-1을 ON시켜 놓고 다시 한 번 전동기의 RPM을 측정하고, 만약 부족하면 장비 좌측 옆의 AC 0~110V Source 손잡이를 조정하여 정상 RPM이 되게 하라. 그리고 이때 발전 회로의 M-1~M-4의 지시를 읽고 표 14.7의 1/4 부하 각 해당란에 기록하라.

④ 이어서 S-1, S-2를 ON시켜 놓고 같은 RPM일 때 발전 회로의 M-1~M-4 계기들의 지시를 읽고 표 14.7의 1/2 부하의 해당란에 기록하라.

표 **14.7** 회전속도가 1750 RPM일 때

	무부하	1/4 부하	1/2 부하	Full 부하	과부하
Armature 양단전압(VA)	120V				
부하 전류(IL)					
Field 전류(IF)					
출력 전압(Vo)					
속 도(RPM)	1,750	1,750	1,750		?

⑤ Full 부하를 위해 S-1, S-2, S-3을 ON시켜 놓고, 위와 같이 측정하여 표 14.7의 Full 부하 각 해당란에 기록하라.

⑥ 이번에는 S-1~S-4 모두를 ON시켜 놓은 후 RPM을 조정하지 않은 상태에서 RPM과 함께 M-1~M-4 계기들의 지시를 읽고 표 14.7의 과부하 각 해당란에 기록하라.

⑦ 실습이 끝났으면 Stop 버튼을 눌러 전동기를 정지시킨 후 전동기 스위치를 OFF시킨다. 계속 실습을 하지 않을 때에는 Main 스위치도 OFF시켜 놓는다.

라. 실습 평가

① 표 14.7의 자료를 가지고 그림 14.4에 부하 대 출력전압의 특성을 그려라. 그리고 Full 부하 시의 발전기 출력전압의 전압 변동률(Voltage Regulation)을 구하라.

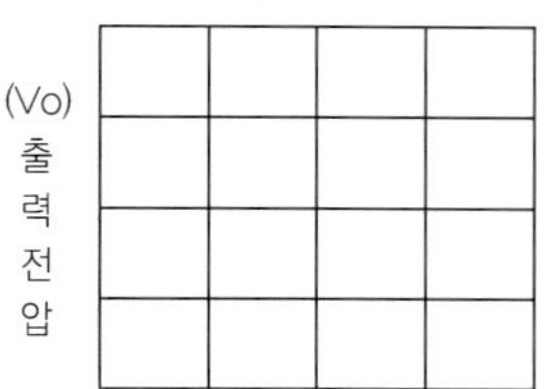

그림 14.4

[참 고] 전압변동률 $VR = \dfrac{\text{무부하출력전압} - \text{Full 부하출력전압}}{\text{Full 부하출력전압}} \times 100(\%)$

마. 요점 정리

① 타려식 발전기에서 전압 변동률의 증가는 부하 전류에 비례하여 증가한다. 단, RPM 및 Field 전류에는 변화가 없을 때이다.

② Armature 권선에 의한 전압 강하는 일종의 발전 손실로서 발전 출력 단자 전압은 '발전 전압 - Armature 권선 전압 강하'로 나타나게 된다.

(5) 타려식 발전기의 무부하 포화특성

가. 예비지식

발전기의 출력전압은 발전기의 회전속도, Field 자계의 세기, 그리고 부하 저항 등에 따라 출력전압이 변하게 된다. 여기서 발전 출력전압을 능동적으로 증가시킬 수 있는 것은 발전기의 회전속도와 Field 자계의 증가이다. 그러나 발전기의 속도 증가에는 원동기나 발전기 자체의 기계적인 한계성을 갖게 된다. 그리고 발전기 Field 자계 역시 Field 철심의 포화 특성으로 Field 전류를 증가시켜도 자계의 세기는 어느 한계에서 별로 증가하지 않게 된다.

여기서는 발전기가 무부하 상태에서 포화특성이 어떻게 나타나는가 실습하기로 한다. 이 실습 시 주의할 것은 발전기 Field 권선에 정격 전류보다 많은 Exciting 전류를 흘려주게 되면 Field 권선에 열이 나게 될 것이다. 그

러므로 이 포화특성을 위한 Over Exciting 전류를 흘려주는 시간은 가능한 한
짧아야 한다. 즉 Field의 Exciting 전류 0.7～1A일 때 약 10초 이내로 한다.

나. 작동 준비

① 앞에서 배운 '타려식 직류발전기의 부하특성' 작동 준비의 ①～④와
   같이 실행한다.

② 발전 회로의 RH－1을 좌우 중간위치에 돌려놓고, Exciting Source 0～
   120V를 최소로 하고 Switch를 ON한다.

③ Main과 전동기 스위치를 ON시킨 후, 장비 옆의 AC 0～110V Source
   손잡이를 돌려 약 100V 정도가 되게 한다. 그리고 전동기 스위치는
   다시 OFF시켜 놓는다.

④ 발전 회로의 부하 스위치 S－1～S－4들을 모두 OFF 시켜놓고 Output
   스위치는 ON시켜 놓는다.

⑤ 전동기와 발전기 회전부에 장애물이나 걸리는 물건이 놓여 있나 확인
   하고 끝으로 회로 구성이 정상인가 다시 한 번 확인한다.

다. 동작과 측정

① 전동기 스위치를 ON시키고 Start 버튼을 눌러 전동기를 동작시킨 후
   정상 회전하도록 AC Source를 AC 110V로 조정한다. 그리고 RPM을
   측정하여 정상인가 확인한다.

② 발전기 Field에 연결된 전원 공급기의 전압을 표 14.8의 Field 전류가
   되도록 점차 높여 가면서 그때그때의 발전출력단자전압을 기록한다.

◻ **표 14.8** 발전기의 무부하 시

Field 전류(A)	0.1	0.2	0.3	0.4	0.5	0.6	0.7	0.8	0.9	1A
출력단자전압(V)										

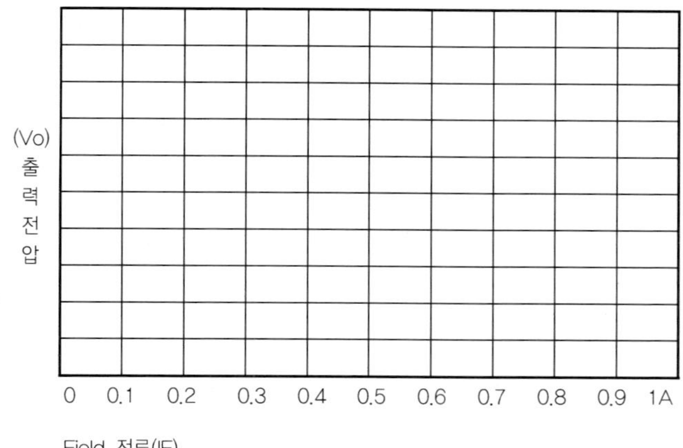

그림 14.5 전류 대 출력전압 특성

③ Exciting Source를 0V 위치로 돌려놓고 발전기 부하 스위치 S - 1, S - 2, S - 3을 ON시킨다. 그리고 다시 한 번 전동기의 RPM을 확인하라.

④ 위 ②번과 같이 발전기의 Field 전류를 점차 높여 가면서 그때그때의 발전출력전압을 표 14.9에 기록하라.

표 14.9 발전기의 FULL 부하 시

Field 전류 (A)	0.1	0.2	0.3	0.4	0.5	0.6	0.7	0.8	0.9	1A
출력단자전압(V)										
회전속도(RPM)										

⑤ 측정이 끝났으면 외부 전원공급기의 전원 스위치를 OFF시킨 후 Stop 버튼을 눌러 모터를 정지시킨다. 그리고 전동기 스위치를 OFF시켜 놓고, 발전기의 Field에 연결된 외부 전원 공급기를 제거시킨다. 계속 실습을 하지 않을 때에는 Main 스위치도 OFF시켜 놓는다.

라. 실습 평가

① 표 14.8 자료를 가지고 그림 14.5의 그래프에 무부하 Field 전류 대 출력전압의 특성을 실선으로 그려라.

② 표 14.9 자료를 가지고 그림 14.5의 그래프에 Full 부하 Field 전류 대
   출력전압의 특성을 점선으로 그려라.

(6) 타려식 발전기의 손실과 효율

가. 예비지식

발전기는 어떤 경우든 외부 원동기로부터 힘이 공급되어야 한다. 이 외부
의 힘은 전동기, 가솔린 또는 디젤엔진, 수차나 풍차들이 될 수 있으며, 이
들 기계적인 힘을 전기적인 에너지로 바꾸는 것이 바로 발전기이다.

이 실험 실습에서 AC Motor에 의해 발전기를 구동시키고 있는데, 이때
발전기에 가해지는 힘에 비하여 발전기로부터의 출력 에너지가 얼마인가에
따라 이 발전기의 효율을 말할 수 있게 된다. 그럼 여기서, 효율을 나쁘게
하는 비효율성의 원인들에 대해 생각해 보자.

우선 몇 가지로 분류해 보면 기계적인 마찰 손실, 회전자 권선 저항에서
의 열로 변하는 손실, Field 권선 저항에서의 열로 변하는 손실 등이 있을
수 있다. 특히, 발전기의 부하에 따라 변하는 회전자 권선 저항에 의한 손
실 등은 가변성 손실들이고 Field 권선에서의 손실 등은 고정손실이 된다.

여기서 AC Motor를 원동기로 한 발전기일 경우 발전기의 효율은 다음과
같은 방법으로 구한다.

$$\text{발전효율}(\%) = \frac{\text{출력전력}(W)}{\text{입력전력}(W)} \times 100$$

나. 작동 준비

① 앞에서 배운 '타려식 직류발전기의 부하특성' 작동준비의 ①~③과
   같이 실행한다.
② 발전 회로의 M-1~M-4 계기들을 각각의 표시된 단자에 연결한다.
③ 발전 회로의 Exciting Source DC 120V 손잡이를 반시계방향 최소인
   MIN.으로 한 후 RH-1을 반시계방향의 최소로 돌려놓는다.

④ 부하 스위치 S-1~S-4들을 모두 OFF시켜 놓고 OUTPUT 스위치는 ON시켜 놓는다.

⑤ Main과 Motor 스위치를 ON시키고, 장비 좌측 옆에 있는 AC 0~110V Source 손잡이를 돌려 약 100V 정도로 한 후 Motor 스위치는 다시 OFF시켜 놓는다.

⑥ Motor와 발전기 회전부에 장애물이나 걸리는 물건이 놓여 있나 확인하고, 끝으로 회로구성이 정상인가 다시 한 번 확인한다.

다. 동작과 측정

① Motor 스위치를 ON시키고 Start 버튼을 눌러 모터를 동작시킨 후 AC Source를 AC 110V가 되도록 조정한다. 그리고 RPM을 측정하고 정격 속도인가 확인한다.

② Exciting Source DC 0~120V 손잡이를 시계방향으로 서서히 돌리면서 발전출력전압이 120V가 되게 하라. 그리고 전동기의 M-1, M-2, Wattmeter 및 발전기의 M-1~M-4 계기들의 지시를 읽고 표 14.10의 전동기와 발전기의 무부하 각 해당란에 기록하라.

③ 이어서 부하 스위치 S-1, S-2, S-3을 ON시켜 놓고, 다시 한 번 Exciting Source DC 0~120V를 조정하여 발전 출력전압이 120V가 되게 하라. 그리고 전동기의 M-1, M-2, Wattmeter 및 발전기의 M-1~M-4 Meter들의 지시를 읽고 표 14.10의 전동기와 발전기의 Full 부하 각 해당란에 기록한다.

표 14.10 전동기와 발전기의 측정값

	전동기			발전기			
	M-1	M-2	W-Meter	M-1	M-2	M-3	M-4
무부하							
Full 부하							

④ Stop 버튼을 눌러 전동기를 정지시키고 Motor 스위치를 OFF시킨다. 그리고 발전 회로의 Output 스위치를 OFF시킨 후 저항계(또는 Multimeter)를 사용하여 발전 회로의 Armature 권선 양단인 J1과 J2 사이의 권선 저항을 측정하라. 이때, 발전기 회전축을 잡고 약간씩 회전시켜 주면서 3회 정도 반복 측정한 후 이의 평균값을 RA로 정한다.

표 14.11 회전자의 권선 저항

	1 회	2 회	3 회	평균값(RA)
Armature 권선저항				

⑤ 측정이 끝나고 계속 실습을 하지 않을 때에는 Main 스위치도 OFF시켜 놓는다.

5. 안전 및 유의사항

(1) 전기에는 항상 위험이 따르므로 특히 전기가 들어와 있는 회로에는 인체의 접촉이 생기지 않도록 주의한다.

(2) 전기를 사용할 때에는 반드시 사용 부하에 대비한 과부하 차단이 될 수 있는가 확인하고 사용한다.

(3) 전원에 관계되는 회로의 연결은 반드시 Main 전원 스위치 및 관계의 전원 스위치를 OFF시키고 실행한다.

(4) 전동기와 발전기의 기계적인 결합은 견고히 고정되어야 한다.

(5) 실습회로를 구성하고 전원을 'ON'하기 전에, 반드시 다시 한 번 회로의 구성과 연결 상태 등을 점검한다.

(6) 실습 진행 중에 또는 전원을 ON시킴과 동시에 과부하의 Trip이 있을 때는 전원을 OFF시키고 그 원인을 찾아 해결한 후 동작을 시키도록 한다.

(7) 계측기의 측정 리드선은 회전기에 말려 들어가거나 불필요한 접촉이 생기지 않도록 주의한다.

(8) 실습이 끝난 후에는 해당된 모든 전원을 'OFF'시키고 특별히 연결된 연결선들은 제거시켜 놓는다.

(9) 전동기 기동 시의 기동 전류는 정상 운전 시의 7~10배 가까이 흐르므로 전류계 연결 시 이에 유의하여 측정 Range를 올려놓는다.

(10) 계자(Field) 회로나 전기자(Armature) 회로의 전류를 연결하지 않을 경우에는 반드시 회로를 직결하여 Field 회로나 Armature 회로에 전류가 흐를 수 있게 하여야 한다.

(11) 전력계(Watt Meter)를 연결하지 않을 때에는 Panel의 C1, C2를, Cord를 사용하여 연결시켜 준다.

(12) 전동기를 기동시킬 때에는 발전기와 축 연결이 정상적인가 확인하고 걸리는 물건이 없는가 확인한 후 기동을 시킨다.

태양광 발전기와 풍력 발전기

1. 실험 목적

(1) 신재생 에너지인 태양광 발전의 원리를 익힌다.
(2) 신재생 에너지인 풍력 발전의 원리를 익힌다.

2. 기계 및 기구

(1) 태양광 발전 실험 장치 …1대
(2) 풍력 발전 실험 장치 …1대

3. 실험 재료

(1) 실험 매뉴얼 …1권

4. 관련 이론

(1) 신재생 에너지

최근 지구의 환경을 보호하기 위하여 화석 연료 대신에 신재생 에너지에 관심이 매우 높아지고 있다. 특히 우리가 매일 사용하고 있는 전기 에너지를 만들기 위해서는 수력, 화력, 원자력, 조력, 풍력, 태양광, 파력 등을 에너지원으로 사용하고 있다. 이 중에서 대표적인 신재생 에너지원은 풍력, 태양광 등이다. 이 실험에서는 태양광 에너지를 사용하여 전기 에너지를 발생하는 태양광 발전의 원리와, 풍력 에너지를 사용하여 전기 에너지를 발생하는 풍력 발전의 원리를 배울 수 있다.

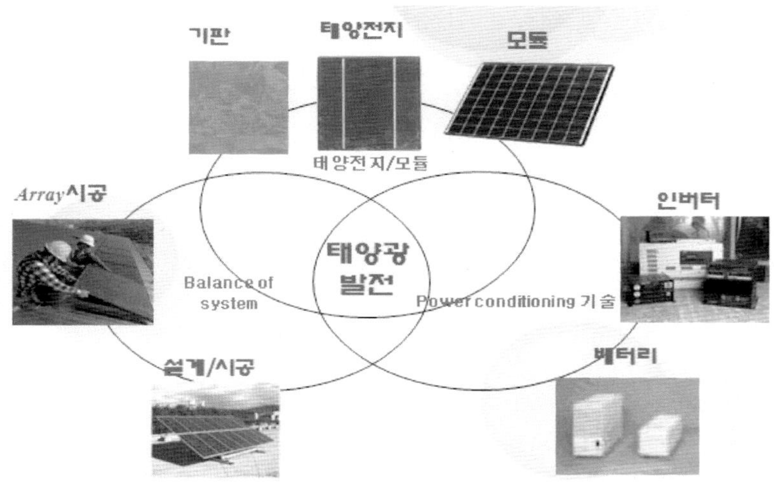

그림 15.1 태양광 발전 시스템의 구성

(2) 발전기기의 특징

① 모의 태양을 사용하여 1축 및 2축 태양광 위치추적이 가능하다.

② 태양광 위치추적 시스템의 경우 반구 내에 태양 전지가 위치하는 태양광 위치추적형 시스템이다.

③ 본 시스템에서 태양광실험, 마이컴실험, 전력전자, 계통연계 실습이 가능하다.

④ 태양광 위치추적 시스템은 모의 태양, 16개의 솔라셀, 방위각 제어부, 고도각 제어부, 광센서 등으로 구성된다.

⑤ 태양광 위치추적 시스템의 광센서(CdS)는 2축 추적센서 구조로 수평축과 수평축에 직교되는 차단벽의 구조이며, 태양(광원)의 고도에 따

라 태양광량을 달리 감지하여 실제 시기별 태양광의 최대 출력을 모의할 수 있다.

⑥ 태양광 시뮬레이터가 내장되어 있어 온도 및 광량에 의한 출력 특성 값을 조절할 수 있으며, 프로그램에 의한 파라미터 값으로 설정할 수 있다.

⑦ Micom을 이용해 태양광 위치추적 시스템과 PCS Board를 총체적으로 제어할 수 있다.

⑧ 컴퓨터(USB Port)를 이용한 시뮬레이션 및 Stand – alone Type의 자체 LCD를 이용한 태양광 시뮬레이션이 가능하다.

⑨ 풍력 발전 시스템은 단상 정류를 출력하며, 풍속, 풍향 조절 기능을 겸비한다.

(3) 발전기기의 규격

가. Solar Cell 및 Tracking System

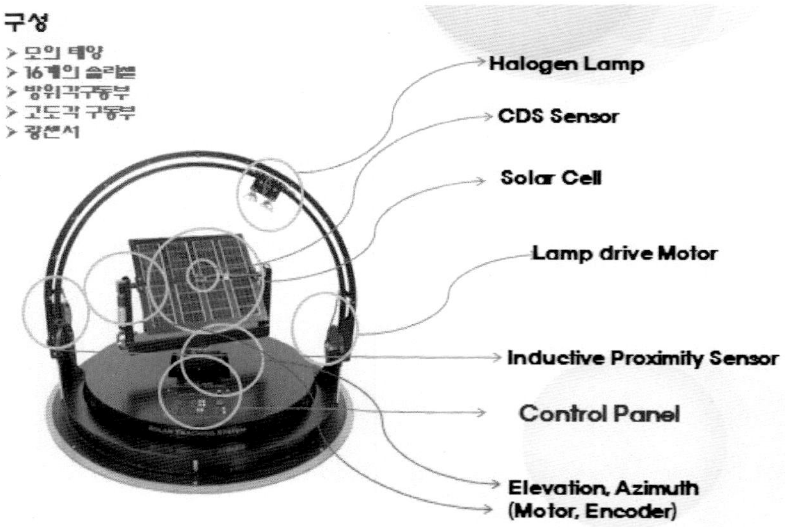

그림 15.2 Solar Cell 및 tracking system

① Solar Tracking System

- 방위각 구동부
- 고도각 구동부
- Solar Cell

  정격출력: 0.5W   Cell수량: 16EA   정격전압: 3.92V

  정격전류: 137mA   오픈전압: 4.72V
- Solar Cell Module

  최대직렬개수: 16EA   최대병렬개수: 16EA   최대전력: 8.64W

  최대전류: 2.192A(3.92V)   최대오픈전압: 75.25V(137mA)
- 광센서(CdS)

  Dark Resistance: 500Ω   Iuminated Resistance: 200kΩ

  Sensitivity: 1.25kΩ/Lux   광량측정기능

  2축 축적기의 광센서 기능   차단벽에 의한 수평축 분해 기능
- Tracking Motor

  정격전압: DC 12V   정격토크: 12   정격회전수: 8rpm

  감속비: 1/721   엔코더 A, B 출력
- Tracking Encoder

  정격전압: DC 12V   정격토크: 30   정격회전수: 8.1rpm

  감속비: 1/864   엔코더 A, B 출력

② Lamp & Motor System

- 고도각 수동 조절
- 방위각 자동제어
- 방위각/속도 LCD 표시
- Lamp

  할로겐 Lamp: 2개   Watt: 50W   Voltage: 12V
- Lamp Position Control Motor

  정격전압: DC12V   정격토크: 7.3   정격회전수: 28rpm

감속비: 1/189

‒ Proximity Sensor

검출거리: 5mm 이하   응차거리: 검출거리의 10% 이하

설정거리: 0～0.35mm   전원전압: 12～24V DC

제어출력: 200mA 이하

③ Interface Part

  ‒ LCD Display

  ‒ Elevation Part: Motor/Encoder Input

  ‒ Azimuth Part: Motor/Encoder Input

  ‒ Solar Cell Power Output

  ‒ CdS Sensor

  ‒ Elevation, Azimuth(Limit Sensor)

  ‒ Lamp Speed Control

나. Control/PCS/Green Energy Simulator

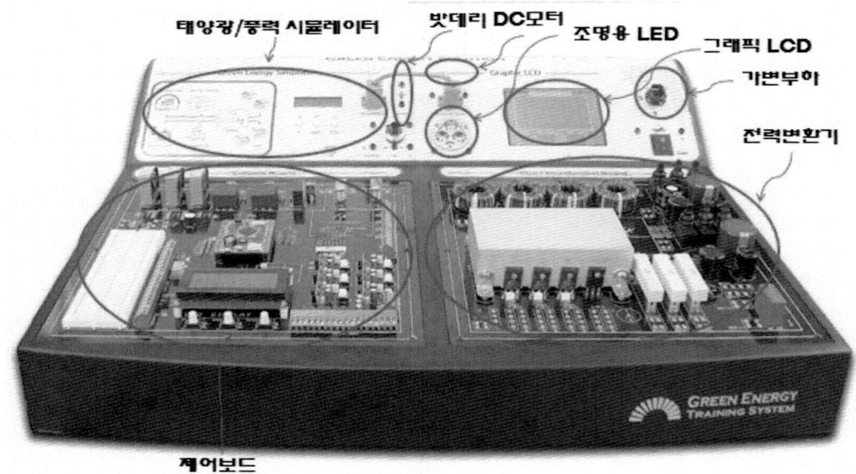

그림 15.3 태양광 / 풍력 발전 시뮬레이터

① Control Board(Photovoltaic Controller)

- Current Sensor

3개의 전류센서   홀센싱 방법   DC/AC 겸용

턴수 조절에 의한 전류 조절

Rated Current: 30A   Linear Range: 40A

Output Voltage: +/−4V   Supply Voltage: +/−12V or +/−15V

Response Time: 5μs

Frequency Range: DC−AC 25KHz, 50KHz

Dielectric Strength: 2.5KV AC with 60Hz(1 Min.)

Insulation Resistance: 500[MΩ] Min. at 500V DC

- Motor Dir Relay

2개의 모터 정/역 릴레이   Motor Dir. Relay 사양

12VDC, DPDT, 5A, PCB, Dust cover

- Voltage Sensor

2개의 DC/AC 전압센서   1개의 AC 센서   홀센싱 방법

저항 조절에 의한 전압조절

Primary Nominal Current rms: 10mA

Primary Current, Measuring Range: 0 − +/−14mA

Secondary Nominal Current rms: 25mA

Conversion Ratio: 2,500 : 1,000

Supply Power: +/−12 − +/−15V

Rated Current: 2mA(Input), 2mA(Output)

Frequency: 50 to 400(Hz)   Turns Ratio: 1250T

Second Burden Resistance: ≤500Ω   curacy: 0.5(Class)

- Micom(Atmege 2,560)

High Performance, Low Power AVR® 8−Bit Microcontroller

Advanced RISC Architecture EEPROM: 4KB

135 Powerful Instructions, Up to 16 MIPS Throughput at 16MHz

On - Chip 2 - cycle Multiplier

High Endurance Non - volatile Memory Segments

Write/Erase Cycles:10,000 Flash/100,000 EEPROM

In - System Programming by On - chip Boot Program

True Read - While - Write Operation

Programming Lock for SW Security

Endurance: Up to 64KBytes Optional

External Memory Space

10Bit 16개 AD컨버터   5개의 카운터   6개의 16Bit PWM
- Gate AMP

Output Voltage: + / - 15V   Output Current: + / - 33mA

Output Power: 1W   Isolation Voltage: 3kVDC

Rising Time: 1.5μs
- Digital Input
- LCD / KEY & RS232

LCD / KEY사양

4 - 20 LCD   Back Light 조명 삽입   각 계측값 표시

3 - KEY 입력   각종 파라메타 설정   RS232 사양

GRAP LCD 표시   PC와 DATA 수수
- Encoder Circuit

2 - Channel Encoder 입력   1 - Channel Relay Output

2 - Channel Isolated Digital   Output
- Protect Cricuit

과전류 보호기능   과전압 보호기능

1조의 피에조 장착   Fault Alarm 기능

② PCS/Distribution Board(Photovoltaic Power Stack)
- IGBT 6EA

전압 600V, 전류 50A

- Inductance 4EA

  다양한 결선에 의한 인덕터 용량선정이 가능

  120Hz, 580μH, f = 1kYHz: 530μH, Tolerance ± 20%

- Capacitance 2SET

  82μF ~ 182μF의 다양한 콘덴서 용량 선정이 가능

  1,000μF, 470μF, 330μF, 82μF

- Diode 2EA

  전압 600V, 전류 40A

- Resistance 4EA

  20W 10Ω 3EA, 100W 1 − 100Ω 1EA

- AC Source

  과전류보호 Fuse   Spark 전압방지 콘덴서 내장

  AC전원 24V   DC전원 36V

- 전력변환기

  감압쵸퍼, 승압쵸퍼, 승감압쵸퍼, 단상인버터, 3상인버터

(4) Wind Generator

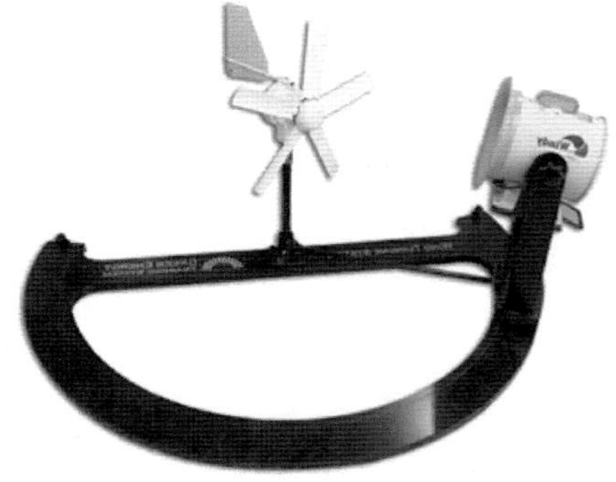

그림 15.4 풍력 발전기

가. 풍력 발전기
- 수평형, 5브레이드 방식
- 정격 전류: 5A   정격 전압: 12V DC   정격출력: 60[W]
- 기동 풍속: 4m/sec   최대 풍속: 40m/sec

나. 모의 풍속 발생기
- 풍속 조절가능, 풍향(좌우, 상하) 조절가능
- 전원: 0~220[V]   직경: 25[Cm]   출력: 0~200[W]
- 최대 풍량: 36[m3/min]   최대 정압: 40[mmAq]

5. 실험 순서

별도로 제공되는 실험 매뉴얼과 유인물을 사용하여 풍력 발전과 태양광 발전 실험을 하도록 한다.

6. 연구 과제

(1) 신재생 에너지란 무엇인가?
(2) 실험장 사진을 찍어 이곳에 붙여 보다.

전자실습

16
납땜식 전자 키트

1. 실습 목적

전자 키트를 직접 만들어 봄으로써, 전자 회로를 이해하고 납땜 기법을 익힌다.

2. 사용기기 및 재료

(1) 납땜인두 …1대

(2) 니퍼 …1개

(3) 인두 받침대 …1개

(4) 땜납 …1 m

(5) 전자 키트 …1셑

3. 관련 이론

(1) 여러 가지 공구

① 니퍼

니퍼는 전선 등을 자르는 데 사용하는 공구로서, 전선 피복을 벗기기도 한다. 지레의 원리를 응용해서 악력(握力)이 배로 늘어나 날에 가해지도록 되어 있다. 니퍼 날 끝의 정밀도는 날 끝을 서로 대 보면 알 수 있다. 날 끝에 약간의 틈이 있는 것은 불량한 것으로서 날 끝이 밀착되어 있어야 한다. 일부 니퍼에는 비닐선을 벗길 수 있도록 양쪽 날에 홈이 있는 것이 있으나 심선의 굵기가 이 구멍과 일치하지 않으면 불량하게 된다.

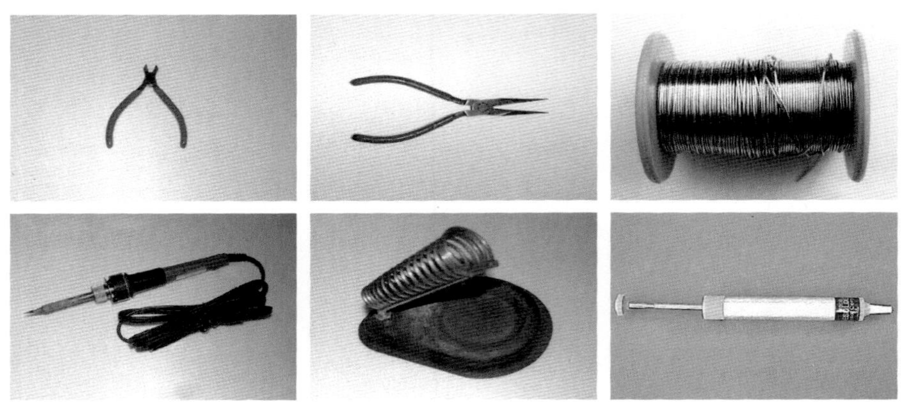

그림 16.1 전자 키트 만들기용 공구

② 라디오 펜치

원래 이름은 롱 노우즈 플라이어(long nose plier)이다. 작업 중 세밀한 일이나 뾰족한 작업을 할 때 사용하고, 철사 및 전선을 휘거나 자를 때 사용하며, 크기는 일반적으로 18cm가 적당하다. 또한 라디오 펜치는 선단부가 가늘게 되어 있어 세밀한 작업에 용이하며 구리선, 가는 철사를 휘거나 자를 때 사용한다.

③ 납땜인두

납땜인두에는 보통 몇Watt의 납땜인두라는 정격 전력이 표시되어 있다. 땜납은 예외 없이 수지가 들어 있는 실땜납을 사용하고 있다. 옛날에는 납땜하는 곳에 페이스트를 바른 다음에 납땜을 하였으나 요즘에 구하는 땜납은 페이스트가 땜납 속에 들어 있으므로, 별도의 페이스트가 필요 없다. 실땜납에는 지름이 0.8mm, 1mm, 1.6mm, 2mm, 3mm 등이 있으나 이 중에서 지름이 1～2mm인 것이 사용하기에 편리하다.

납땜인두를 구입하여 최초에 전기를 넣어도 납땜이 안 된다는 말을 종종 듣게 된다. 납 도금이란 인두 끝에 땜납의 엷은 막으로 둘러싸인 것을 말하며 이와 같이 해 두면 언제라드 인두 끝에 땜납이 잘 붙게 된다. 그렇다면 땜납 도금은 어떻게 하는 것이 좋을까? 구입한 납땜인두에 최초로 전기를 넣고 오른손에 납땜인두를 잡고, 왼손에는 땜납을 잡아서 인두가 가열되기를 기다린다. 인두 끝을 잘 관찰하고 있으면 색이 약간 변하게 된다. 이것이 땜납이 용해되는 온도가 도는 것으로서 이때에 납땜인두 끝 전체에 골고루 납을 묻힌다. 이것으로서 땜납 도금이 끝난 것이 된다.

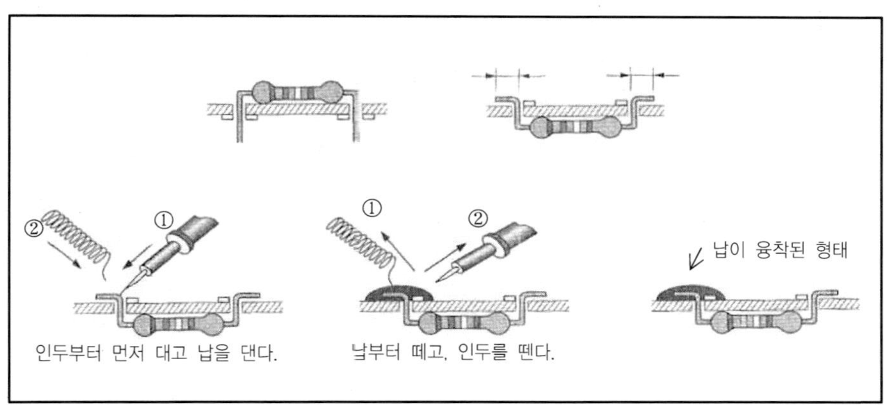

그림 16.2 저항기의 납땜 방법 예

(2) 전자 키트의 종류

전자 키트의 종류에는 납땜식 전자 키트와 블록식 전자 키트가 있다.(그림 16.3과 그림 16.4)

① 납땜식 전자 키트

PCB는 Printed Circuit Board의 약어이며 인쇄회로기판을 말한다. 여러 종류의 많은 부품을 페놀 수지 또는 에폭시 수지로 된 평판 위에 밀집하고 각 부품 간을 연결하는 회로를 수지평판의 표면에 밀집하여 고정시킨 회로

기판이다. PCB는 페놀수지 절연판 또는 에폭시 수지 절연판 등 한쪽 면에 구리 등의 박판을 부착시킨 다음 회로의 배선패턴에 따라 식각(선상의 회로만 남기고 부식시켜 제거)하여 필요한 회로를 구성하고 전자 부품들을 부착시키기 위한 구멍을 뚫어 만든다. 현재, 시중에서 판매되고 있는 프린트 기판을 구성하는 재료에는 구리박, 접착제, 적층판 등이 있다.

그림 16.3 납땜식 전자 키트

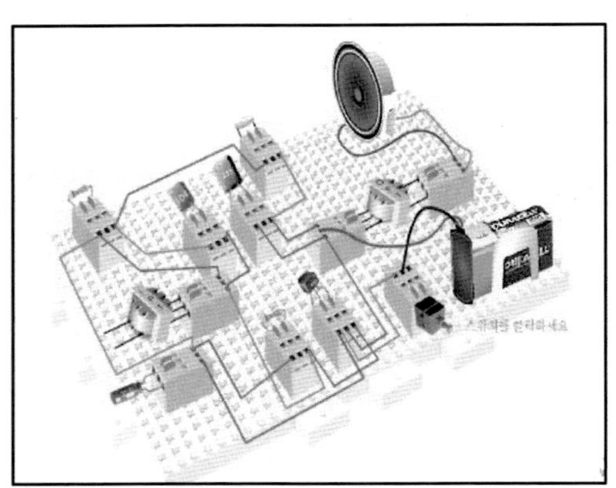

그림 16.4 블록식 전자 키트

② 블록식 전자 키트

전자 키트를 만들 때 PCB와 납땜인두를 사용하여 납땜식 전자 키트를 주로 사용하고 있는데, 이는 납땜 시 냄새가 나고 안전사고의 위험성이 있기 때문에 최근에는 이러한 결점을 없애는 방법으로 납땜을 하지 않고도 간단히 전자 회로를 구성할 수 있는 블록식 전자 키트가 개발되었다(그림 16.4). 블록식 전자 키트는 기존의 전자회로 구성법과는 전혀 다른 개념인 블록의 조립만으로 전자회로를 구성해 볼 수 있는 제품으로 납땜할 필요 없이 바닥판 위에 10 × 15 × 20㎜ 크기의 작은 블록을 꽂고 그 속에 전자 소자를 연결, 고정시켜 원하는 키트를 완성시킬 수 있으므로 안전하고 재미있게 전자회로를 구성할 수 있다.

4. 안전 및 주의 사항

(1) 실습 시 납땜인두에 의한 화상 및 안전에 주의한다.
(2) 전자 부품들은 고온에 민감하여 파손될 우려가 있으므로, 각 부품 취급 시 각별히 주의한다.
(3) 용융된 땜납이 실습 조원들에게 튀어 가지 않도록 주의한다(화상의 우려).

5. 실습 방법

여기서는 초등학교 고학년의 실과에서 배우는 것으로서 전자 키트의 기초가 되는 '부엉이 전자깜박이'를 만들어 보자(그림 16.3 참조).

(1) 전자부품의 조립 방법

① 설명서를 보면서 부품을 확인하고 납땜인두기, 니퍼, 납 등을 준비한다.
② 부품을 꽂을 때는 왼쪽 면에 있는 기판 조립 및 구성도를 보면서 높이가 제일 낮은 저항부터 다리의 방향에 관계없이 어느 방향으로든 인쇄회로기판의 부품면 구멍에 바짝 눌러 꽂는다.
③ 그림 16.5와 같이 전해 콘덴서를 +(긴 다리), -(짧은 다리, '띠' 표시) 극성에 주의하여 인쇄회로기판에 바짝 눌러 꽂는다. 전해 콘덴서는 왼쪽 그림과 같이 긴 다리가 +, 짧은 다리가 -이다. 화살표가 가리키고 있는 표시를 참조하여 극성이 바뀌지 않도록 꽂아 준다.
④ 그림 16.6과 같이 발광다이오드(LED)를 불빛에 비추어 내부모양을 보면서 A(긴 다리), K(짧은 다리) 극성이 바뀌지 않도록 꽂아 준다. 발광다이오드를 불빛에 비추어 보면 그림 16.6과 같이 A와 K를 확실하게 구별할 수 있으므로 다음 기호를 보면서 맞게 꽂아 준다.

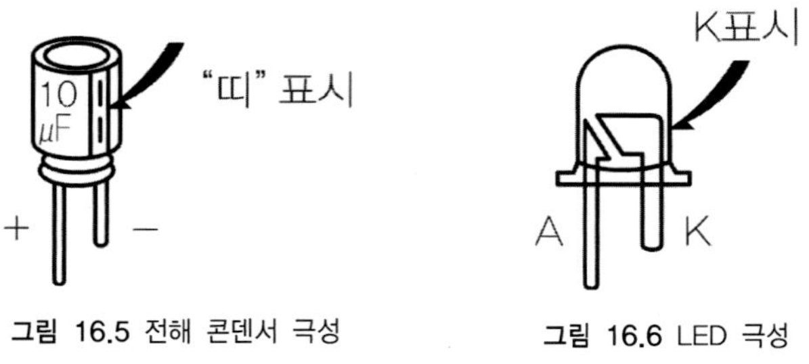

그림 16.5 전해 콘덴서 극성   그림 16.6 LED 극성

⑤ 트랜지스터의 다리 E, B, C 방향이 바뀌지 않도록 한다.

⑥ 저항, 전해 콘덴서, 전원 스위치는 인쇄회로기판에 완전히 붙도록 바짝 눌러 꽂은 다음 빠지지 않도록 그림 16.7과 같이 다리를 직각으로 구부려 준다.

⑦ 전원스위치는 그림 16.7과 같이 다리를 구부리면 안 되며, 또한 발광 다이오드는 무리하게 힘을 주지 말고 부드럽게 눌러 약 5mm, 트랜지스터의 경우는 약 10mm 정도 높이로 띄워서 꽂고 다리를 직각으로 구부린다.

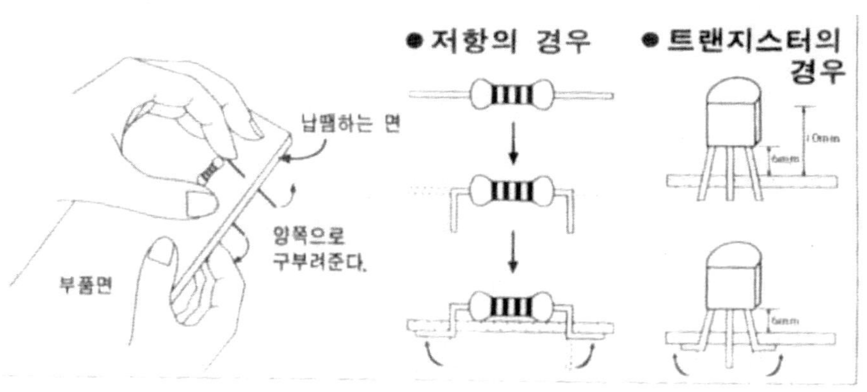

그림 16.7 저항과 트랜지스터의 조립 높이

⑧ 그림 16.8과 같이 직각으로 구부린 부품의 다리 방향을 인쇄회로기판 밑면에 있는 구리박선(얇은 구리판으로 만들어진 선) 쪽으로 향하도록 방향 수정을 한 다음, 부품의 다리 길이를 약 2mm 정도 남기고 니퍼

로 자른다. 이때 부품이 빠질 정도로 부품 다리를 짧게 자르지 않도
록 주의한다.

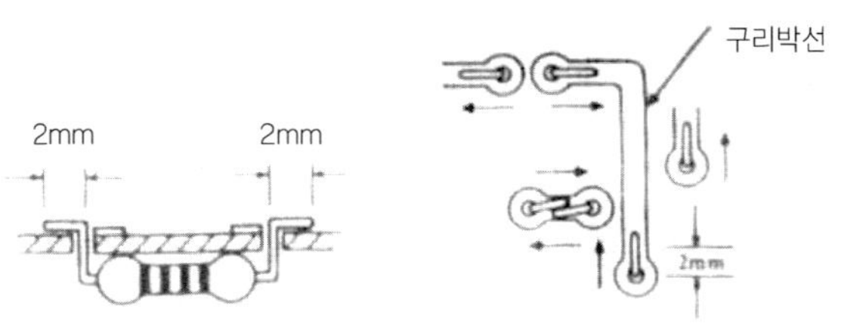

그림 16.8 저항의 조립

⑨ 그림 16.9과 같이 납땜할 때는 구리박선과 부품 다리에 먼저 ⓐ 납땜
인두기를 1~3초 정도 대어 가열한 다음, ⓑ 땜납을 45° 각도로 조금
씩 밀어 녹여서 양호한 땜 모양으로 납땜을 해준 다음, ⓒ 땜납을 먼
저 떼고, ⓓ 바로 납땜인두기를 뗀다.

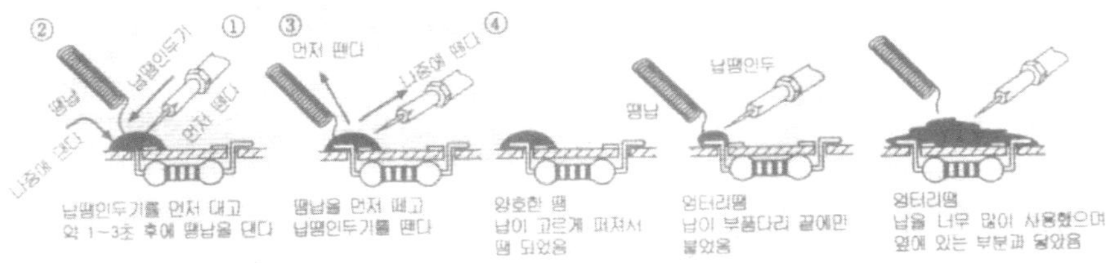

그림 16.9 저항의 납땜 방법

(2) 전자회로도와 동작 원리

① 깜빡이 전자 키트는 발진기의 가장 기본 회로인 비안정 멀티바이브레
이터 원리를 응용한 것이다. 즉 어린이 놀이터에 설치되어 있는 시이
소 놀이기구와 비유해서 설명해 본다면 시이소 놀이기구 양쪽에 앉아
있는 두 사람의 무게에 의한 불안정한 조건 때문에 힘을 많이 안 들

이고도 양쪽 사람이 서로 오르내리며 재미있게 놀고 있는 것을 자주 볼 수 있다. 시이소 놀이기구를 기계적인 불안정한 멀티바이브레이터로 본다면 깜박이는 전자적인 불안정한 멀티바이브레이터라는 것을 이해할 수 있을 것이다.

② 그림 16.10의 회로도에서 왼쪽과 오른쪽을 서로 비교하여 보면 부품의 용량과 배치가 똑같음을 알 수 있다.

③ 조립이 완성된 키트에 DC 9V를 연결하고 스위치를 켜면 깜박이의 발광다이오드(LED)가 동작을 시작하게 된다.

④ 이때 2개의 전해콘덴서(10μF) 중 전기량을 조금이라도 많이 충전하고 있는 쪽부터 동작을 시작한다. 왜냐하면 콘덴서는 수시로 적은 양이기는 하지만 전기를 충전하기도 하고 방전하기도 하므로, 2개의 콘덴서가 똑같은 전하량을 충전하고 있다고 볼 수는 없다.

⑤ 콘덴서가 동작하게 되면 반대쪽 발광다이오드가 켜지게 되는데, 이는 트랜지스터를 통하여 저장되었던 전기가 흐르기 때문이다.

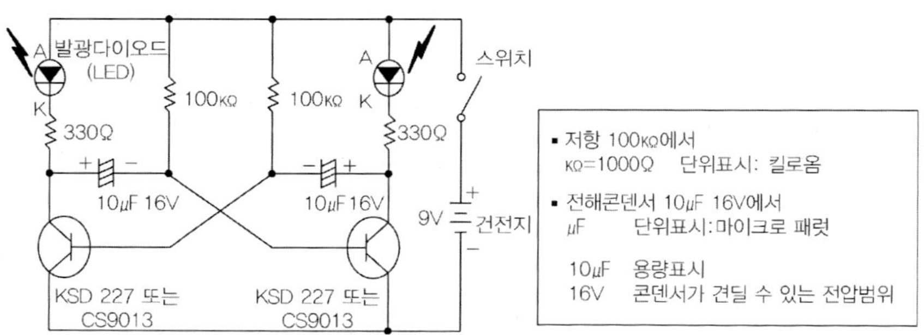

그림 16.10 부엉이 전자깜박이의 전자회로도

(3) 동작 불량 시 문제해결 방법

① 전체 구성도를 참조하여 부품이 맞게 제자리에 꽂혀 있는지 확인한다.

② 저항 100kΩ과 330Ω이 서로 바뀌었는지 확인한다.

③ 발광다이오드를 불빛에 비추어 보고 K와 A의 내부 극성이 바뀌었는

지 확인한다.

④ 전해 콘덴서의 +, - 극성이 바뀌었는지 확인한다.

⑤ 트랜지스터의 E, B, C 극성이 맞게 되었는지 확인한다.

⑥ DC 9V 건전지의 전압이 정상인지 회로시험기로 확인한다.

⑦ 많은 경우에 납땜 기술의 부족이 원인일 수 있으므로 납땜 상태를 확인한다.

6. 연구 과제

(1) PCB와 만능 기판의 차이점은 무엇인가?

(2) 납땜식 전자 키트와 블록식 전자 키트(주제 22. 블록식 전자 키트)의 장단점은 무엇인가?

(3) 제작한 전자 키트의 사진을 붙여 보자.

블록식 전자 키트

1. 실습 목표

블록식 전자 키트가 납땜식 전자 키트와 다른 점을 실습을 통하여 배운다.

2. 사용기기 및 재료

(1) 블록식 전자 키트 1셀

3. 관련 지식

(1) 블록식 전자 키트란?

납땜식으로 만들던 기존의 전자 키트와는 전혀 다른 개념인 블록의 조립만으로 전자 회로를 구성해 볼 수 있는 키트로서, 이것은 납땜할 필요 없이 바닥판 위에 10mm × 20mm의 작은 블록을 꽂고 그 속에 전자 소자를 연결, 고정시켜 원하는 아이템을 완성시킬 수 있는 키트를 말한다.

이 키트는 제7차 교육과정 중학교 3학년 기술·가정 교과서 중에서 (주)두산 등에서 출판(김진수 외)한 4종의 교과서에 이 키트를 사용한 실습 방법이 국내 최초로 소개되었다. 저자에 따라 용어를 다르게 사용하고 있는데 기술·가정 교과서에 나오는 '전자 키트 블록'이나 '전자 블록 키트'를 같은 용어로 규정한다. 본문 중에서 간단히 '블록식'이라 명명하기도 하였다.

(2) 납땜식 전자 키트(soldering-type electronic kit)

전자 키트는 전자 제품을 만드는 데 있어서 인쇄 회로 기판(PCB: Printed Circuit Board, 이하 PCB라 한다)에 저항, 콘덴서, 다이오드, 트랜지스터, 스위치, 스피커, 변압기 등 각종 전자 부품들을 납땜에 의하여 조립한 것으로 정의하기도 하나, 일반적으로 어떤 전자 제품을 쉽게 만들 수 있도록 하기 위해서 필요한 부품들을 한데 모아 둔 것을 말한다. 납땜식 전자 키트는 사용되는 기판의 종류에 따라 크게 PCB와 창의적인 방법으로 자유롭게 납땜하여 조립할 수 있는 만능기판으로 나눌 수 있다. 따라서 전자 키트는 어떤 기판을 사용하는가에 관계없이 전자 제품을 만드는 데 필요한 부품과 재료를 한데 모아 놓은 것이라고 할 수 있다.

여기서는 제작이 좀더 어려운 만능기판을 사용한 키트에 관한 내용을 설명하기로 한다. 만능기판의 구조는 절연판에 동박을 붙인 것으로, 절연판의 재료로 절연지를 여러 겹으로 적층하고 페놀수지를 함침시킨 종이 페놀 기판과, 적층 절연지에 에폭시 수지를 함침시킨 종이 에폭시 기판, 그리고 유리 섬유에 에폭시 수지를 함침시킨 유리 에폭시 기판 등이 있다. 이 중 종이 페놀 기판이 일반 전자 제품에 널리 쓰이고 있다. 기판에 부착된 동박은 필요한 부분의 전기적인 접속을 이루어 주는데, 동박이 기판의 한쪽 면에만 부착된 단면 기판과 기판의 양면에 부착된 양면 기판이 있고, 최근에는 다층 기판도 이용되고 있다. 기판의 두께는 0.8mm에서 3.2mm까지 6종이며, 동박의 두께는 0.035mm와 0.07mm 2종이 있는데, 일반적으로 널리 쓰이는 것은 동박 두께 0.035mm이고 기판 두께 1.6mm인 기판이다.

(3) 블록식 전자 키트(block-type electronic kit)

이 제품은 산업자원부의 신기술창업과제(TBI, 2000)와 중소기업청의 기술개발혁신과제(2000~2001)를 통해 벤처 기업인 네오피아에서 국내 최초로 개발되었으며, 이와 관련된 국제특허, 특허실용신안, 의장, 상표권 등록 등 총 23건의 특허권이 출원 등록된 기술이다. 이 제품은 제작회사(네오피아)

에서 부르는 공식 명칭은 '전자 키트 블록'이며 중학교 3학년 기술·가정 교과서에서는 '전자 블록 키트', '전자 키트 블록'이란 명칭으로 수록되어 있다.

블록식 전자 키트는 기존의 전자 회로 구성 방법과는 달리 블록의 조립만으로 다양한 전자 회로를 구성해 볼 수 있도록 만들어져 있다. 납땜을 하지 않고 전자 부품을 꽂은 블록을 바닥판 위에 배선도대로 고정시켜 원하는 회로를 완성시킬 수 있다. 블록식 전자 키트는 다음과 같은 특징을 가지고 있다.

첫째, 납땜을 할 필요가 없으므로 안전하다.

둘째, 블록 조립법을 이용하여 창의적으로 회로를 구상해 볼 수 있다.

셋째, 각각의 블록에 부품을 바꾸어 꽂을 수 있으므로, 계속해서 다른 회로를 구상해 볼 수 있다.

셋째, 여러 회로가 조합된 복잡한 회로도 제작해 볼 수 있다.

4. 실습 방법

위에서 설명한 블록식 전자 키트 세트를 사용하여 여러 가지의 제품을 만들 수 있는데, 여기서는 전자 새 키트 만들기에 대하여 설명하기로 한다. 이 내용은 중학교 기술 교과서에 소개된 내용이다(이상혁, 김진수 외, 기술·가정3, 두산, 2007).

(1) 전자 새 키트의 제작 순서

블록식 전자 키트를 사용하여 전자 새를 만들기 위한 배선도는 그림 17.1과 같으며, 전자 새를 만드는 과정은 그림 17.2와 같다.

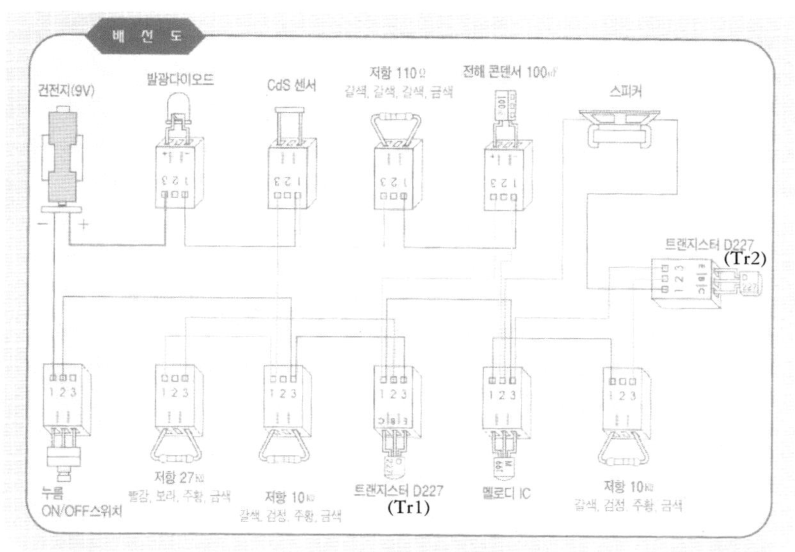

그림 17.1 블록식 전자 키트를 사용하여 전자 새를 만들기 위한 배선도

(2) 전자 새 키트의 동작 원리와 확인 방법

전자 새 키트를 만든 후 동작 여부를 다음과 같이 점검한다.

① 주위의 빛이 어두울 경우(손으로 CdS를 가린다)

: CdS의 저항값이 커지므로 트랜지스터 Tr1의 베이스 전류가 거의 흐르지 못한다. 그러면 Tr2는 동작하지 않으므로, 멜로디 IC도 역시 동작하지 않는다. 동시에 LED에 불도 켜지지 않게 된다.

② 주위의 빛이 밝을 경우(손으로 CdS를 가리지 않는다)

: CdS의 저항값이 매우 작아지므로 LED를 통하여 Tr1의 베이스로 전류가 흐르게 된다. 그러면 Tr1이 동작되므로 멜로디 IC가 동작되고, 트랜지스터 Tr2도 동작하게 된다. 따라서 스피커에는 멜로디 IC에 저장해 둔 새소리가 흘러나오고, LED에도 불이 켜지게 된다. 그래서 아침이 되어 날이 밝아지면 전자 새 멜로디가 울리는 자명종으로 사용할 수 있다.

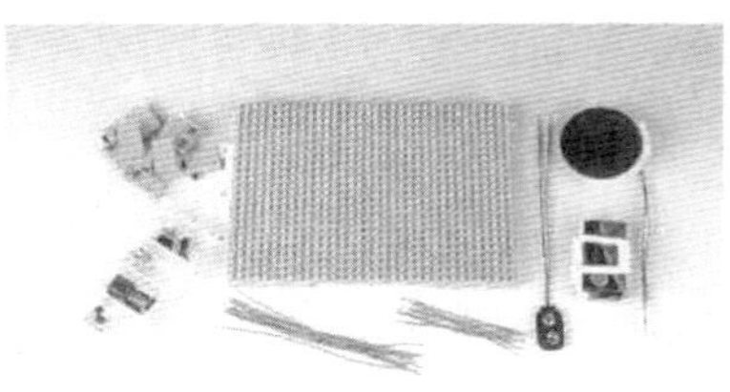

A 준비물
전자 새키트 조립을 위한 준비물은 위와 같다

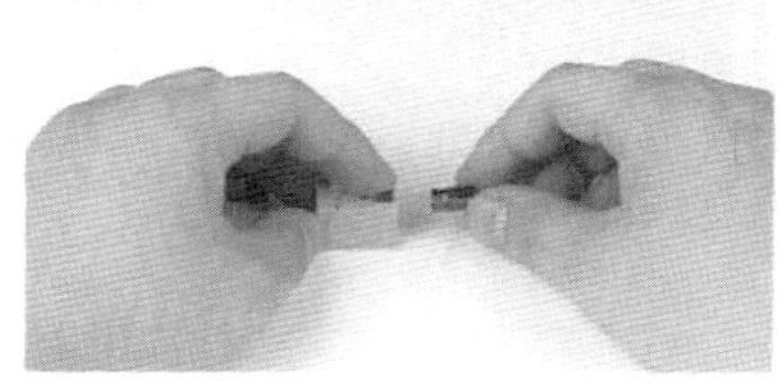

B 블록에 전자 부품 꽂기
파란 버튼을 누른 후 블록의 구멍에 전자 부품을 꽂는다

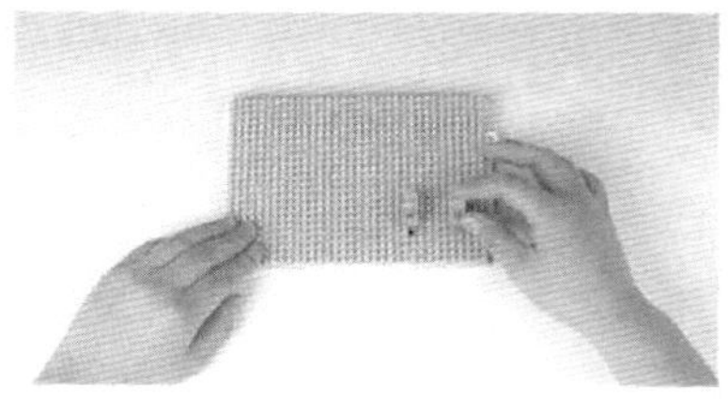

C 블록 배치
부품이 꽂힌 블록을 위 사진과 같은 방법으로 배선도에
따라 꽂는다(블록 간의 간격은 3~4칸 정도가 좋다)

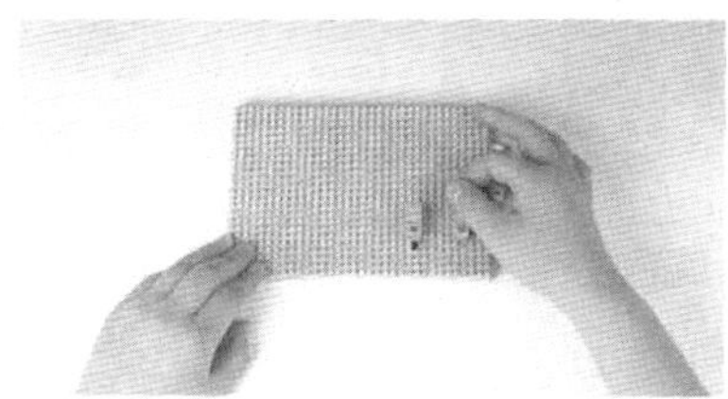

D 배선 연결
배선도의 번호와 일치하도록
블록위의 구멍에 선을 연결한다

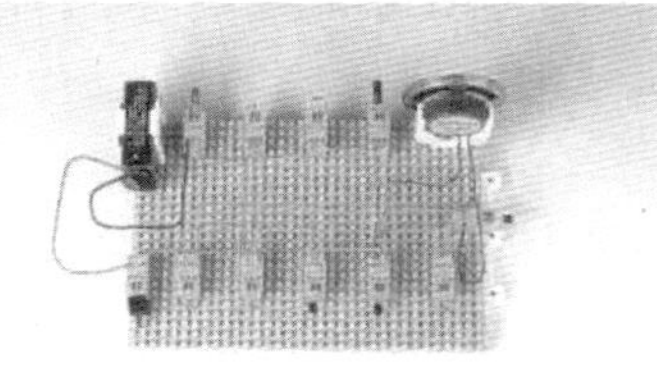

E 완성된 모양
스위치를 눌러 새소리를 듣는다

자료: 김진수 등(2007). 중학교 3학년 기술·가정3 교과서, 두산(주). p.157.

그림 17.2 블록식 전자 키트를 이용하여 전자 새를 만드는 과정

(3) 완성된 전자 새 키트

위의 그림 17.2 순서에 따라 만든 전자 새의 모양은 그림 17.3과 같다.

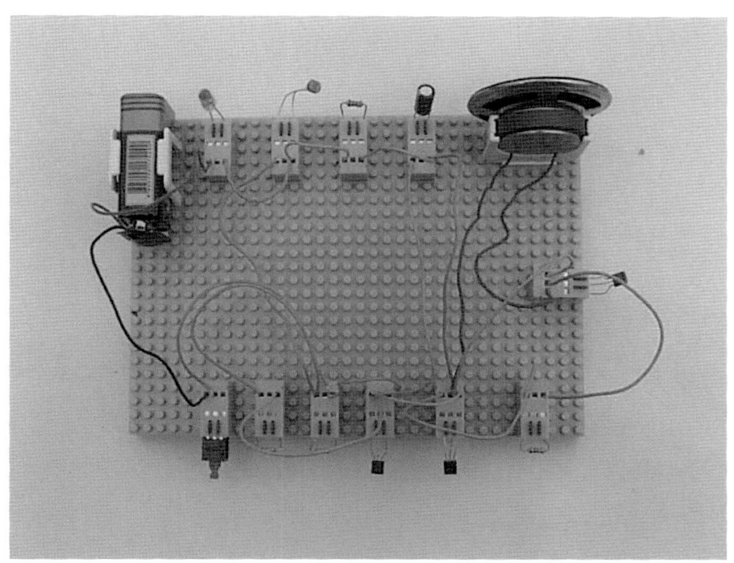

그림 17.3 블록식 전자 키트로 만든 전자 새

(4) 블록식 키트 만들기 선택 실습

위에서 사용한 블록식 전자 키트 제품에는 두 가지 유형이 있는데, 이 키트들을 사용하여 '전자 새' 외에 다음의 여러 가지 키트를 만들어 보자
① Type Ⅰ: 깜박이, 사이렌, 러브 테스터, 도둑 잡기, 직·병렬 회로,
② Type Ⅱ: 자명종, 도난경보기, 러브 테스터, 빛 감지 센서, 직·병렬 회로

5. 연구 과제

(1) 다음을 비교하여 보자
　　납땜식 전자 키트, 블록식 전자 키트, 브레드 보드(bread board)
(2) 납땜식과 비교하여 블록식 전자 키트의 장·단점은 무엇인가?
(3) 현재 사용하고 있는 제7차 교육과정의 중학교 기술·가정3 교과서에는 10개의 출판사별로 어떠한 내용의 전자 키트가 나와 있는지 알아보자.

18

전자 부품의 형명 판독하기

1. 실습 목적

(1) 전자 부품(저항기, 콘덴서, 코일, 트랜지스터 등)의 종류 및 판독법을 익힌다.

(2) 회로시험기를 사용하여 다이오드 및 트랜지스터의 간단한 시험법을 익힌다.

2. 사용기기 및 재료

(1) 저항기 …5개

(2) 콘덴서 …5개

(3) 인덕터 …5개

(4) 다이오드, 트랜지스터, IC 등 …각 다수 개

(5) 회로 시험기 …1대

(6) LCR 메터 …1대

3. 관련 이론

각종 전자부품에 사용되는 단위는 표 18.1과 같다.

■ 표 18.1 전자부품에 사용되는 각종 단위

	콘덴서	저 항	코 일	전 압	전 류
기본단위	F [패럿]	Ω [옴]	H [헨리]	V [볼트]	A [암페어]
환산단위	pF [피코패럿]				
	nF [나노 패럿]				
	μF [마이크로패럿]		μH [마이크로헨리]	μV [마이크로볼트]	μA [마이크로암페어]
			mH [밀리헨리]	mV [밀리볼트]	mA [밀리암페어]
		kΩ [킬로옴]		kV [킬로볼트]	kA [킬로암페어]
		MΩ [메가옴]		MV [메가볼트]	
		GΩ [기가옴]			

(1) 저항기

① 특징

저항 및 콘덴서 등의 전자 부품은 크기가 작기 때문에 부품의 표면에 문자나 숫자 등의 약속된 기호로 그 부품의 용량을 표시한다. 저항은 만드는 재료의 종류에 따라 탄소형, 금속피막형 등이 있으며, 저항기에는 극성이 없다. 저항기는 용도에 따라 일반 저항과 정밀한 저항으로 크게 나눌 수 있다.

일반 저항기의 저항값은 표준 색 코드(color code)에 의하여 그림 18.1과 같이 나타낸다. 코드는 몸체에 색띠(color band)로서 표시하며, 표준 코드의 구성은 저항기 몸체 둘레에 4개의 띠(band)로서 이루어져 있다. 이들 색띠 가운데 왼쪽에서부터 3개의 띠는 저항값을 나타내고, 4번째 띠는 허용 오차(tolerance)를 나타낸다. 허용 오차란 색코드에 의해 나타낸 저항값으로부터 차이가 생기는 저항의 변화율이다.

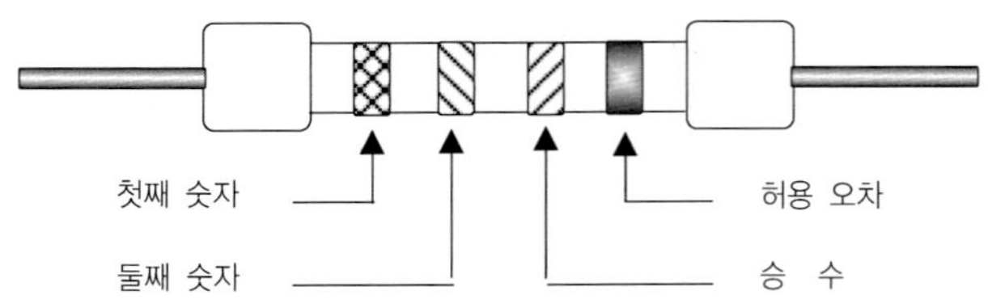

그림 18.1 기본적인 저항기

② 일반 저항

저항값을 읽어 나가는 순서는 다리 시작점의 색띠 간격이 좁은 쪽부터 읽어 가는 것이 정상이나 생산 시 좁은 쪽을 구별하기가 애매하게 만들어진 제품이 많다. 이런 경우에는 오차 표시 색깔인 금색 등이 오른쪽 끝으로 가게 놓고 읽으면 된다. 저항의 색띠 표시방법은 그림 18.2와 같다. 그림 18.2와 같이 머리 쪽부터 제1색띠, 제2색띠, 제3색띠, 제4색띠라 하며 제1색띠, 제2색띠는 두 자릿수의 유효 숫자, 제3색띠는 승수, 제4색띠는 허용 오차이다.

[예]　색띠　　　　1　　2　　3　　4

　　　　색깔　　　　파랑　노랑　빨강　금

이 경우에 저항값　　$R = (64 \times 10^2) \pm 5[\%]$이므로

저항값은 $64 \times 10^2[\Omega]$, 허용 오차 $\pm 5[\%]$임을 표시한다. 저항값을 나타낼 때에는 $[\Omega]$, $[K\Omega]$, $[M\Omega]$ 단위를 적절히 사용하여야 한다.

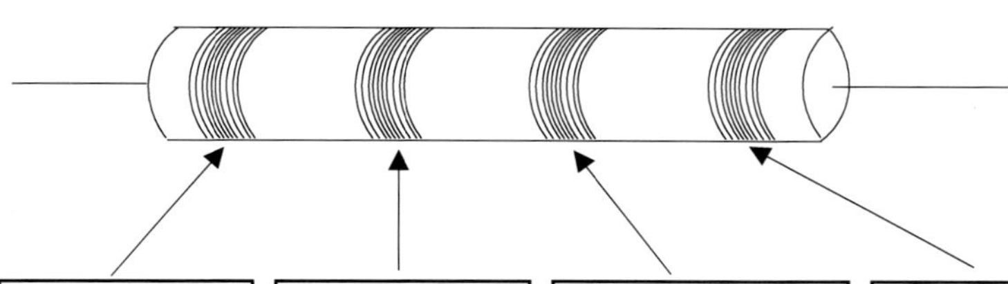

1 색띠	
Color	Digit
Black	0
Brown	1
Red	2
Orange	3
Yellow	4
Green	5
Blue	6
Violet	7
Gray	8
White	9

2색띠	
Color	Digit
Black	0
Brown	1
Red	2
Orange	3
Yellow	4
Green	5
Blue	6
Violet	7
Gray	8
White	9

3색띠	
Color	Multipiler
Black	1
Brown	10
Red	100
Orange	1,000
Yellow	10,000
Green	100,000
Blue	1,000,000
Silver	0.01
Gold	0.1

4색띠	
Color	Tolerance
Silver	±10%
Gold	±5%
*No Band	±20%

그림 18.2 일반 저항기의 색띠

③ 정밀 저항

이 외에도, 고밀도의 저항기들은 5개의 띠(band)로 표시되는데, 색띠를 읽는 방법은 표 18.2와 같다.

제1, 2, 3색띠: 숫자,   제4색띠: 승수,   제5색띠: 오차

(예) 노랑, 파랑, 녹색, 적색, 갈색 $475 \times 10^2 \Omega \pm 1\%$

색	첫째 띠 (숫자)	둘째 띠 (숫자)	셋째 띠 (숫자)	넷째 띠 (배수)	다섯째 띠 (허용오차)
검정색(black)	0	0	0	10^0	
갈색(brown)	1	1	1	10^1	
빨강색(red)	2	2	2	10^2	
주황색(orange)	3	3	3	10^3	
노란색(yellow)	4	4	4	10^4	
녹색(green)	5	5	5	10^5	
파랑색(blue)	6	6	6	10^6	
보라색(violet)	7	7	7	10^7	
회색(gray)	8	8	8	10^8	
백색(white)	9	9	9	10^9	
금색(gold)				10^{-1}	±5%
은색(silver)				10^{-2}	±10%
무색(none)					±20%

(2) 콘덴서

콘덴서의 종류에는 전해, 마일러, 세라믹, 스티롤, 탄탈 콘덴서 등이 있다. 콘덴서는 전하를 잠깐 동안 저장한다. 교류는 잘 흘려주나 직류는 못 흐르게 하는 특징을 가지고 있다.

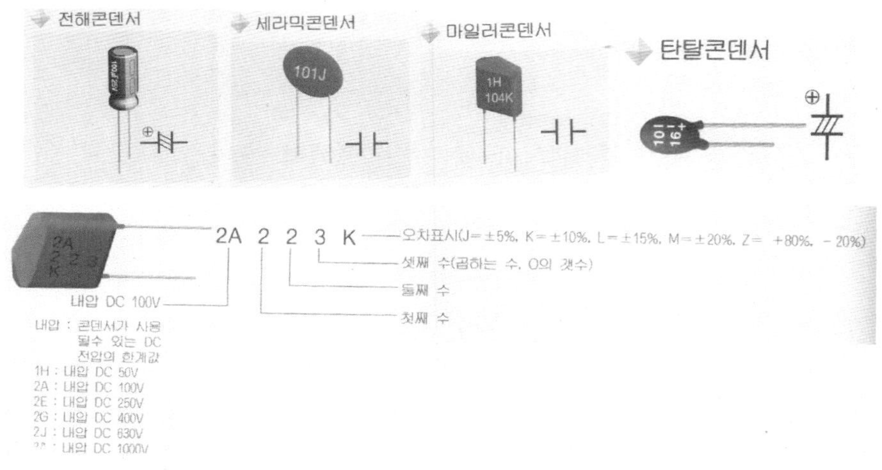

① 전해 콘덴서

전해 콘덴서는 전기 분해를 응용한 콘덴서로서 두 장의 알루미늄과 금속 피막을 이용한다. 두 장 중 한 장의 표면에 산화피막을 형성시켜 (+) 전극으로 하고 전해액을 넣어 만들었기 때문에 보다 더 큰 용량을 얻을 수 있다. 사용 시에 (+), (−) 극성이 바뀌지 않도록 주의해야 한다. 전해 콘덴서는 용량값과 콘덴서가 사용될 수 있는 전압 한도값이 몸체에 쓰여 있다. 예를 들어서 $10\mu F/16V$라고 몸체에 써 있다면 $10\mu F$는 용량을 표시하는 것이고 16V는 콘덴서가 사용될 수 있는 DC 전압의 한계값을 뜻하는 것이다.

② 세라믹 콘덴서

세라믹 콘덴서는 낮은 주파수보다 높은 주파수를 비교적 잘 통과시키므로 고주파 회로에서 많이 사용한다. 두 개의 전극 사이에 세라믹 유전체를 넣은 후, 갈색의 점토질로 밀봉방습처리를 하였다. 정전용량값이 작고, 극성은 없다.

③ 마일러 콘덴서

마일러 콘덴서는 높은 주파수보다 낮은 주파수를 비교적 잘 통과시켜 주므로 저주파 회로부에 많이 사용한다. 폴리에스테르 필름을 유전체로 사용하였기 때문에 절연저항, 내열성, 내한성이 우수하여 소형화의 이점이 있고, 극성은 없다.

④ 탄탈 콘덴서

탄탈(Ta)은 원래 도체이지만, 산화시킨 산화 탄탈은 우수한 절연체이다. 산화 탄탈을 원료로 하여 만든 탄탈 콘덴서는 알루미늄 전해 콘덴서에 비하여 누설 전류가 매우 적은 특징을 가지고 있다. (+), (−) 극성에 주의하여야 한다.

⑤ 콘덴서의 시험법

㉮ 콘덴서의 양부를 간단하게 측정하는 방법으로는 회로 시험계로 콘덴서 양단의 리드를 접속시켜 저항 측정을 통한 바늘의 지시로 판단한다. 콘덴서는 직류 저항이 ∞[Ω]인 것이 이상적이다. 만약, 0[Ω]을 계속 지시한다면 콘덴서의 양극이 단락인 경우이므로 사용할 수 없다. 그림 18.3은 콘덴서의 양부 판정 특성 그래프이다.

곡선 ⓐ: 최초의 지시는 콘덴서의 충전 전류에 의한 저항계의 지시 변화가 크고, 최종 값은 ∞에 가깝기 때문에 절연 저항이 크므로 양호하다.

곡선 ⓑ, ⓒ: 최종 값이 낮으므로 절연 상태가 나쁘든지 아니면 절연 파괴를 나타낸다.

곡선 ⓓ: 충전 전류가 거의 흐르지 않으므로 용량 감퇴를 나타낸다.

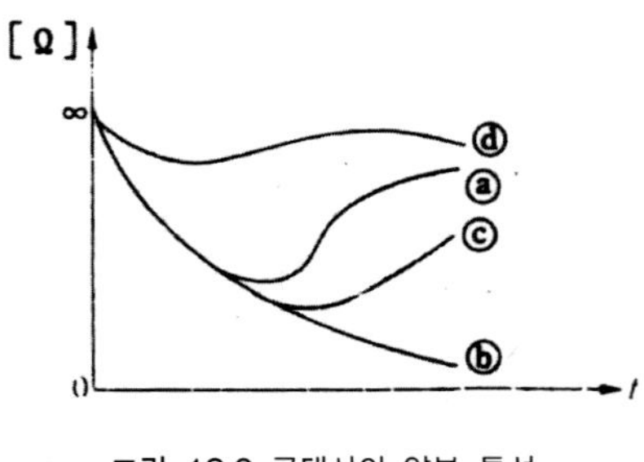

그림 18.3 콘덴서의 양부 특성

㉯ 전해 콘덴서의 시험법

회로 시험기의 흑색 리드 막대를 전해 콘덴서 (+)극 단자에, 그리고 적색 리드 막대를 전해 콘덴서 (-)극에 접속시킬 때 회로 시험기의 지시를 보고 양부를 판단한다. 이때, 최종값이 약 50[KΩ] 이하는 불량품이다.

그림 18.3에서 ⓐ의 경우는 양호하며, ⓑ, ⓒ의 경우는 최종값이 낮으므로 전해 절연에 손상이 있고, ⓓ의 경우에는 콘덴서 내부에 인출선과 극판의 접속부 부식 등으로 인하여 충전 전류가 거의 흐르지 않으므로 불량품이다.

시험 시 주의할 점은 저항계는 최고 범위를 사용하고, 콘덴서는 완전히 방전 상태이어야 한다. 방전은 1[KΩ] 정도의 저항을 통하여 방전시킨다. 콘덴서 용량이 작은 경우에는 이 시험 방법은 곤란하다.

(3) 인덕터(코일)

코일에서 색깔 표시는 피킹(peaking) 코일에는 색점 코드가, 초크 코일에는 색띠가 이용된다.(표 18.1의 저항 색띠 표 참조)

① 피킹 코일은 유효 숫자 2자리를 나타내는 제1색 점과 제2색 점이 붙어 있고 승수를 나타내는 제3색 점은 떨어져 있다. 단위는 [μH]이다.
② 초크 코일은 색띠로 표시되고, 1색띠가 넓고 은색으로 착색되어 초크 코일임을 나타낸다. 단위는 [μH]이다.

(4) 다이오드

Diode는 P형 반도체와 N형 반도체를 붙인 것인데 P형 반도체는 실리콘과 같은 4가 원소에 인듐과 같은 3가 원소를 첨가, 공유, 결합시켜 전자를 부족하게 하여 양(+) 극성을 띠도록 만든 것이고 N형 반도체는 4가 원소에 비소와 같은 5가 원소를 첨가, 공유, 결합시켜 전자가 남게 하여 음(−) 극성을 띠도록 만든 것이다. 다이오드는 P형 극에 (+)극, N형 극에 (−)극의 전압을 공급할 때, 즉 순방향 전압이 연결될 때만 전류를 흘려주는 특성이 있으며 용도에 따라 전압 제어 곧 스위칭 작용을 하는 스위칭 다이오드, 검파 작용을 하는 검파 다이오드, 정류 작용을 하는 정류 다이오드 등이 있다.
회로 시험기의 저항계를 사용하여 다이오드의 극성을 구별할 수 있으며, 정류 특성을 판단할 수 있다. 저항계의 범위는 R×1,000 이상에서 실시해야 한다. 저 저항 범위에서는 다이오드에 과전류를 흘려서 다이오드를 파손시킬 수 있다. 회로 시험기를 저항계로 사용할 때 등가 회로는 그림 18.4와 같다. 즉 적색리드 막대에는 (−)전위가, 흑색 리드 막대에는 (+)전위가 나타난다. 시험하고자 하는 다이오드에 리드 막대를 바꾸어 가면서 저항값을 측정하여, 저항이 적은 순방향일 때에는 흑색 리드 막대 쪽이 애노드이고, 적색 리드 막대 쪽이 캐소드이다. 또한 저항이 큰 역방향일 때에는 그림 18.5와 같이 반대로 표시된다. 이때 양쪽의 저항값이 같으면 다이오드는 불량이다.

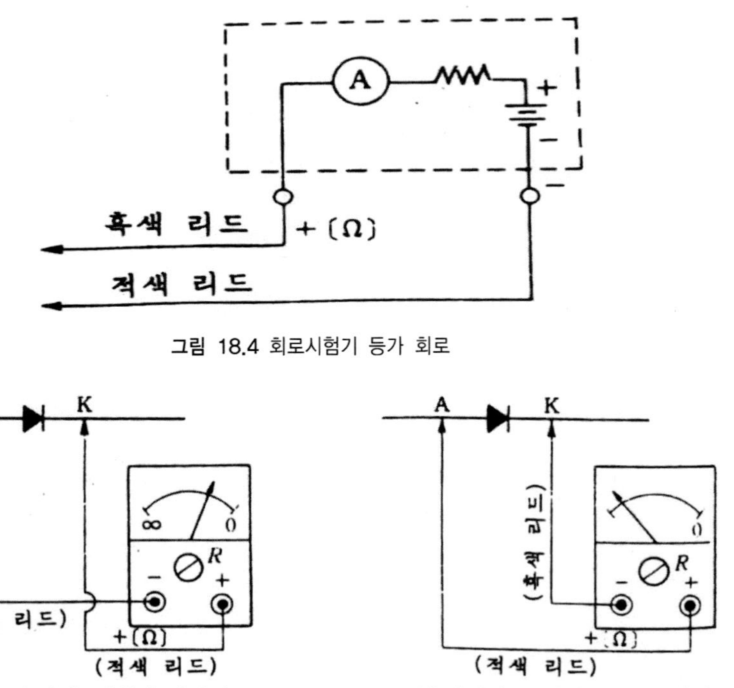

그림 18.4 회로시험기 등가 회로

그림 18.5 다이오드 양부 시험

(5) 트랜지스터

① PNP형과 NPN형 판별법

테스터의 저항계를 R × 1,000 범위의 정도에 두고, 적색 리드를 트랜지스터의 베이스에 대고, 흑색 리드를 이미터나 컬렉터에 대었을 때에 저 저항값을 지시하고 리드의 극성을 반대로 하였을 때 거의 ∞[Ω]을 지시하면 PNP형이다. 또 적색 리드를 베이스에 대고 흑색 리드를 이미터 또는 컬렉터에 대었을 때에 저항계의 지시가 ∞[Ω], 리드 극성을 반대로 하였을 때, 낮은 저항값을 지시하면 NPN형이다.

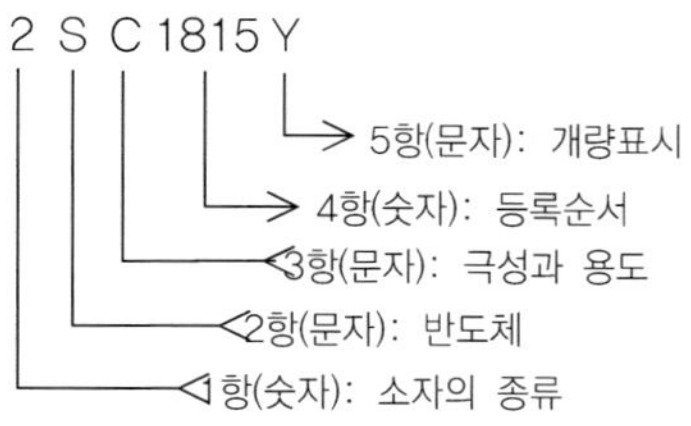

그림 18.6 트랜지스터 명칭법

표 18.3 반도체 소자의 종별

1항의 숫자	부품의 종별
0	광 트랜지스터, 광 다이오드
1	다이오드
2	트랜지스터, 1 – gate FET
3	2 – gate FET

표 18.4 반도체 소자의 극성과 용도

3항의 문자	극성 및 용도	3항의 문자	극성 및 용도
A	PNP 트랜지스터, 고주파용	G	N gate thyristor(SCR)
B	PNP 트랜지스터, 저주파용	J	P channel FET
C	NPN 트랜지스터, 고주파용	K	N channel FET
D	NPN 트랜지스터, 저주파용	M	TRIAC
F	P gate thyristor(SCR)	N	UJT

② 이미터와 컬렉터의 판별법

이미터와 컬렉터는 같은 형의 반도체이지만 불순물 도핑 농도가 서로 다르기 때문에 분명히 구별된다. 트랜지스터는 E – B 접합이 순바이어스로, C – B 접합이 역바이어스로 될 때, 즉 활성 영역에 있을 때 증폭 작용이 일어난다. 따라서 그림 18.7에서 이미 베이스 단자를 알고 있는 것으로 할 때 NPN형일 경우 컬렉터에 흑색 리드를, 이미터에 적색 리드를 댄 상태에서 베이스에 손끝을 대었다가 떼면 저항계의 지침은 큰 변화를 나타내고 리드의 극성을 반대로 하면 지침의 변화는 거의 없다. 그러므로 흑색 리드를 댄 곳이 컬렉터 단자임을 알 수 있다. 손끝을 베이스와 컬렉터에 동시에 대었다가 떼는 경우에는 마찬가지이다.

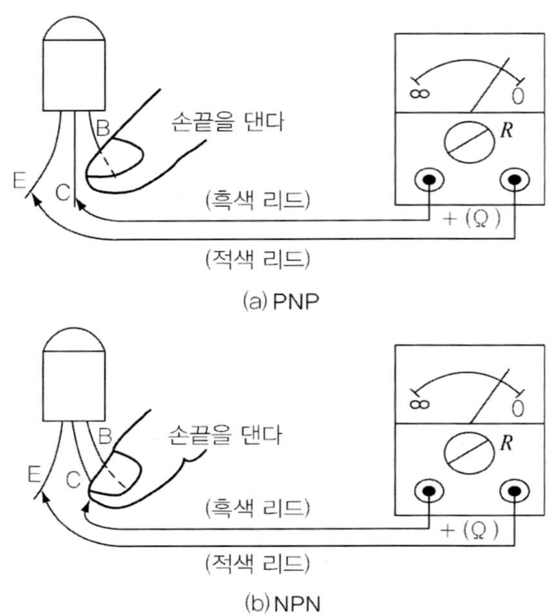

그림 18.7 트랜지스터 PNP, NPN형 판별법

③ 트랜지스터의 양부 판별법

㉮ 베이스에 흑색 리드를 이미터에 적색 리드를 대었을 때 저항계가 저 저항값을 지시하고, 리드 극성을 반대로 하면 ∞[Ω]를 지시한다(단, R×1,000 범위에서).

㉯ 베이스에 흑색 리드를, 컬렉터에 적색 리드를 대었을 때 저항계가 저 저항값을 지시하고, 리드 극성을 반대로 하면 ∞[Ω]를 지시한다(단, R×1,000 범위에서).

㉰ 이미터에 적색 리드를, 컬렉터에 흑색 리드를 댄 경우의 저 저항계는 고저항 범위를 지시하고, 리드를 반대로 하면 더 큰 고저항을 지시한다.

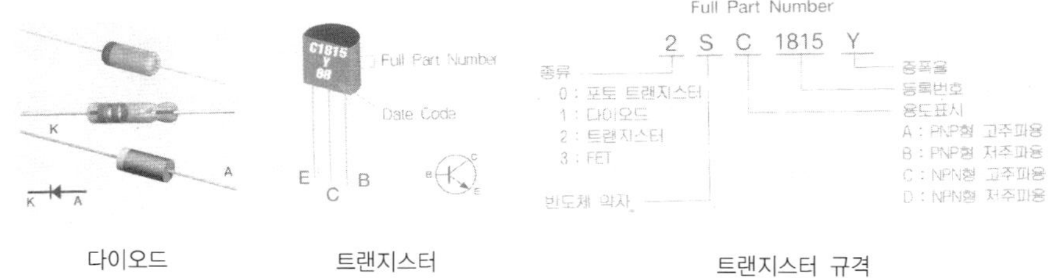

다이오드	트랜지스터	트랜지스터 규격

(6) IC

IC(집적회로: Integrated Circuit)는 발진 작용, 증폭 작용, 메모리 기능 등 작용을 한다. IC란 실리콘 기판에 트랜지스터, 다이오드, 저항 등을 구성시켜 증폭이나 기억 등의 기능을 갖게 한 초소형 집적 회로이다. IC를 만드는 순서는 Chip → Die bonding → Wire bonding → Packing & Assembling → Testing → Good Device → Marking(Part No, Date Code 등 표시)과 같다. 최종 합격 판정을 받은 것에 Marking을 한다.

예로서 표준형 IC7400 Part No(IC이름)에 <74LS00, 74H00> 등과 같이 H, C, S, LS, HC, AC, HCU, HCT, ACT, S, F와 같은 영문자가 쓰여 있는 것은 IC의 감응속도와 소비전력 등을 고려해 분류해 놓은 문자 표시이다. 즉 H: High Power(고전력), L: Low Power(저전력), S: Schottky(쇼트키), LS: Low Power, Schottky(저전력. 쇼트키)를 나타낸다.

(7) 멜로디 IC

멜로디 신호를 발생하는 회로의 소자들을 직사각형 또는 트랜지스터 모양의 작은 칩(Chip)으로 만든 것이다. 직사각형의 멜로디 IC인 경우에는 보통 IC와 같이 홈 또는 점의 1번 표시에 주의해야 한다. 트랜지스터 모양에서는 다리번호 3, 2, 1이 바뀌지 않도록 주의하여야 하며, 일반적으로 쓰이는 트랜지스터형 멜로디 IC는 다음과 같다.

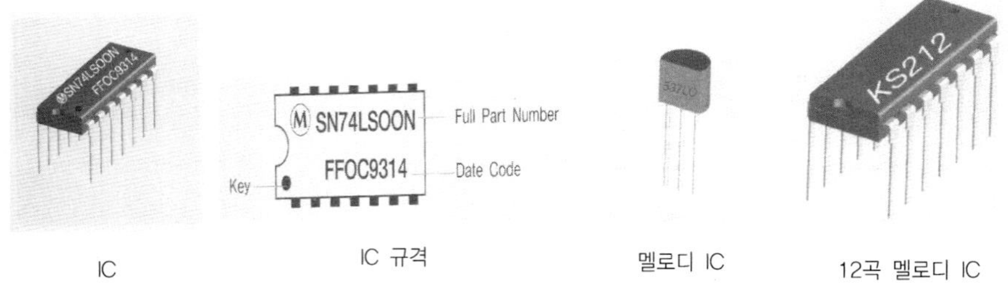

IC   IC 규격   멜로디 IC   12곡 멜로디 IC

(8) 발광 다이오드

LED(Light Emitting Diode)는 순방향 전압을 가할 때만 전류가 흐르면서 빛이 난다. 사용 시 A와 K의 다리 방향이 바뀌지 않도록 특히 주의하여야 한다. 발광 다이오드를 불빛에 비추어 보면 애노우드는 긴 다리 모양이고, 캐소우드는 짧은 다리 모양이므로 확실하게 구별할 수 있다.

LED의 검사 방법은 회로 시험기의 전환 스위치를 ×1R 위치에 놓고 그림과 같이 리드를 댔을 때 불이 들어오면 정상이다. 발광 다이오드가 정상적으로 불이 켜질 수 있는 전원은 약 DC 2~3V이며 제작회사에 따라 차이가 난다. LED는 A극에 (+)전원을, K극에 (-)전원을 연결해야 불이 켜지게 되어 있다. 회로 시험기의 검정색과 빨간색 리드 봉에서는 약 DC 3V의 전압이 자체에서 나오기 때문에 불이 켜지는 것이다. LED는 DC 2~3V 사이의 전원이 공급되면 불이 켜지게 되어 있으나, AC 2~3V에서도 불이 켜진다. 단, AC 전원의 주파수가 60Hz 이상이 되어야 한다. 이것은 1초 동안에 음극과 양극이 각각 60번씩 바뀌게 되어 곧 60번씩 꺼졌다 켜지게 되지만 사람의 눈으로는 식별할 수 없다.

(9) FND

7개의 발광 다이오드(LED)를 그림과 같이 A, B, C, D, E, F, G 배열로 구성시킨 것으로, 구동회로에 의해 0부터 9까지 원하는 숫자가 표시되도록 만들어진 것이며, 캐소우드(-) 공통 FND와 애노우드(+) 공통 FND의 두 종류가 있다.

(10) CdS

CdS(Cadium Sulfide)는 카드뮴과 유황을 화합시킨 황화카드뮴 결정에 금속 다리를 붙인 부품으로서 어두운 곳에서는 절연체와 같이 전류가 흐르지 않다가 가시광선이 닿으면 도체와 같이 전류가 잘 흐르는 성질을 가지고 있다. 즉 어두운 곳에서는 높은 저항값을 가지고 있다가 빛이 밝아질수록 CdS의 내부 저항값이 낮아진다. 그러므로 CdS는 광도측정기, 자동 점등기 등에 응용된다. CdS는 극성이나 방향이 없다.

검사 방법은 회로 시험기의 전환 스위치를 ×100R 위치에 놓고 그림과 같이 리드를 연결한 후, 손바닥으로 빛을 차단하면 저항값이 증가하여 회로 시험기의 지침이 올라가는 것이 정상이다.

(11) 반고정 저항(볼륨)

저항의 크기를 임의로 조정할 수 있어서 음량의 크기, 속도의 조절 등에 사용된다. 소비전력에 따라 여러 가지 모양과 크기 및 규격이 있고, 대표적으로 라디오의 볼륨에 사용되고 있다.

(12) 어레이 저항

Array Resistor는 여러 개의 저항을 그림과 같은 회로로 구성시켜서 몰딩 패키지화한 것이며, 다리의 배열 형태에 따라 DIP(Dual In Line Package)형 곧 다리가 2열로 마주 보게 만들어진 평행 쌍 실장형과, 한 줄로 배열된 단순 실장형이 있다. 다리 간격은 IC 다리의 핀 간격과 같다.

(13) 전원 스위치

전기회로에서 전류의 흐름을 단속해 주는 기능을 한다. 3개의 다리가 한

줄 또는 두 줄로 배열된 구조, 2개의 다리가 2열로 배열된 것 등이 있다. 3 줄로 된 것은 가운데 것과 양 옆에 어느 한 개를 사용하여도 된다.

(14) 딥스위치

DIP(Dual in Package) 스위치는 작은 스위치들을 불연성의 플라스틱으로 몰딩하여 소형으로 만든 것이며, 접촉 특성이 좋고 수명이 긴 특징이 있다. 회로 구성에 따라 여러 종류가 있으며 다리 간격은 IC핀 간격(2.54mm)과 같고, 다리는 그림과 같이 열로 마주 보게 만들어진 평행 쌍 실장형이다.

(15) 건전지

건전지는 화학물질과 금속과의 화학반응에 의해 전기를 발생시키는 것으로서 시간에 따라 전류의 방향이 변하지 않고 일정한 직류 전기 에너지를 공급해 준다.

(16) 전지 스냅

건전지와 완성된 전자 회로를 연결시켜 주는 단자선이다. 단자선에는 빨간 선과 검정 선이 있는데, 반드시 +는 빨간 선을, -는 검정 선을 연결해 주어야 한다.

(17) IPT와 OPT

IPT(InPut Transformer, 입력트랜스), OPT(OutPut Transformer, 출력트랜스)는 임피던스가 서로 다른 1차 측 회로와 2차 측 회로 사이에 연결매체로 사용하여 양단 간 회로를 정합(matching)시켜서 신호 전달 시 손실을 최소화시키는 작용을 하는 부품이다. IPT는 녹색이고 OPT는 빨간색을 사용한다.

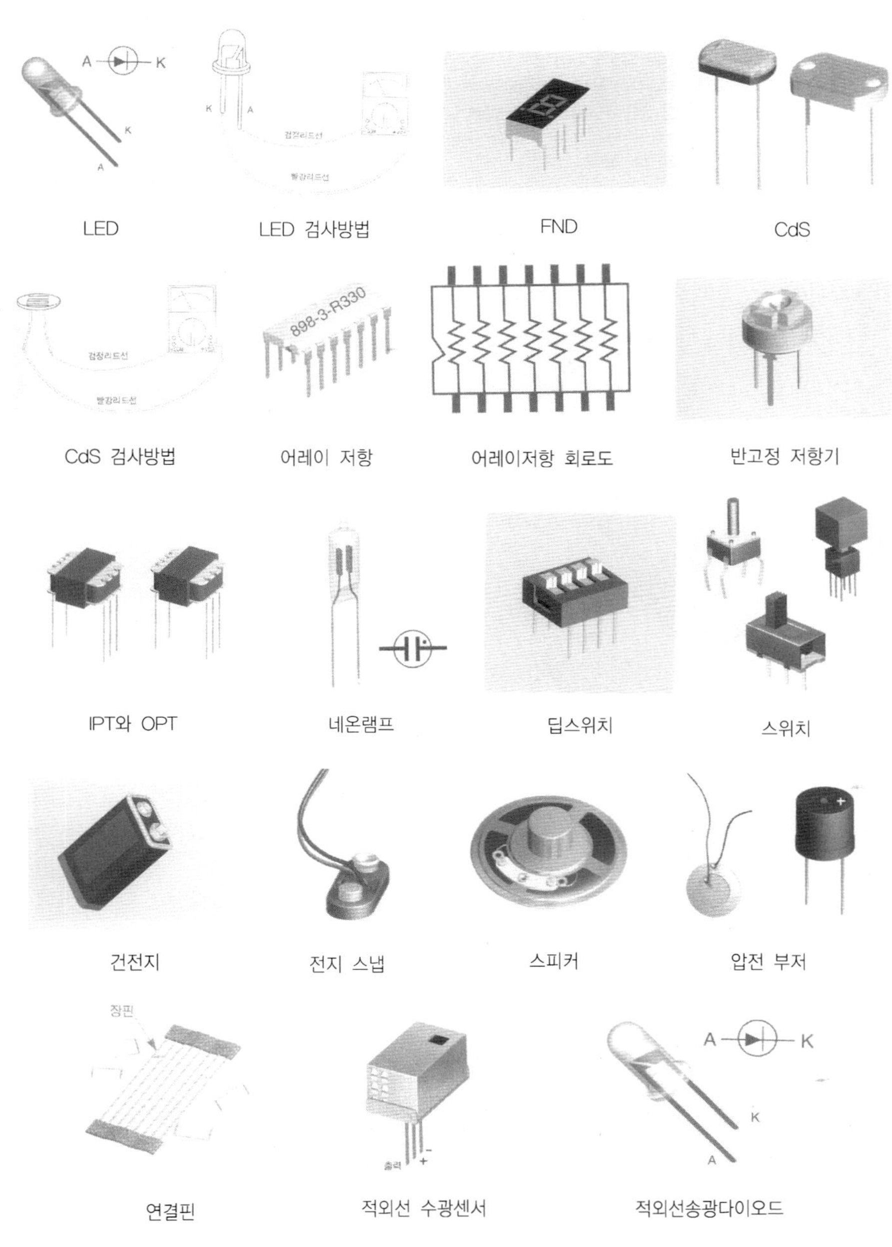

그림 18.8 각종 전자 부품

(18) 스피커

전기신호를 소리로 바꾸어 주는 역할을 한다.

(19) 압전부저

Piezoelectric Buzzer는 전압신호를 음향신호로 바꾸어 주는 것이다. 사용 시 극성에 주의해야 하는데, 원 내부는 양(＋)극, 빨간 선으로, 원둘레는 음 (－)극, 검정 선으로 연결해야 한다. 즉 저주파 신호전압을 가하면 압전체에 변형이 발생하고, 그에 의해서 진동판이 진동하여 음향을 발생하므로, 휴대폰이나 스피커 대신 많이 사용하고 있다.

4. 실습 방법

(1) 각각의 색띠 저항기에 대하여 컬러 코드를 보고 저항값을 판독한 후, 회로 시험기로 저항값을 측정하여 표 18.5에 기록한다.
(2) 각각의 콘덴서에 대해 정전 용량값을 판독하고 직류 저항값을 측정하여 표 18.7에 기록한다.

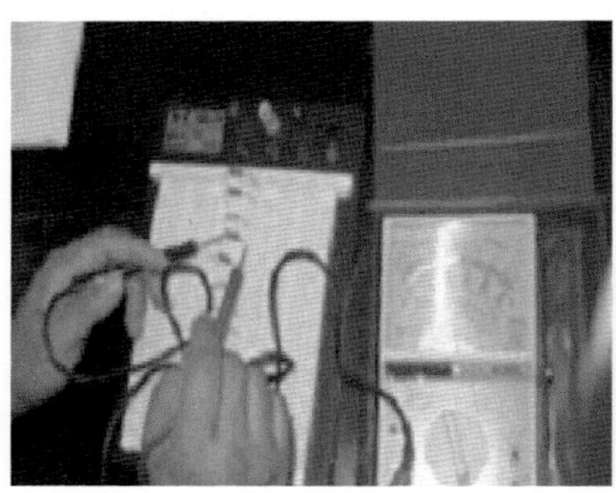

그림 18.9 저항 측정

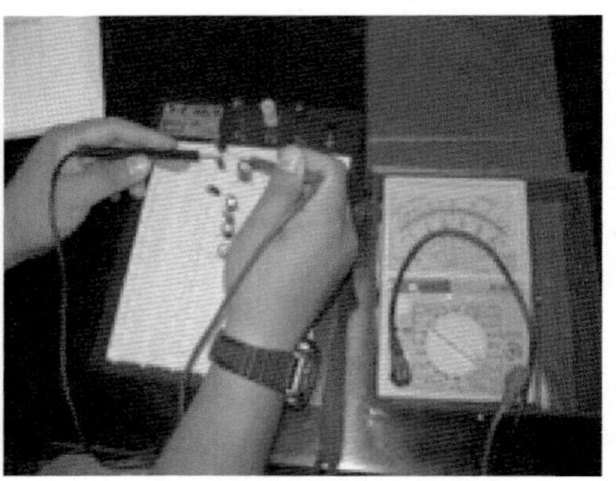

그림 18.10 콘덴서 측정

(3) 각각의 인덕터(코일)에 대하여 인덕턴스값을 읽고 표 18.7에 기록한다.

(4) 각각의 다이오드에 대하여 순방향 저항 및 저항값을 저항계의 R×1,000 범위와 최고 저항 범위에서 각각 측정하여 표 18.8에 기록한다. 또한 애노드와 캐소드 단자를 판별하여라.

(5) 각각의 트랜지스터에 대하여 베이스, 이미터, 컬렉터 단자를 테스터로 판별하고, E－B접합의 순방향 저항 및 역방향 저항을 R×1,000 및 최고 저항 범위에서 측정하고, 또한 C－B 접합의 순방향 및 역방향 저항을 R×1,000 및 최고 저항 범위에서 측정하여 각각 기록한다. 또한 이미터와 컬렉터 간의 저항을 최고 저항 범위에서 리드의 극성을 바꾸어 가면서 측정하여 표 18.9에 기록한다.

(6) 본문에서 설명한 각종 부품에 대하여 특징을 측정하여 표 18.10에 기록한다.

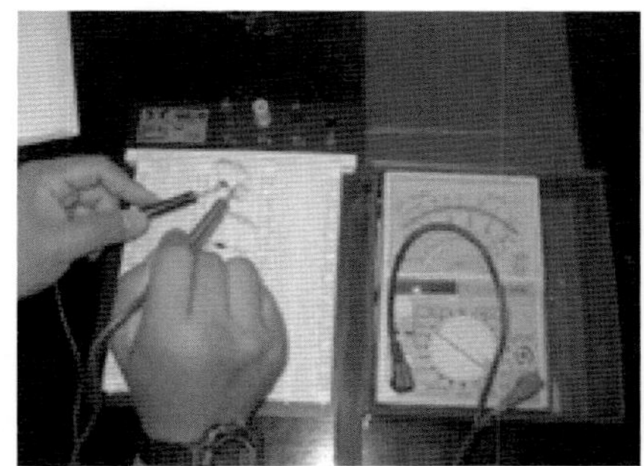

그림 18.11 다이오드 특성 측정

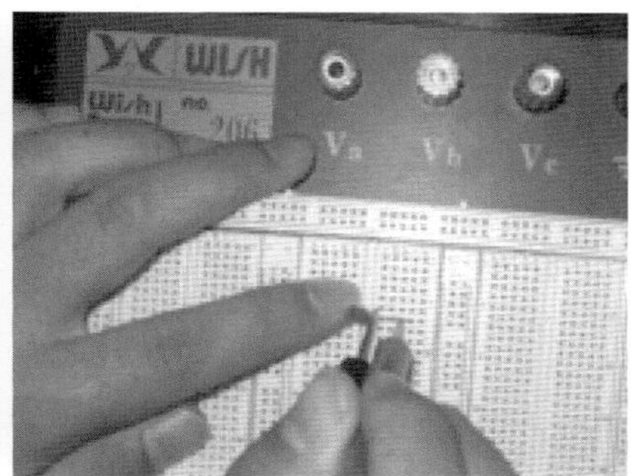

그림 18.12 TR 측정

표 18.5 저항기

표본	색 띠	판독 저항값 및 허용오차	측정값	비고
R1				
R2				
R3				
R4				
R5				

■ 표 18.6 콘덴서

표본	형명 표시	판독용량, 허용오차 및 정격전압	직류 저항값	비고
C1				
C2				
C3				
C4				
C5				

■ 표 18.7 인덕터

표본	형명 표시	인덕턴스값 L[mH]	오차	비고
L1				
L2				
L3				
L4				
L5				

■ 표 18.8 다이오드

| 표본 | 형명 표시 | R × 1k 범위 | | R × 10k 범위 | | 비고 |
		순방향 저항값	역방향 저항값	순방향 저항값	역방향 저항값	
D1						
D2						
D3						
D4						
D5						

■ 표 18.9 트랜지스터

| 표본 | 형명 표시 | 형명
(NPN, PNP) | R × 1k 범위 | | | | 비고 |
			E-B 순방향	E-B 역방향	C-B 순방향	C-B 역방향	
TR1							
TR2							
TR3							
TR4							
TR5							

5. 연구 과제

(1) 표 18.5의 판독 저항값 및 측정 저항값과의 오차를 계산하여라.

(2) 표 18.6의 콘덴서의 직류 저항값으로부터 콘덴서의 양부를 판정하여라.
또한, 그 이유를 설명하여라.

(3) 표 18.7의 인덕터 및 피킹 코일의 특성을 논하라.

(4) 표 18.8의 다이오드의 저항을 측정하고, 애노드와 캐소드 단자를 판별하여라.

(5) 표 18.9의 측정값으로부터 $E-B$ 역방향 저항값과 $C-B$ 역방향 저항값과의 대소를 비교하고, 또한 $E-C$ 간의 측정 극성에 따른 저항값 대소를 비교하여라. 이것으로부터 무엇을 알 수 있는가?

19

<h1 style="text-align: center">다이오드와 제너 다이오드의 특성</h1>

1. 실습 목적

(1) 다이오드의 순방향 및 역방향의 전압 – 전류 특성을 이해한다.

(2) 제너 다이오드의 순방향 및 역방향의 전압 – 전류 특성을 이해한다.

2. 사용기기 및 재료

(1) 가변 저항기($10\text{k}\Omega$) ···1개

(2) 실리콘 다이오드(1N4148) ···1개

(3) 제너 다이오드(1N 3020) ···1개

(4) 직류 전압계(5V, 50V) ···각 1대

(5) 직류 전류계(100mA, $100\mu\text{A}$) ···각 1대

(6) 직류 가변 전원($0\sim30$V) ···1대

(7) 회로 시험기 ···1대

(8) 브레드보드 ···1개

(9) 배선줄 ···2 m

3. 관련이론

(1) 다이오드

P형 반도체와 N형 반도체를 접합시켜 만든 것을 PN접합 다이오드라 하며, 그림 19.1에 다이오드의 기호와 극성을 표시하였다.

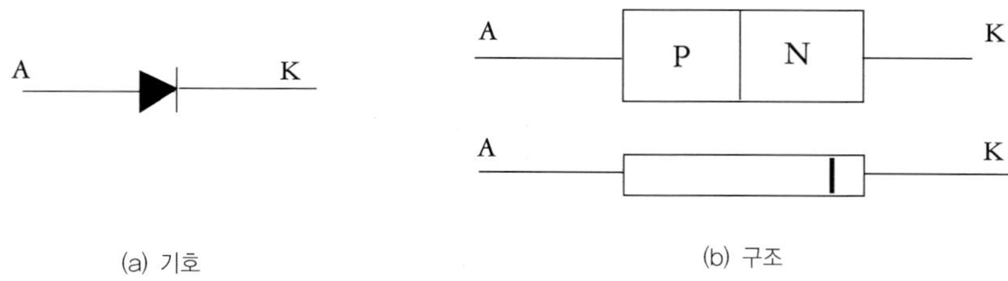

(a) 기호   (b) 구조

그림 19.1 다이오드의 기호와 구조

다이오드에 전원을 가하지 않을 때에는 접합 부분에서 확산 현상에 의하여 전자는 P형으로 그리고 정공은 N형으로 이동하여 재결합하게 되어 이 접합 부분은 반송자는 없고 이온만이 존재하여 접촉 전위차를 형성하게 된다. 이를 공핍층이라 하며, 이 공핍층(depletion layer)의 접촉 전위차는 실리콘(Si)에서는 약 0.7[V], 게르마늄(Ge)에서는 0.3[V]이다. 그래서 인가되는 전압이 이 전압보다 커야만 전류가 흐르게 된다. 그림과 같이 양극에 +전위, 음극에 −전위를 접속하게 되면 전자는 P형으로, 그리고 정공은 N형으로 이동하게 되어 전류가 흐른다. 이를 순방향 바이어스라 한다. 이때, 반대로 연결하였을 때를 역방향 바이어스라 하며, 이 경우에는 반송자는 양 단자로 이동하여 다이오드는 큰 저항을 가지게 되며, 미소 역포화 전류 Io만 흐르게 된다. 역방향 바이어스 전압이 어느 정도 이상으로 커지게 되면 전자 사태(electron avalanche) 현상이 일어나 매우 큰 전류가 흐르게 되고, 다이오드는 파괴된다. 이와 같은 성질을 그린 곡선을 정특성 곡선이라 하며 그림 19.2와 같다. 이와 같이, 다이오드는 정류 회로 및 검파 회로, 논리 회

로 등에 사용된다.

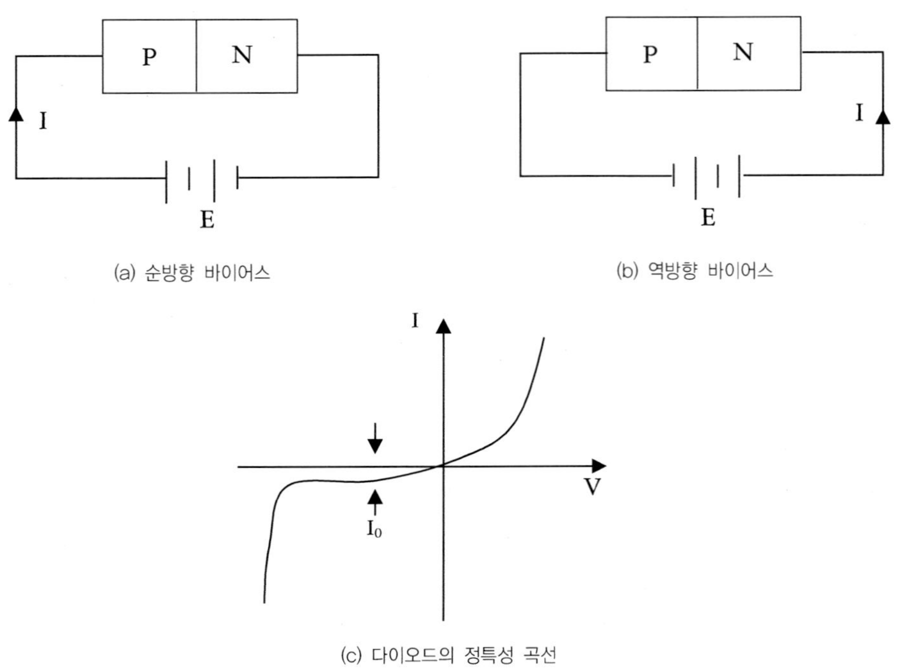

(a) 순방향 바이어스

(b) 역방향 바이어스

(c) 다이오드의 정특성 곡선

그림 19.2 PN접합 다이오드의 바이어스와 정특성 곡선

(2) 제너 다이오드(zener diode)

일반적인 다이오드 순방향 바이어스 상태에서만 동작하지만, 제너 다이오드는 역방향 바이어스에서 동작하도록 하여 보통 다이오드와는 다른 용도로 사용된다. 제너 다이오드의 기호와 전압-전류 특성 곡선은 그림 19.3과 같다. 특성 곡선에서 순방향 바이어스 상태에서는 가한 전압에 따라 흐르는 전류는 증가하나, 역방향 바이어스에서는 어느 정도의 전압까지는 미소한 전류만 흐르다가 역방향 전압이 커지게 되면 갑자기 큰 전류가 흐르게 된다. 이러한 현상을 전자 사태(electron avalanche) 현상이라 하고, 이때의 역방향 전압을 제너 전압(V_Z)이라 한다. 제너 전압 부근에서는 전류가 많이

흘러도 다이오드의 양단 전압은 거의 일정하게 유지되는 제너 전압을 나타
내며, 이 특성을 이용하여 정전압 회로에 사용된다.

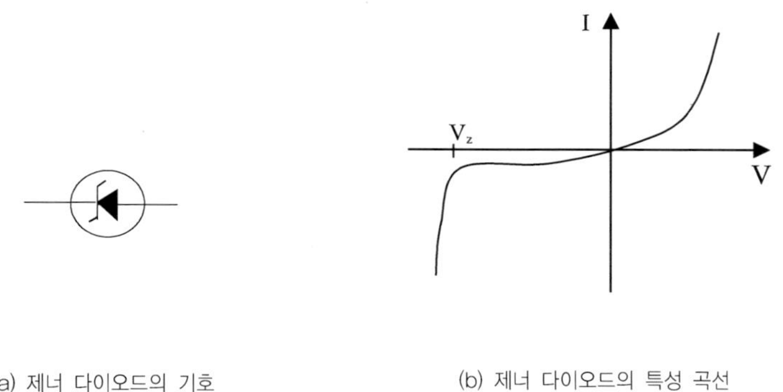

(a) 제너 다이오드의 기호　　　　　　　　(b) 제너 다이오드의 특성 곡선

그림 19.3 제너 다이오드의 기호와 특성 곡선

정전압 회로는 전원이나 부하의 내부 저항이 변하여도 항상 일정한 출력
전압을 유지시켜 주기 위한 회로로 그림 19.4의 회로는 R_L이 커지면 제너
다이오드에 흐르는 I_Z가 증가되어 I_L를 감소시키고, 또한 R_L이 적어지면 I_Z
가 감소하고 I_L이 증가되어 R_L의 양단 전압 V_O는 V_Z와 항상 같게 해 준다.
또한 내부 저항이 변하여 전류가 변하여도 제너 다이오드에 흐르는 I_Z가 증
감되어 V_O는 V_Z와 같게 유지된다. 제너 다이오드의 정격 표시에는 제너 전
압 $V_Z[V]$와 정격 소비 전력$[W]$이 있다.

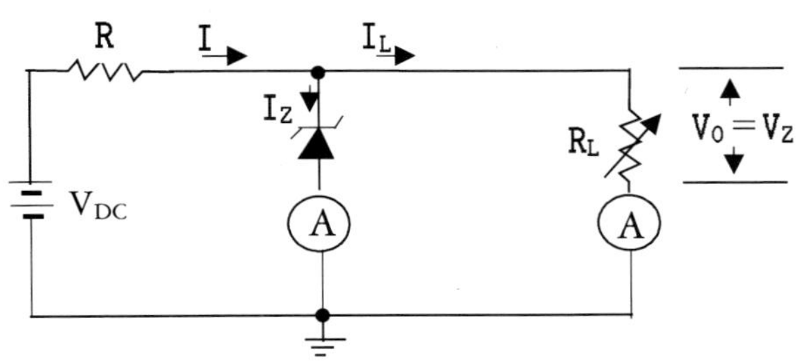

그림 19.4 정전압 회로에 이용한 제너 다이오드

4. 안전 및 유의 사항

　최대 순방향 및 역방향 전압을 초과 시 다이오드가 파괴되므로 정격값을
확인한다.

5. 실습 방법

(1) PN접합 다이오드의 특성

① 다이오드의 극성을 식별한다.
② 그림 19.5 (a)와 같이 다이오드를 순방향 바이어스로 접속한다.
③ 순방향 바이어스를 0[V]부터 서서히 증가시키면서 표 19.1과 같이
　　다이오드의 양단 전압 V_F에 대한 순방향 전류 I_F를 측정한다.
④ I_F가 흐르기 시작하는 임계 전압 V_T를 측정한다.
⑤ 그림 19.5 (b)와 같이 다이오드를 역방향 바이어스로 접속한다.
⑥ 전원 전압을 서서히 증가시켜 표 19.1에 주어진 V_R에 대한 I_R를 측정
　　한다.
⑦ 순방향 저항값 R_F과 역방향 저항값 R_R을 계산하여 표 19.1에 기입한다.
⑧ 표 19.1의 측정 결과에 의하여 다이오드의 정특성 곡선을 그림 19.8
　　에 그린다.

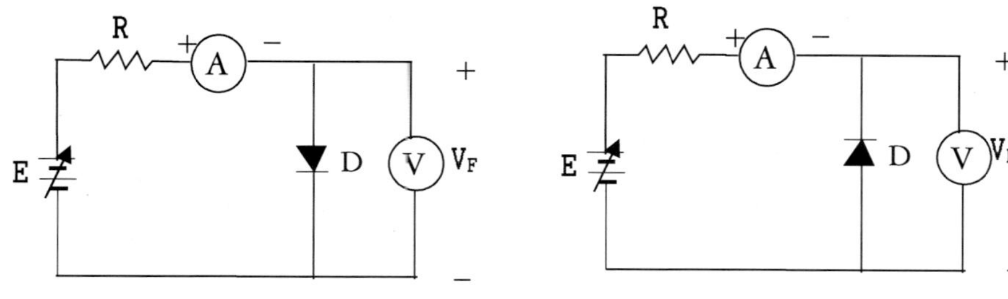

(a) 순방향 바이어스   (b) 역방향 바이어스

(a) E: 전원(0~30[V], R: 저항(100[Ω]), A: 전류계(100[㎃]), V: 전압계(5[V])],
D: 다이오드(Si 1N4148, Ge 1N60.)
(b) E: 전원(0~30[V], R: 저항(100[Ω]), A: 전류계(100[㎂]), V: 전압계(50[V]),
D: 다이오드(Si 1N4148, Ge 1N60).

그림 19.5 PN접합 다이오드의 바이어스

그림 19.6 순방향 바이어스회로연결

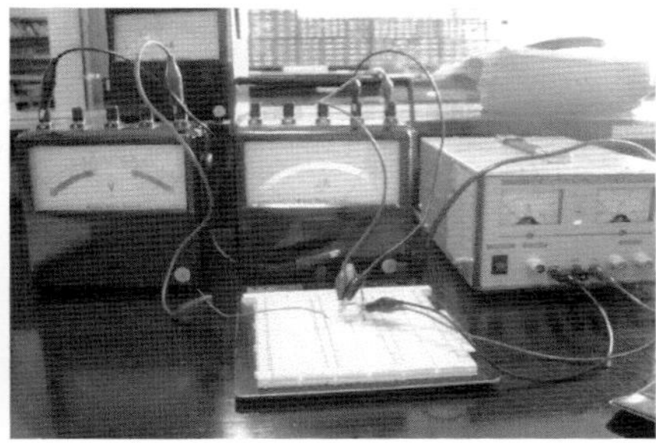

그림 19.7 역방향 바이어스회로연결

표 19.1 PN접합 다이오드의 V-I 특성 측정값

순방향 바이어스			역방향 바이어스		
V_F [V]	I_F [mA]	R_F [Ω]	V_R [V]	I_R [μA]	R_R [Ω]
0			0		
0.2			2		
0.4			4		
0.5			6		
0.6			8		
0.7			10		
0.8			12		

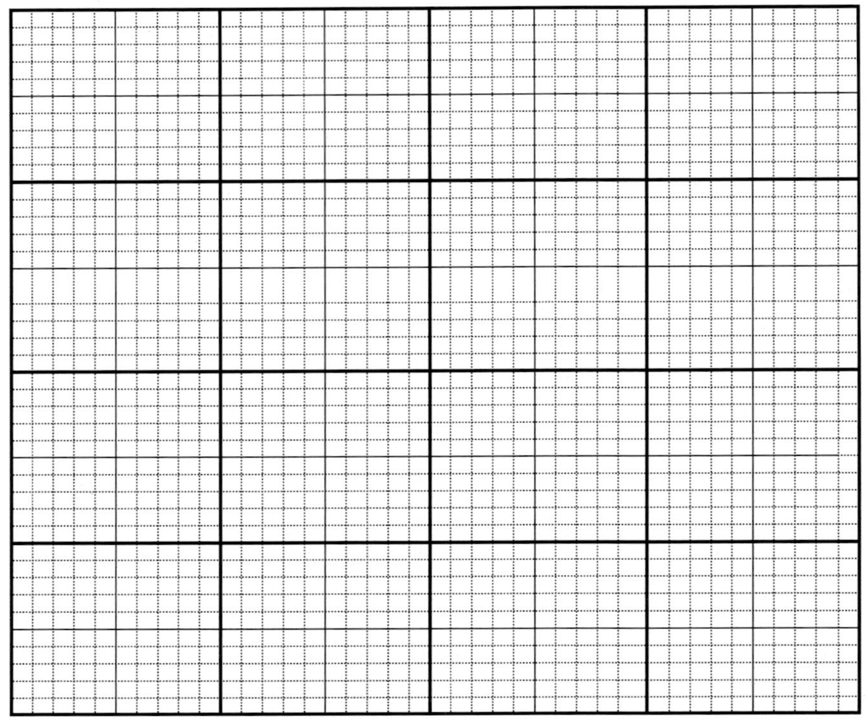

그림 19.8 PN접합 다이오드의 I-V 특성 곡선

(2) 제너 다이오드의 특성

① 그림 19.7의 회로를 결선한다.

② 제너 다이오드의 극성이 전원에 대하여 역방향이 되도록 접속한다.

③ 스위치 SW를 닫는다.

④ 가변 저항 VR을 조절하여 표 19.2에 주어진 I_z값에 맞춰, 이때의 전압을 측정하여 표 19.2에 기록한다.

⑤ 제너 다이오드의 동적 저항 R_z를 계산하여 표 19.2에 기록한다.

⑥ 표 19.2의 측정값에 의하여 특성 곡선을 그림 19.10에 그린다.

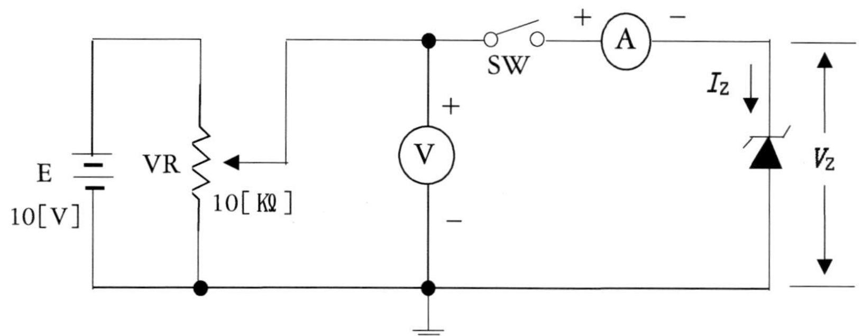

그림 19.9 제너 다이오드의 특성 측정

표 **19.2** 제너 다이오드의 V-I 측정값

IZ [mA]	VZ [V]	RZ [Ω]
2		
5		
10		
20		
30		
50		

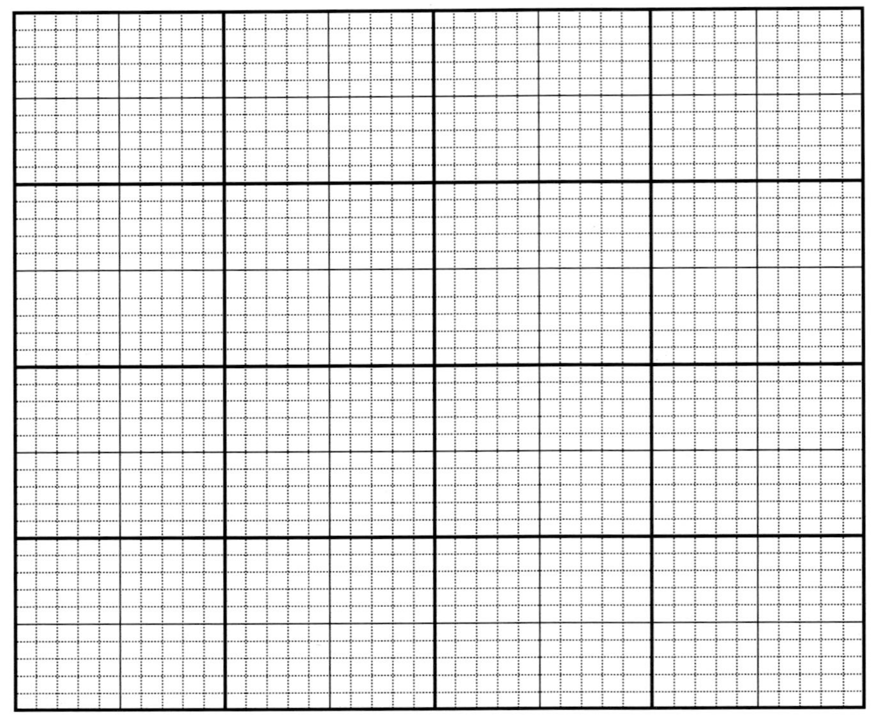

그림 19.10 제너다이오드의 특성 곡선

6. 연구과제

(1) 임계 전압이 실리콘에서는 0.7[V]이고 게르마늄에서는 0.3[V]이다.
왜 차이가 존재할까?

(2) 일반 다이오드와 제너 다이오드의 차이를 설명하시오.

(3) 전자 사태(항복) 현상에 대하여 구체적으로 설명하시오.

20
광전 소자의 특성

1. 실습 목적

(1) 여러 가지 광전 소자의 동작 원리를 이해한다.

(2) 여러 가지 광전 소자의 특성 측정 방법을 익힌다.

2. 사용기기 및 재료

(1) 전자 전압계 …1대

(2) 직류 전류계(3 mA, 100 mA) …각 1대

(3) 조도계 …1대

(4) 직류 가변 전원(0∼30V) …2대

(5) 발광 다이오드(TIL 221, TIL222, FLV 110) …각 1개

(6) 다이오드(1N914) …1개

(7) 저항(270Ω, 4.7 KΩ) …각 1개

(8) 브레드보드 …1개

(9) 배선줄 …2 m

3. 관계 지식

(1) 발광 다이오드(light-emitting diode, LED)

발광 다이오드는 반도체 광원으로서 전압이 낮고 수명이 길며, 고속 스위칭이 가능하기 때문에 백열전구 대신 많이 사용된다. 순바이어스된 정류 다이오드에서 자유 전자와 정공이 접합면에서 재결합될 때 에너지를 열이나 빛의 형태로 발산시키면서 낮은 에너지 상태로 된다. 이때, 실리콘과 같은 정류 다이오드의 경우에는 불투명하기 때문에 빛이 외부로 나오지 않는다. 그러나 발광 다이오드는 반투명이기 때문에 약간의 빛이 밖으로 나타난다. LED는 이런 원리로 갈륨(Ga), 비소(As), 인(P)과 같은 재료를 사용해서 적색, 황색, 녹색의 빛을 내도록 제조할 수 있다. 통상의 직류 점등인 경우에는 순 전류 $5 \sim 10\,[\mathrm{mA}]$ 정도로 실용 광도가 얻어지고, 그때의 순 전압 강하는 $2[\mathrm{V}]$ 정도로 되어 있다.

그림 20.1의 (a)의 예를 보자. 이 회로는 $5[\mathrm{V}]$의 전원으로 $100[\Omega]$의 저항을 통하여 LED를 구동시킨다. LED에 걸리도록 하면 전류는 다음과 같이 흐른다.

$$I = \frac{5[V] - 2[V]}{100[\Omega]} = 30[\mathrm{mA}]$$

LED의 허용 역전압은 낮은 편이다. 예를 들어 TIL 221은 최대 허용 역전압이 $3[\mathrm{V}]$이다. 이것은 $3[\mathrm{V}]$ 이상의 역전압이 가해지면 LED가 파손되거나 그 특성이 변화됨을 뜻한다. 이러한 이유에서 그림 20.1의 (b)와 같이 정류 다이오드를 병렬로 연결해서 LED를 보호한다. LED는 계산기나 디지털 시계 등에 표시기로 많이 쓰이고, 적외선 LED는 도난 방지 장치에 사용하기도 한다. 그림 20.2는 역바이어스된 광전 다이오드의 회로도이다.

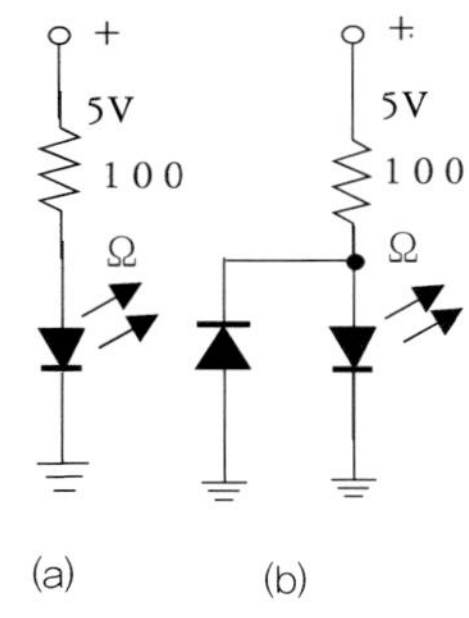

(a) 순바이어스 된 LED
(b) 역방향 바이어스로부터의 보호

그림 20.1 순방향 광전다이오드

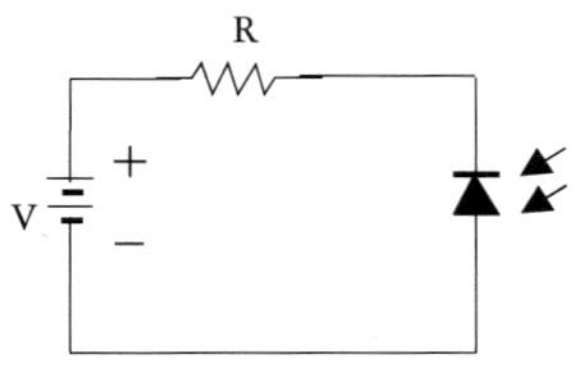

그림 20.2 역바이어스된 광전다이오드

(2) 광전 다이오드(photo diode)

광전 다이오드는 입사된 빛을 전기적인 양으로 바꾸어 주는 광 검파기의 한 종류이다. 역바이어스된 다이오드에는 소수 반송자로 인한 적은 전류가 흐른다. 이 소수 반송자의 양은 온도와 접합면에 비치는 빛에 따라 달라지는데, 다이오드를 투명한 용기, 즉 패키지에 넣으면 입사되는 빛에 따라 역방향 전류가 변화한다. 광전 다이오드는 유리로 된 창을 통하여 입사된 빛이 강해지면 소수 반송자가 많아져서 결국 역방향 전류가 강해지는 원리로, 빛에 대한 광 감도를 가지는 장치이다. 그림 20.2에 광전 다이오드의 기호를 나타내었다. 그림에서 알 수 있는 바와 같이, 광전 다이오드에는 역바이어스가 걸려 있다. 이런 경우의 역방향 전류는 대단히 적어서 μA 단위 전류계로 측정할 수 있다.

4. 안전 및 유의 사항

발광 다이오드에 허용된 역바이어스 이상의 전압이 인가되지 않도록 한다.

5. 실습 순서

(1) LED 특성 측정

① 적색 LED를 사용해서 그림 20.5와 같은 회로를 결선한다. 전류계는 LED에 흐르는 전류를 측정하고 전압계는 전압을 측정하기 위하여 연결되었다.

② LED에 5[mA]의 전류가 흐르도록 전원 전압 V_s를 조정한다. 이때의 LED에 걸리는 전압을 표 20.1에 기록한다.

③ 표 20.1의 각각의 전류값에 대하여 실습 순서 ②를 되풀이하고 그때의 LED 전압을 측정하여 표 20.1에 기록한다.

④ 적색 LED를 녹색과 황색 LED로 대치하고 실습 순서 ②와 ③을 되풀이한다.

⑤ 실습 순서에 의한 결과를 그림 20.6에 그래프로 나타낸다.

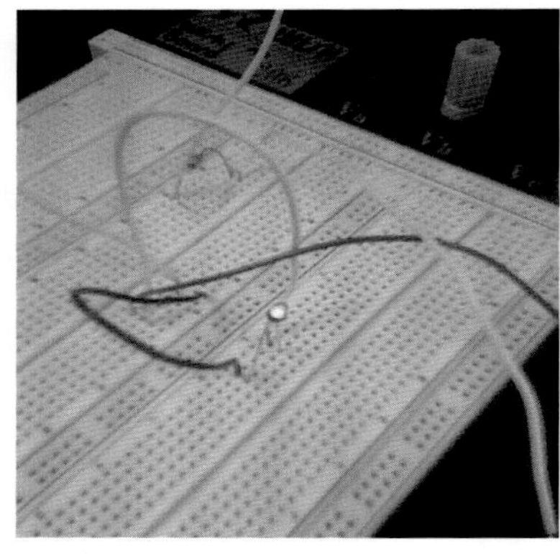

그림 20.3 회로 결선

그림 20.4 전원 인가

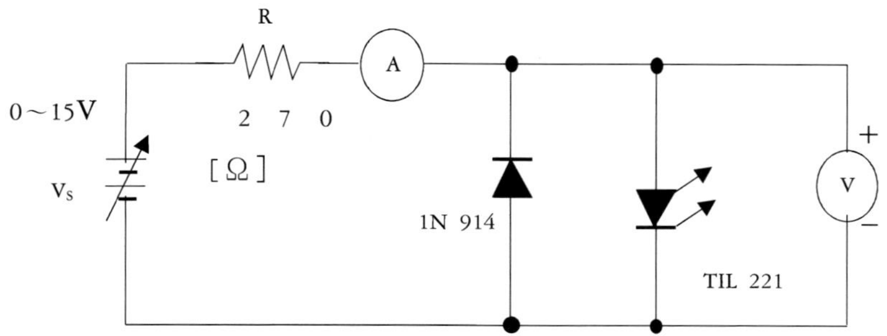

그림 20.5 발광 다이오드의 특성 측정 회로

표 20.1 LED의 I-V 측정값

I [mA]	V [V]		
	적색	녹색	황색
5			
10			
15			
20			
25			
30			

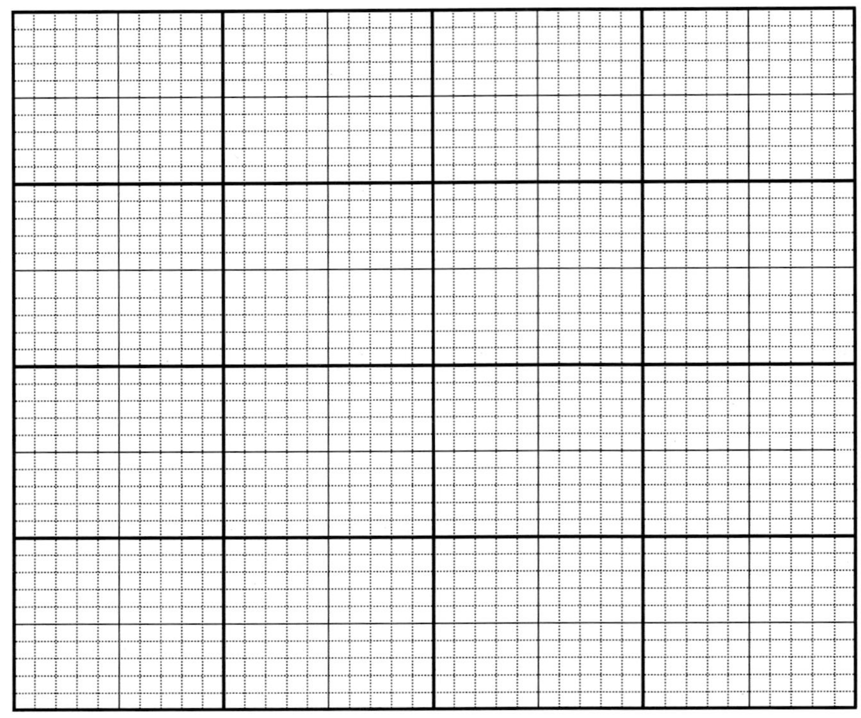

그림 20.6 발광 다이오드의 특성 곡선

6. 연구 과제

(1) LED의 발광 원리를 설명하시오.

(2) 전압에 따른 발광 다이오드 밝기 및 색상과의 관계를 설명하시오.

21

트랜지스터의 정특성

1. 실습 목적

(1) 트랜지스터의 구조와 그 원리를 이해한다.

(2) 이미터 공통 접속 회로의 정특성을 측정함으로써 그 증폭 작용을 이
해한다.

(3) 트랜지스터의 직류 부하선(load line)을 구하는 방법을 이해한다.

2. 사용기기 및 재료

(1) 직류 전압계(3V, 15V) …각 1대

(2) 직류 전류계(15/30㎃, 250/500㎂) …각 2대

(3) 직류 가변 전원(0～30 V) …1대

(4) 트랜지스터(NPN형, 저주파용, 2N2222) …1개

(5) 가변 저항기(10㏀, 1MΩ) …각 1개

(6) 저항기(100Ω, 1MΩ) …각 1개

(7) 회로시험기 …1대

(8) 브레드보드 …1개

(9) 배선줄 …2 m

3. 관계 지식

(1) 트랜지스터의 구조

트랜지스터는 P형 반도체와 N형 반도체를 그림 21.1과 같이 3개 층으로 접합한 것으로 PNP형과 NPN형으로 나눈다. 이들 3개의 층을 이미터 (emitter, E), 베이스(base, B), 컬렉터(collector, C)라 하며, 이 중 베이스는 극히 얇은 층으로 되어 있다.

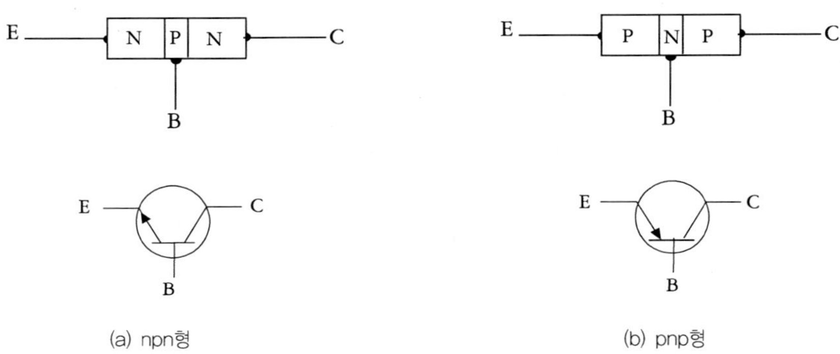

그림 21.1 트랜지스터의 구조와 기호

트랜지스터는 증폭 작용을 하는데 그림 21.1은 PNP형과 NPN형 트랜지스터의 구조와 기호를 나타낸 것이다.

(2) 트랜지스터의 작용

그림 21.2와 같이, PNP형 트랜지스터의 베이스 – 컬렉터 사이에 역방향의 전압 [– 바이어스] EC를 가하면 베이스 영역에 있는 전자와 컬렉터 영역에 있는 정공은 접합면으로부터 서로 멀리 떨어져 극히 작은 컬렉터 전류가 흐른다. 이때 이 전류를 컬렉터 차단 전류(I_{CO})라 한다. 그런데 여기에 그림 21.2와 같이 이미터 – 베이스 사이에 순방향의 전압 [+ 바이어스] E_E 를 가하면, 이미터 전류에 의해서 컬렉터 전류 I_C가 증가한다. 이것은 P형

인 이미터의 정공들이 이미터의 +전압에 의해서 E－B 접합면을 넘어 베이스층으로 밀려가고, 베이스층으로 넘어온 정공들은 일부 베이스 전류 I_B를 형성하지만, 대부분의 정공들은 얇은 베이스층을 통과, 컬렉터층으로 확산하여 컬렉터에 큰 전류를 흘린다. 그러므로 PNP형 트랜지스터의 이미터 전류는 베이스층으로 이동하는 정공으로 구성되며 컬렉터 전류도 베이스층에서 확산하여 온 정공들로 구성된다.

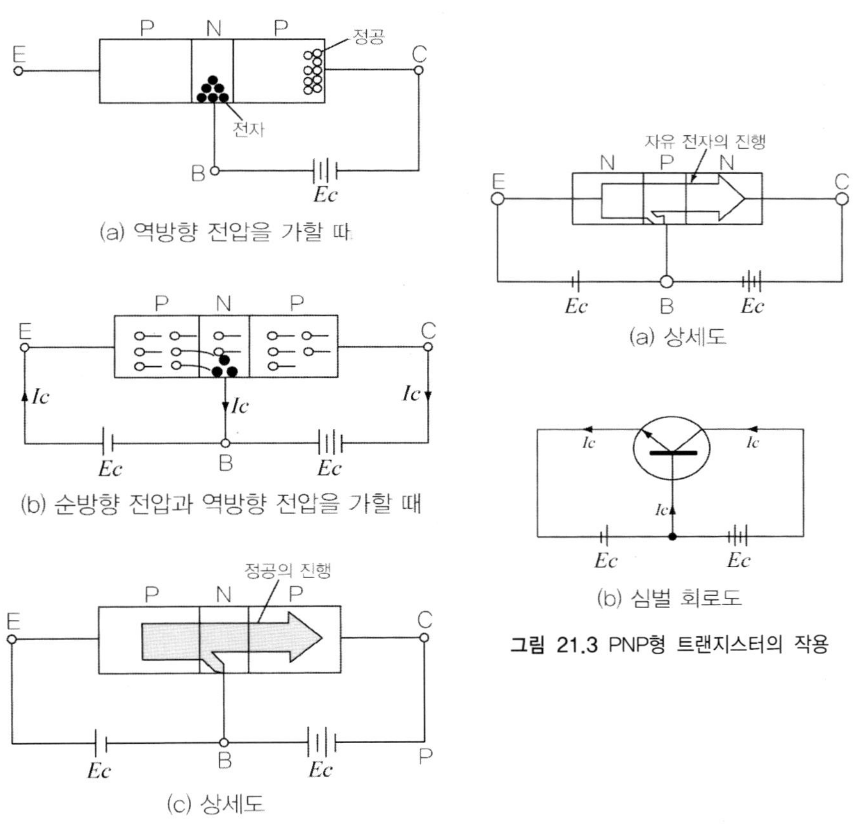

그림 21.2 PNP형 트랜지스터의 작용

그림 21.3 PNP형 트랜지스터의 작용

　　NPN형 트랜지스터에서도 그 동작 원리가 PNP형의 경우와 같다. 다만 그림 21.3과 같이 각 바이어스의 극성이 반대이며, 또 전류를 구성하는 반송자가 전자로 이루어진다는 것이 다를 뿐이다.

이제 트랜지스터에서 각 전류 IE, IB, IC의 변화량을 각각 ΔIE, ΔIB, ΔIC 라 하면 다음 관계가 성립한다.

$$\Delta I_E = \Delta I_B + \Delta I_C \quad\cdots\cdots\cdots\cdots\cdots\cdots\cdots\cdots\cdots\cdots\cdots\cdots\cdots\cdots\cdots \quad (1)$$

또 이미터 전류의 미소 변화량에 대한 컬렉터 전류 변화량의 비를 전류 증폭률 α라 하며 다음과 같이 정의한다. $\alpha = \dfrac{\Delta I_C}{\Delta I_E}(V_C = \text{일정})$ 여기서 α는 대략 0.95~0.98 정도가 되므로 이미터 전류의 2~5 [%]는 I_B가 되고 나머지 95~98 [%]는 I_C가 된다. 따라서 이미터 쪽의 회로(입력회로)에 어떤 신호가 흐르면 컬렉터의 전류도 이에 대응하여 변화하므로, 증폭 작용을 일으킬 수 있다. 전류 증폭률 α는 1보다 작은데 전압 또는 전력 증폭을 할 수 있는 이유를 설명하면 다음과 같다.

그림 21.4와 같이 보통 트랜지스터 증폭 회로에서는 입력 회로에 + 바이어스(순방향 전압), 출력회로에 − 바이어스(역방향 전압)를 가하기 때문에 트랜지스터의 교류 입력 저항 Ri는 매우 작은 값(약 200[Ω])을 가지며, 출력 저항 Ro는 매우 큰 값(약 1[MΩ])을 가진다. 이와 같이, 트랜지스터는 입력 저항과 출력 저항의 값에 있어 서로 상당한 차이가 있다.

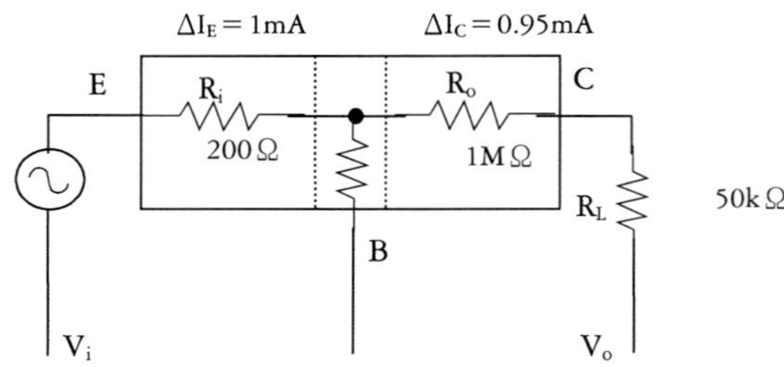

그림 21.4 트랜지스터의 증폭작용

지금 이미터 전류 ΔI_E를 1[mA] 변화시키기 위해서는 교류 입력 전압 V_i = 1[mA] × 200[Ω] = 0.2[V]의 값으로 가하면 된다. 이때, 컬렉터 − 베이스 사이의 출력 저항은 1MΩ 정도가 되므로 컬렉터 회로에 부하 저항 $R_L = 50$[KΩ]을 추가로 연결하여도 컬렉터 전류 ΔI_C는 그리 변화가 없다. 이때 $\alpha = 0.95$라 하면 출력 회로에 나타나는 전압 V_O는

$$V_O = \Delta I_C \cdot R_L = \alpha \Delta I_E \cdot R_L = 0.95 \times 1[mA] \times 50[KΩ] = 47.5[V]$$

로서 입력 전압과 출력 전압의 비, 즉 전압 증폭도 A_V는 다음과 같다.

$$A_V = \frac{V_O}{V_i} = \frac{47.5}{0.2} = 237.5$$

(3) 베이스 공통 접속 회로

트랜지스터 회로의 접속 방법에는 베이스를 입력과 출력 회로의 공통 단자로 하는 베이스 접지, 이미터를 공통 단자로 한 이미터 접지, 컬렉터를 공통 단자로 한 컬렉터 접지의 세 가지가 있다. 이 중, 이미터 공통 접속 방식이 많이 쓰인다. 그림 21.5는 베이스 공통 접속 및 이미터 접속 회로를 나타낸 것이다. 트랜지스터의 각 단자 사이의 전압과 각 전류의 기준 방향은 트랜지스터의 형태와 공급하는 바이어스의 극성에 관계없이 그림 21.5와 같이 정하고 있다. 실제 회로에 나타나는 전류나 전압의 방향이 위의 기준 방향과 같을 때에는 양(+), 반대일 때는 음(-)의 부호를 붙인다.

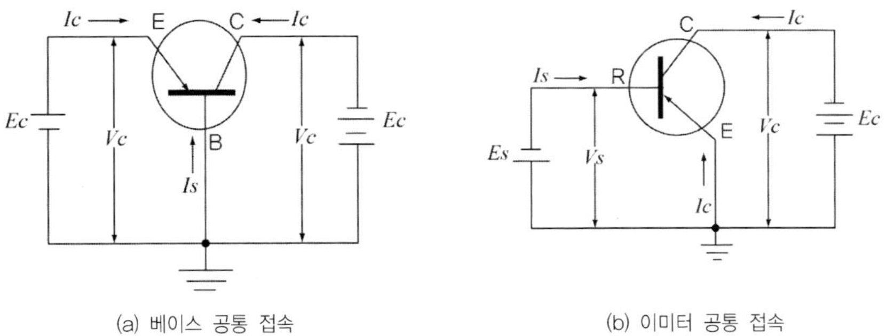

그림 21.5 트랜지스터의 접속법

그림 21.6은 NPN형의 베이스 공통 접속 회로의 입·출력 정특성 곡선으로서, 입력 특성은 컬렉터 전압 VC를 파라미터로 한 이미터 전압 VE의 변화에 대한 이미터 전류 IE의 변화를 나타낸 특성이며, 출력 특성은 이미터 전류 IE를 파라미터로 한 컬렉터 전압 VC와 컬렉터 전류 IC와의 관계 특성을 의미한다.

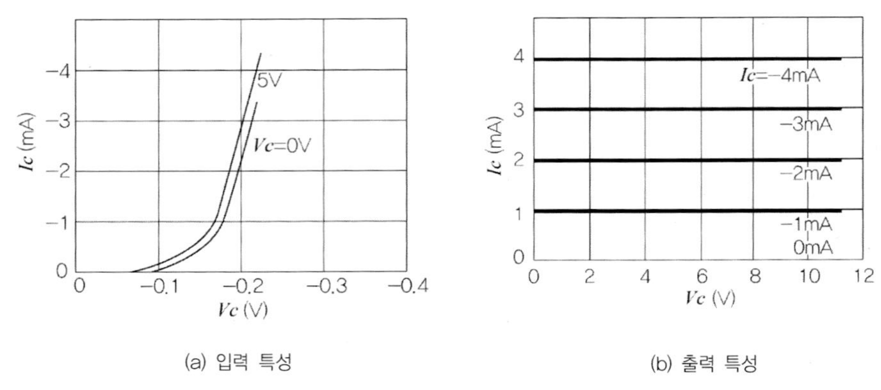

(a) 입력 특성　　　　　　(b) 출력 특성

그림 21.6 베이스 공통 접속의 정특성 곡선

(4) 이미터 공통 접속 회로

이미터 공통 접속 특성에도 입력 특성과 출력 특성이 있다. 입력 특성은 컬렉터 전압 VC를 파라미터로 한 베이스 전압 VB와 베이스 전류 I_B와의 관계 특성을 말하며, 출력 특성은 I_B를 파라미터로 한 $V_C - I_C$의 특성을 말한다. 그림 21.7은 NPN형 트랜지스터의 이미터 공통 접속 회로의 입력 특성과 출력 특성을 나타낸 것이다. 그림 21.7에서와 같이 VC의 증가에 대해서 I_C가 다소 증가하고 있어 베이스 공통의 경우와 약간 다르다. 이미터 공통 접속 회로에서의 전류 증폭률 β는 다음 식으로 정의한다.

$$\beta = \frac{\Delta I_C}{\Delta I_B}(V_C = 일정)$$

여기서 ΔI_B는 베이스 전류의 미소 변화량이고, ΔI_C는 이에 대응하는 컬렉터 전류의 변화량을 의미한다. β는 대략 1보다 훨씬 큰 값을 가지며, 전류 증폭률 α와는 다음과 같은 관계가 있다.

$$\beta = \frac{\Delta I_C}{\Delta I_B} \fallingdotseq \frac{\alpha}{1-\alpha}$$

따라서 위의 식에서 만일 α가 0.98이라 하면 β는 49가 된다. 이와 같이, 이미터 공통 접속 회로는 전류 증폭률 β가 1보다 훨씬 크기 때문에 다른 접속 회로의 경우보다 큰 전류 이득, 전압 이득, 전력 이득을 얻을 수 있다.

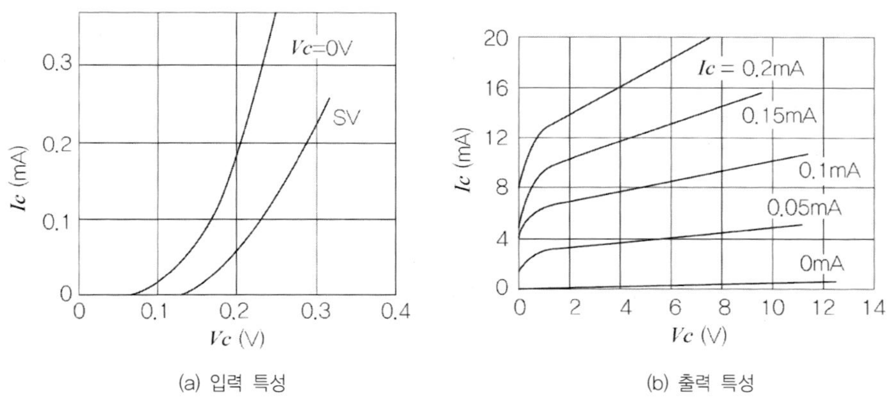

(a) 입력 특성   (b) 출력 특성

그림 21.7 이미터 공통 접속의 정특성 곡선

(5) 트랜지스터의 최대 정격

트랜지스터는 동작 특성을 나타내는 각 파라미터 이외에 트랜지스터를 손상시키지 않고 안전하게 사용하기 위한 최대 정격이 명시되어 있다.

① 최대 접합부 온도($T_{j\ max}$)

트랜지스터가 만족하게 동작할 수 있는 접합부 온도의 최댓값을 말한다. 접합부 온도는 주위 온도, 트랜지스터 내부에서 발생하는 줄열, 트랜지스터의 방열 조건 등에 관련이 있다. 이 줄열은 보통 게르마늄 트랜지스터에서는 75~100[℃]이고, 실리콘 트랜지스터에서는 125~200[℃]이다.

② 최대 컬렉터 전류($I_{C\ max}$)

활성 영역의 동작에 있어서 컬렉터 전류의 최대 허용값으로서, 최대 이미터 전류 $I_{E\ max}$과 같이 주어지는 경우가 많다. $I_{C\ max}$는 다음 사항을 고려하여 정해진다.

- 트랜지스터 내부 전력 손실에 의한 접합부 온도가 상승한다.
- I_C가 너무 증대하면 전력 증폭률이 감소하며, 이 때문에 증폭 작용 시 일그러짐이 생긴다.

③ 최대 이미터 전압(V_{EBO})

트랜지스터를 파괴하지 않는 범위 안에서 $E-B$ 접합부에 역방향으로 걸어 줄 수 있는 전압의 최댓값을 뜻한다.

④ 최대 컬렉터 전압(V_{CBO})

베이스 공통 접속을 하고 이미터 개방 상태에서 $C-B$ 접합부에 역방향으로 걸어 줄 수 있는 값을 뜻한다.

⑤ 최대 컬렉터 손실($P_{C\ max}$)

컬렉터 전력 손실 I_C, V_C는 줄열로 되어 트랜지스터의 온도를 높인다. 이 전력 손실의 허용 최댓값을 $P_{C\ max}$으로 나타낸다. $P_{C\ max}$은 $T_{j\ max}$과 트랜지스터 방열조건에 따라 정해지는데 보통 소출력용 트랜지스터의 $P_{C\ max}$은 표준온도 $T_s = 25\,℃$에서 방열판이 없는 상태의 값을 명시하고 있다. 그러므로 만일 주위온도 $T_s{}'$가 표준온도 $25\,℃$보다 높을 때, 트랜지스터를 실제 사용할 수 있는 최대 허용 손실은 규격표에 명시된 값보다 낮은 값이 된다. 즉 규격표에서 어느 트랜지스터의 정격이 $T_{j\ max} = 75\,℃$, $P_{C\ max} = 150\,mW($ 표준온도일 때)로 나타내어졌다면, 주위온도 $T_s{}' = 30\,℃$에서의 컬렉터 허용 손실 $P_{C\ max}{}'$는 다음과 같이 된다.

$$P_C\text{max}' = \frac{P_{Cmax}}{T_j\text{max} - T_S'}(T_{jmax} - T_S') = \frac{150(75-30)}{75-25} = 135\,\text{mW}$$

따라서 만일 컬렉터 전류 I_C가 10mA 흐른다고 하면, 컬렉터 전압 V_C가 13.5V 이상을 초과해서는 안 된다. 대출력용 트랜지스터의 컬렉터 최대 손실값 $P_{C\;max}$은 대개 방열판의 조건에 따라 정해진다.

4. 안전 및 유의 사항

(1) 이미터에 최대 정격 전압 이상을 가하지 않도록 한다.
(2) 컬렉터의 전력 소비가 규정된 컬렉터 최대 손실을 초과하지 않도록 한다.

5. 실습 방법

(1) 공통 이미터 회로를 그림 21.8과 같이 회로를 연결한다.
(2) 표 21.1에서 보는 것처럼 V_{CE}와 V_{BE}를 설정하기 위하여 1[MΩ]과 10[kΩ] 전위차계를 조정한다. 표 21.1에서 V_{CE}와 V_{BE}의 각 조합에 대하여 1[kΩ] 저항 양단의 전압 V_{RB}를 측정하여 기록한다. 이때 일정한 V_{CE}를 유지하기 위하여 두 대의 전압계(VOM)가 필요하다.
(3) 표 21.1에서 I_B값을 계산하라. 그리고 표 21.1의 값을 이용하여 공통 이미터 바이어스 회로의 입력 특성 곡선을 그림 21.9에 그린다.

(a) 회로도　　　(b) 실제 접속도

그림 21.8 공통 이미터 접속 회로

□ **표 21.1 공통 이미터 접속 회로의 입력 특성**

	$V_{CE}=3[V]$			$V_{CE}=5[V]$	
V_{BE}	V_{RB}	$I_B=V_{RB}/R_B$	V_{BE}	V_{RB}	$I_B=V_{RB}/R_B$
0.63[V]			0.63[V]		
0.64[V]			0.64[V]		
0.65[V]			0.65[V]		
0.66[V]			0.66[V]		

(4) 공통 이미터 접속 회로의 출력 특성을 결정하기 위하여, 그림 21.8의 회로에서 10[kΩ] 전위차계를 최댓값으로 설정하라. 이것은 V_{CE}가 근사적으로 0[V]로 감소하도록 할 것이다. 그리고 나서 I_B가 10[μA]가 되도록 1[MΩ]의 전위차계를 조정한다. V_{RB}는 10[mV], I_B는 10[μA]임을 주의한다.

그다음 I_B가 반드시 일정하도록 하면서 표 21.2의 모든 V_{CE}값에 대하여 10[kΩ]의 전위차계를 맞춘다.

(5) 표 21.2에서 V_{CE}와 I_B의 각 조합에 대하여 100[Ω] 저항 양단의 전압 V_{RC}를 측정하여 표 21.2에 기록한다.

(6) 표 21.2에서 I_C값을 계산하라. 그리고 표 21.2의 값을 이용하여 공통

이미터 바이어스 회로의 출력 특성 곡선을 그림 21.10에 그려라.

표 21.2 공통 이미터 접속 회로의 출력 특성

V_{CE}	$I_B = 10[\mu A]$		$I_B = 30[\mu A]$		$I_B = 50[\mu A]$	
	V_{RC}	$I_C = V_{RC}/R_C$	V_{RC}	$I_C = V_{RC}/R_C$	V_{RC}	$I_C = V_{RC}/R_C$
0.2[V]						
0.4[V]						
0.8[V]						
1[V]						
3[V]						
5[V]						

6. 연구 과제

(1) 트랜지스터의 구조와 작용을 설명하여라.

(2) 트랜지스터의 전류 증폭 작용을 설명하여라.

(3) 트랜지스터의 바이어스 방법을 설명하여라.

(4) 베이스 접지 회로와 이미터 접지 회로를 비교 설명하여라.

(5) 트랜지스터의 직류 부하선(load line)을 설명하시오.

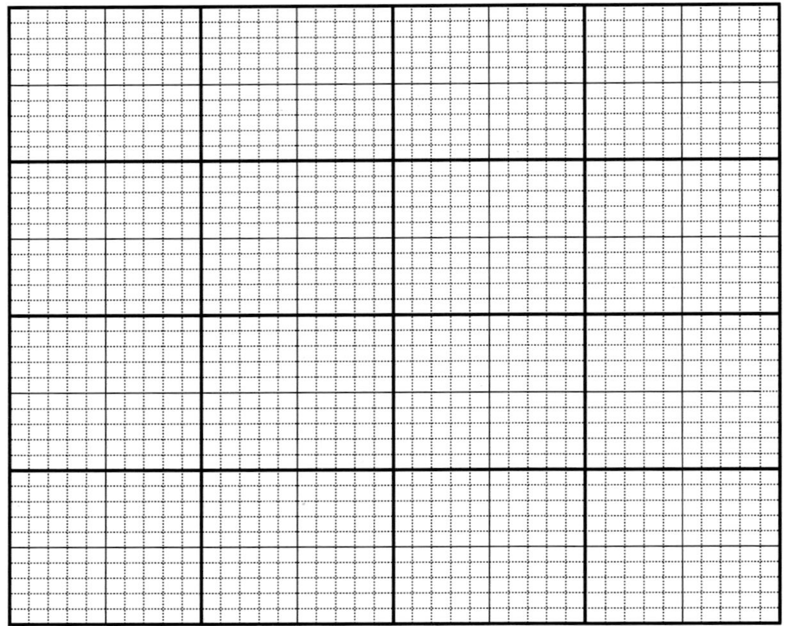

그림 21.9 공통 이미터 접지 회로의 입력특성 곡선

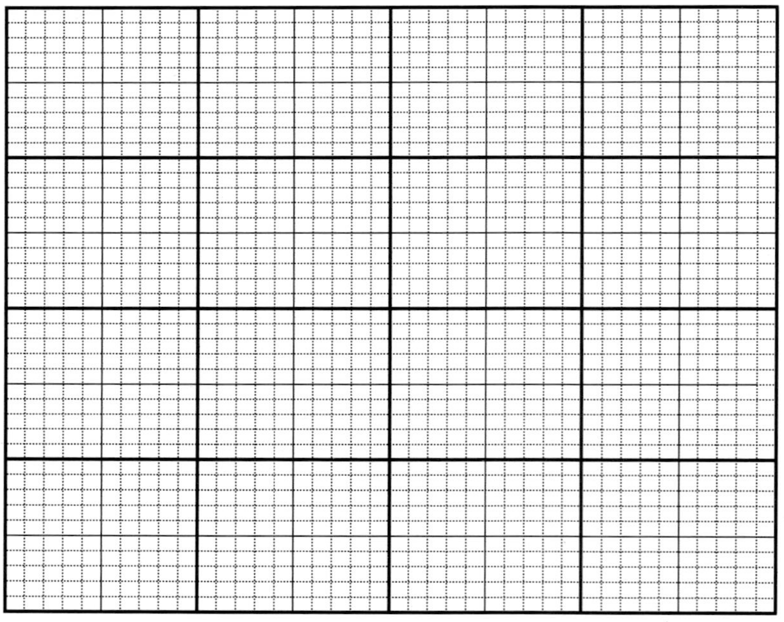

그림 21.10 공통 이미터 접지 회로의 출력특성 곡선

22

반파 · 전파 · 브리지 정류 회로의 특성

1. 실습 목적

(1) 반파 정류, 전파 정류, 브리지 정류 회로의 특성을 이해한다.

(2) 각 정류 회로의 접속 방법을 익히며, 오실로스코프의 사용법을 익힌다.

(3) 정류회로에서 평활 콘덴서의 특성을 이해한다.

2. 사용기기 및 재료

(1) 오실로스코프 …1대

(2) 직류 전압계(220[V]) …1대

(3) 저항기(1 ㏀, 1/2W, 10W) …1개

(4) 실리콘 정류 다이오드(1N4001) …2개

(5) 소형(중간 탭) 변압기(220/12[V]) …1개

(6) 콘덴서(100[μF], 470[μF]/ 45[V]) …2개

(7) 브레드 보드 …1개

(8) 배선줄 …2 m

3. 관련 지식

다이오드 회로는 소신호 다이오드 회로와 대신호 다이오드 회로가 있다.

여기서, 소신호란 peak to peak 값이 단지 DC 성분의 일부분인 것을 말하며, 소신호 다이오드 회로에서 전류와 전압의 변화는 다이오드의 특성 곡선에서 아주 작은 위치의 변화를 발생시킨다. 그리고 대신호 다이오드 회로는 전류와 전압 변화가 순방향 바이어스 영역에서 역방향 바이어스 영역에 이르기까지 다이오드 특성의 넓은 영역에서 발생한다. 따라서 대신호 회로에서 다이오드의 동작은 선형 영역으로 제한되지 않는다. 이것은 다이오드 저항이 아주 낮은 값에서부터 아주 높은 값까지 변한다는 것을 의미한다. 결과적으로, 다이오드는 스위치와 같은 동작을 한다. 대신호 회로에서 다이오드의 가장 중요한 응용 중의 하나는 교류가 직류로 바뀌는 정류 기능을 수행하는 것이다. 따라서 부하 전류는 단지 한 방향으로만 흐를 것이다. 그러나 다이오드는 이것을 포함하여 회로에 공급되는 전압을 약 0.7[V] 강하시킨다는 것을 주의하여야 한다. 그러므로 공급 전압은 전류가 부하를 통하여 흐르게 하기 위해 0.7[V]보다 커야 한다.

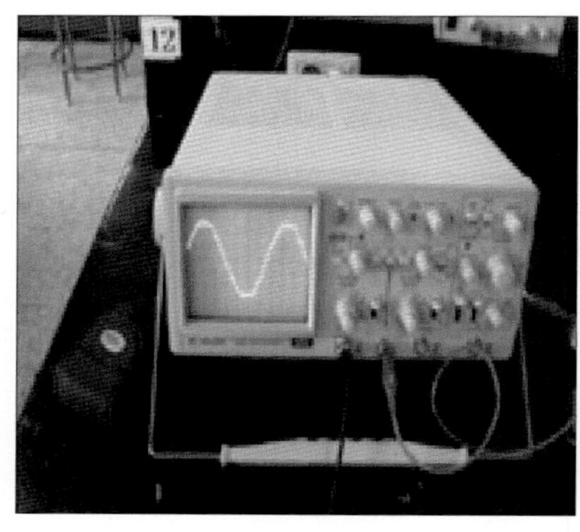

(a) 사인파 교류의 입력 파형

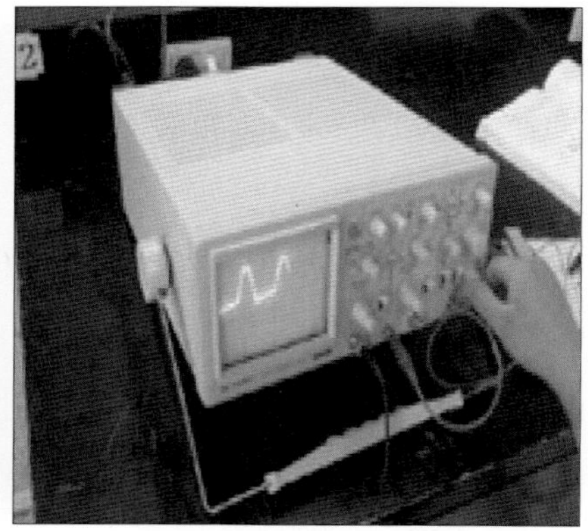

(b) 반파 정류된 출력 파형

그림 22.1 사인파를 반파 정류한 파형의 측정

한편, 그림 22.2은 실리콘 다이오드를 브리지 모양으로 접속한 전파 정류 회로와 출력되는 전압 및 전류의 파형이다. 그림에서와 같이 단자 a와 c 사이에 교류전압의 +반파가 걸리면 다이오드 D_1과 D_3이 통전되어 전류 i_1은

a로부터 b방향으로 흘러 부하 저항 R_L을 지나 단자 d와 c를 거쳐 전원 변압기 코일의 아래쪽으로 흐른다. 여기서, 단자 d에서 도달한 전류는 낮은 전위 c로 흐르게 되고, 단자 a로는 흐르지 못한다. 또한 이때 통전 상태에 있는 다이오드 D_1, D_3을 단락 상태로, 차단 상태에 있는 다이오드 D_2 및 D_4를 개방 상태로 볼 때, 정류 회로의 등가 회로를 그려보면 그림 27.2와 같다.

또 그림 22.2에서 교류 입력 전압의 극성이 반대로 되면, 이때 다이오드 D_2 및 D_4는 통전 상태, D_1 및 D_3은 차단 상태로 되어, 전류 i_2는 단자 c에서 b 방향으로 흘러 부하 저항 R_L을 지나 단자 d와 a를 거쳐 전원 변압기의 코일의 위쪽으로 돌아간다.

그러므로 부하 저항 RL에는 전류 i1과 i2가 번갈아 흘러 eo와 같은 출력 전압이 나타난다. 브리지 전파 정류 회로는 물론, 반파 정류 회로의 경우보다 정류 효율이 좋으며 맥동률도 작아 다른 전파 정류에 비하여 다음과 같은 이점을 가진다.

(1) 그림 22.3에서 알 수 있는 바와 같이, 다이오드에 걸리는 역방향의 최댓값은 교류 입력 전압의 최댓값에 접근한다. 다이오드 2개를 사용한 전파 정류 회로의 경우에는 교류 최댓값 이외에 출력 직류 전압까지 합한 역전압이 된다.

(2) 전원 변압기의 이용률이 좋다. 전원 변압기 2차 코일에 중간 탭(tap)을 가진 정류 회로에서는 2차 코일의 반 부분씩 교대로 동작하지만, 브리지 회로에서는 2차 코일은 하나뿐이며, 또한 반주기마다 동작한다.

브리지의 결점은 4개의 정류 소자가 필요하다는 점과 2개의 소자가 부하와 직렬로 도전한다는 점이다. 그러므로 브리지 정류 회로는 적은 내역 전압을 가진 정류 소자로 고압 정류회로를 구성하는 데 유익하나, 정류 효율이 떨어진다는 것이 결점이다.

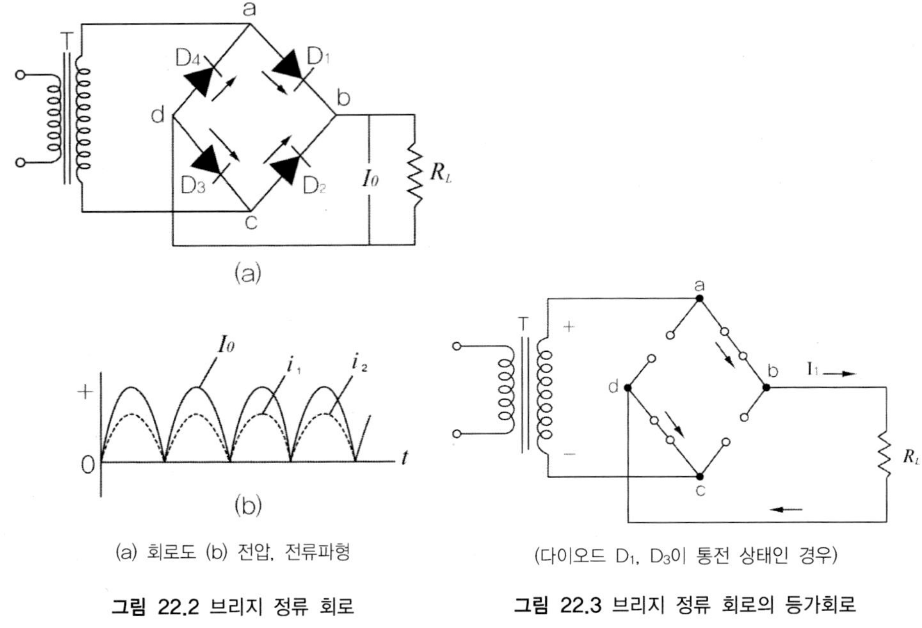

(a) 회로도 (b) 전압, 전류파형

그림 22.2 브리지 정류 회로

(다이오드 D₁, D₃이 통전 상태인 경우)

그림 22.3 브리지 정류 회로의 등가회로

4. 안전 및 주의 사항

(1) 다이오드 접속 시 단자의 극성에 주의한다.

(2) 다이오드의 최대 정격 전류가 흐르지 않도록 주의한다.

(3) 전압의 극성(+, −)에 주의하며, 특히 높은 전압인 220[V]를 인가하는 실습이므로 전압에 각별히 주의하여 연결한다. 교류 전압을 가하기 전에 반드시 실습 담당자의 확인을 받는다.

5. 실습 방법

(1) 반파 정류 회로 실습

① 그림 22.4의 반파 정류 회로를 결선하라. 1N4001 다이오드의 극성에

주의하고, 변압기 1차 측에 220[V]를 연결할 때 감전되지 않도록 주의한다. 그리고 변압기 1차 측에 1/2[A]의 퓨즈를 넣어야 한다. 단, 이 실습에서는 퓨즈를 사용하지 않고, 실습 조교의 확인을 받는다.

② 오실로스코프를 다음과 같이 조정한다.

스위치를 각각 10[V]/DIV, 시간축을 5[ms]/DIV으로 조정하며, 변압기 1차 측 단자에 교류 전원을 공급한다. 1N4001 다이오드의 양극 단자(점 A)에 오실로스코프의 한 단자를 연결하고 다른 한 단자를 음극 단자(점 B)에 연결하라. 모든 것이 적절하다면, 입력 파형과 출력 파형을 그림 22.5에 그린다.

③ 변압기의 2차 측 최대 전압(Vm)과 1[kΩ] 저항 양단의 최대 전압(Vm)을 측정하여 표 22.1에 기록한다. 두 값은 차이가 있는가?

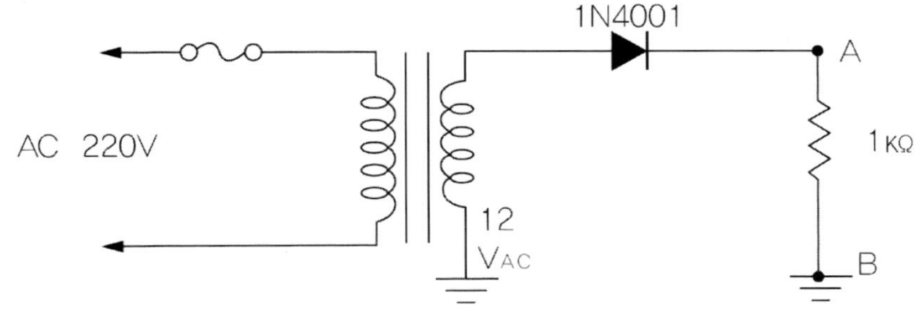

그림 22.4 반파 정류 회로

표 22.1 반파 정류 회로의 측정값

측정 변수	측정 값
변압기 2차 측 최대 전압(Vm)	
1kΩ 저항 양단의 최대 전압(Vm)	

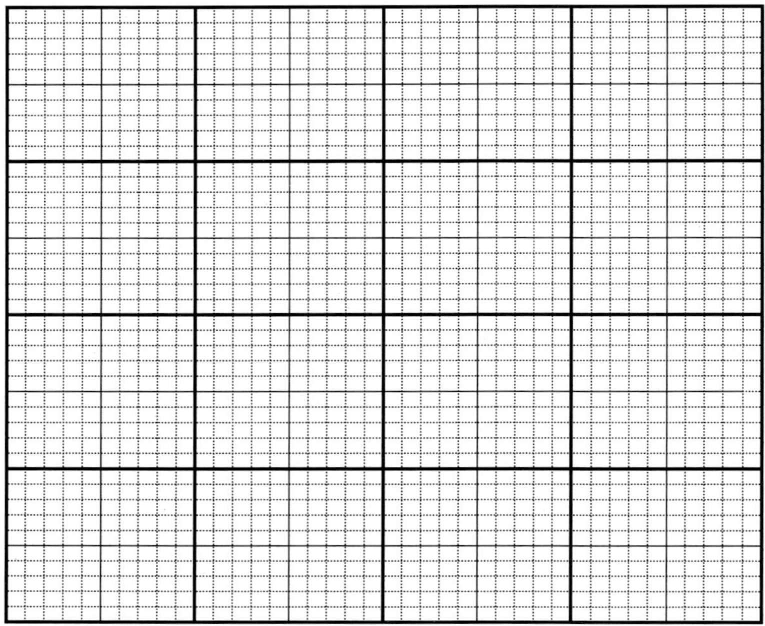

(a) 입력 파형

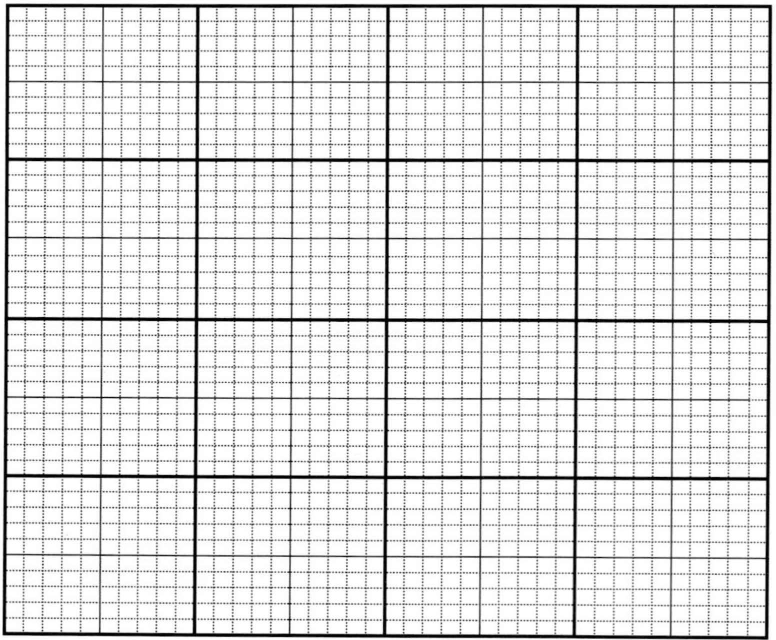

(b) 출력 파형

그림 22.5 반파 정류 회로의 파형

(2) 전파 정류 회로 실습

① 변압기의 전원을 끄고 중간 탭 전파 정류 회로를 그림 22.6과 같이
결선하라. 다시 두 다이오드의 극성에 유의하면서 1차 측에 220[V]
의 전원을 연결한다. 여기서 중간 탭 단자는 접지한다.

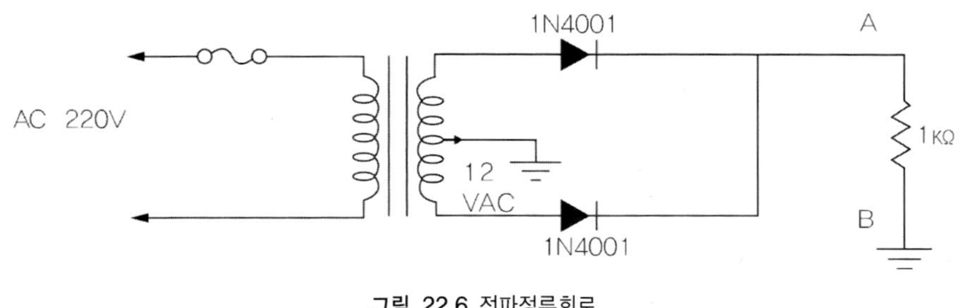

그림 22.6 전파정류회로

② 오실로스코프를 다음과 같이 조정한다.

채널 1과 2를 5[V]/DIV 및 시간축을 5[ms]/DIV으로 조정하며, 변압
기 1차 측 단자에 교류 전원을 공급한다. 1N4001 다이오드의 양극
단자(점 A)에 오실로스코프의 한 단자를 연결하고 다른 한 단자를 음
극 단자(점 B)에 연결하라. 모든 것이 적절하다면, 입력 파형과 출력
파형을 모눈종이 그림 22.7에 그려라.

③ 변압기의 2차 측 최대 전압(Vm)과 1[kΩ] 저항 양단의 최대 전압
(Vm)을 측정하여 표 22.2에 기록한다. 두 값은 반파 정류 회로에서의
결과 값과 비교하면 같은가?

표 22.2 전파 정류 회로의 측정값

측정 변수	측정 값
변압기 2차 측 최대 전압(V_m)	
1kΩ 저항 양단의 최대 전압(V_m)	

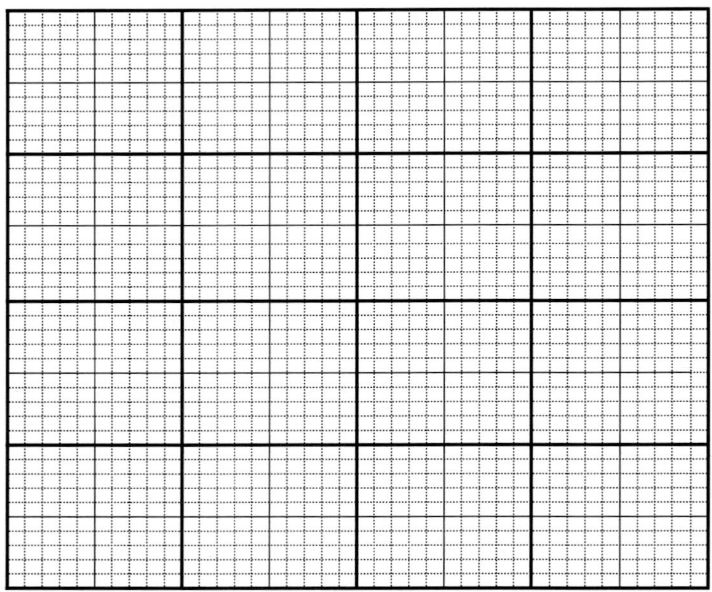

(a) 입력 파형

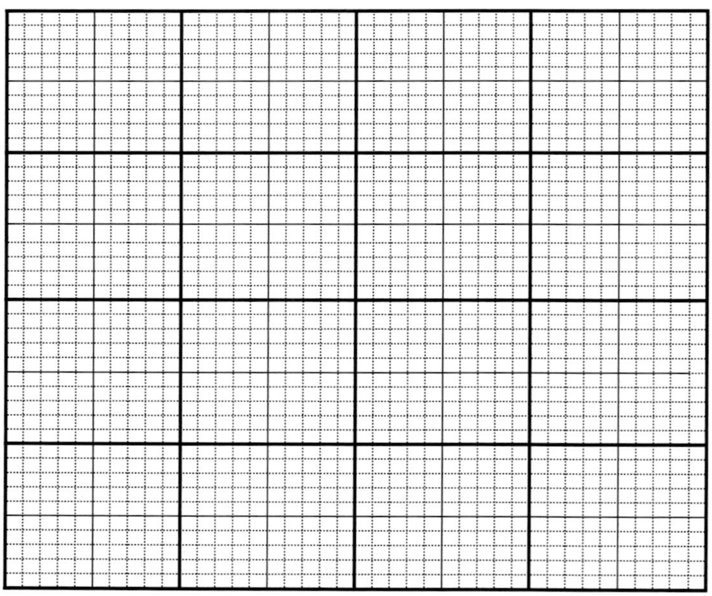

(b) 출력 파형

그림 22.7 전파 정류 회로의 파형

(3) 브리지 정류 회로 실습

① 다이오드의 극성에 유의하여 그림 22.8의 브리지 정류 회로를 결선하
라. 또 변압기의 1차 측 전원에 감전되지 않도록 유의하고, 2차 측의
중간 탭 단자는 사용하지 말고 변압기 2차 측의 어느 단자도 접지하
면 안 된다. 특히, 전해 콘덴서(100μF, 470μF /45V)의 극성을 주의한
다.

② 우선 1kΩ 저항만을 접속하고, 100μF 전해 콘덴서는 접속하지 않는다.
변압기의 1차 측 단자에 220V 전원을 공급한다. 그리고 오실로스코프
의 프로브를 A점에 연결한다. 이때의 최대 전압을 표 27.3에 기록하
고 이때의 파형을 그림 22.9의 (a)에 그린다.

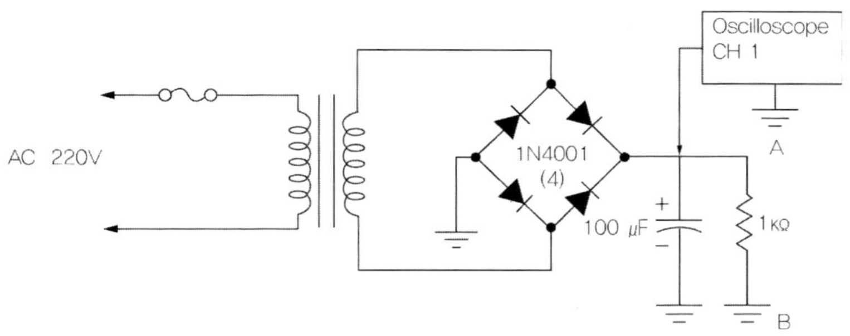

그림 22.8 브리지 정류 회로의 특성 측정

③ 교류 전원을 차단한 후, 100μF 전해 콘덴서까지 접속한다. 변압기의
1차 측 단자에 220V 전원을 공급한다. 그리고 오실로스코프의 프로
브를 A점에 연결한다. 이때의 최대 전압을 표 27.3에 기록하고 이때
의 파형을 그림 22.9의 (b)에 그린다. 위의 (2)에서 측정한 파형과 달
라진 점이 있는가?

④ 교류 전원을 차단한 후, 470μF 전해 콘덴서를 접속한다. 변압기의 1
차 측 단자에 220V 전원을 공급한다. 그리고 오실로스코프의 프로브
를 A점에 연결한다. 이때의 최대 전압을 표 27.1에 기록하고 이때의

파형을 그림 22.9의 (c)에 그린다. 위의 과정 (3)에서 측정한 파형과
달라진 점이 있는가?

측정 파라미터	최대 전압(V_m)
1kΩ 접속 시	
1kΩ과 100μF 접속 시	
1kΩ과 470μF 접속 시	

6. 연구 과제

(1) 반파 정류 회로(표 22.1)와 전파 정류 회로(표 22.2)의 차이점은 무엇인가?

(2) 브리지 정류 회로와 전파 정류 회로의 차이점은 무엇인가?

(3) 평활 회로의 특징은 무엇인가?

(4) 평활 콘덴서(RC 시정수)를 변경함에 따라 리플률(ripple %)은 어떠한가?

(5) 부하 저항을 바꾸어 연결할 때 출력 파형의 변화가 있는가? 그 변화
결과에 따른 이유를 설명하시오.

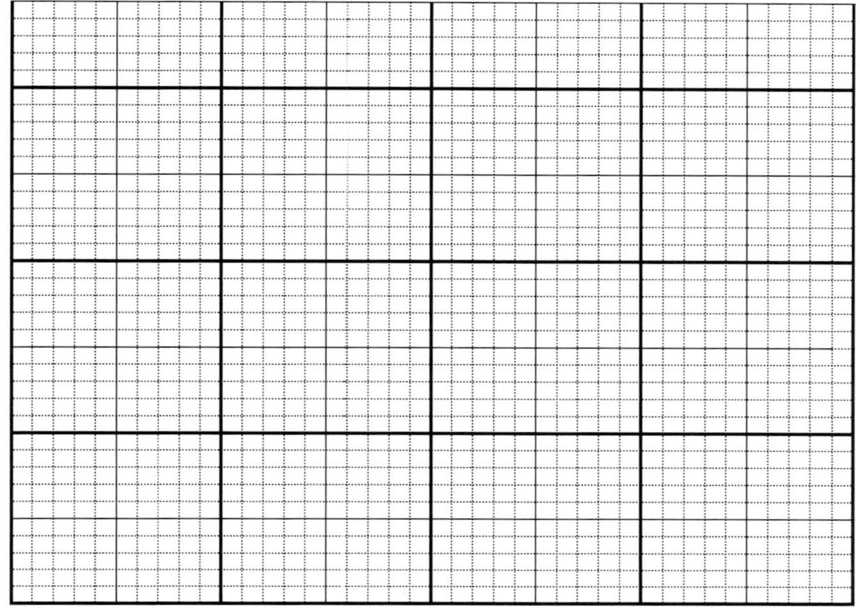

(a) 1kΩ 접속 시

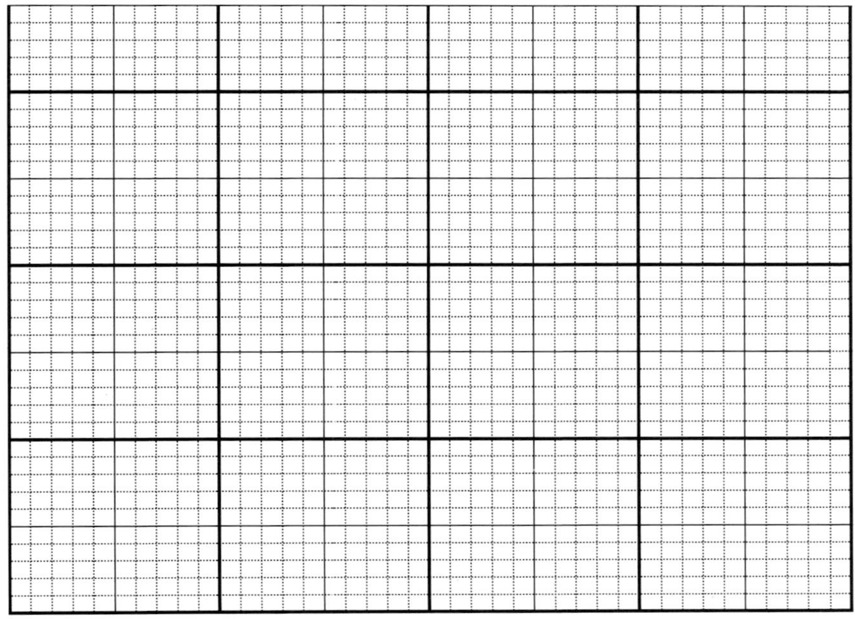

(b) 1kΩ과 100μF 접속 시

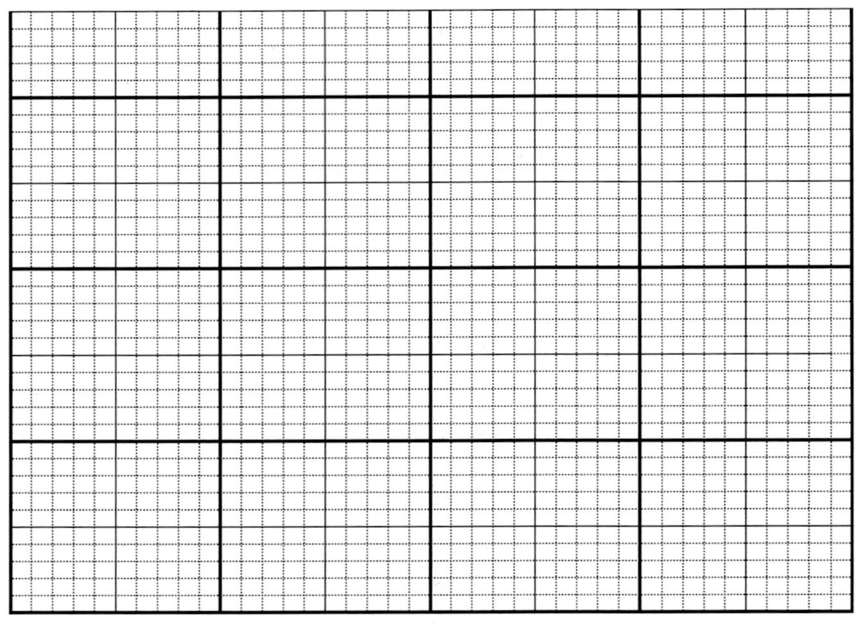

(c) 1kΩ과 470μF 접속 시

그림 22.9 브리지 정류 회로의 출력 파형

23
숫자 표시기 특성

1. 실습목적

(1) 숫자 표시기와 해독기의 원리를 이해한다.
(2) 숫자 표시기와 해독기를 이용하여 숫자를 표시하는 방법을 익힌다.

2. 사용기기 및 재료

(1) IC(7447) ⋯1개

(2) 숫자 표시기(FND 507) ⋯1개

(3) 저항(390Ω) ⋯7개

(4) 스위치(SPST) ⋯5개

(5) 디지털 멀티미터(회로시험기) ⋯1대

(6) 정전압 전원 장치(±5[V]) ⋯1대

(7) 브레드 보드 ⋯1개

(8) 배선줄 ⋯2m

3. 관계 지식

LED를 배열하여 숫자나 문자 및 기호를 나타낼 수 있다. 가장 널리 쓰이는 LED 배열로는 그림 23.1과 같은 숫자 표시기(seven‑segment display)를 들 수 있다. 이것은 7개의 LED를 조합하여 그림 23.1과 같은 숫자와 기호를 표시한다. 그림 23.1의 (c)는 숫자 표시기의 구성도로서 모든 양극에 양(+)의 전압이 공통으로 걸려 있다. 1개 또는 그 이상의 음극을 접지시킴으로써 0에서 9까지의 숫자를 표시하는 것이다.

예를 들면, a, b, c의 음극을 접지시켜 7을 표시하고 a, b, c, d, g의 음극을 접지시켜 3을 표시할 수 있다. BCD 숫자 표시 해독기는 숫자 표시기의 모든 표시 소자를 점등된 상태로 있게 하고, 숫자를 나타내는 데에 불필요한 표시 소자만 소등하도록 되어 있다. 따라서 표 23.1에 나타낸 바와 같이 표시 소자 a는 0, 2, 3, 5, 7, 8, 9의 숫자를 나타낼 때에는 필요하지만, 1, 4, 6을 나타낼 때에는 불필요하므로 BCD 입력이 1, 4, 6을 나타낼 경우에만 출력이 나와서 표시 소자 a를 소등한다. 이와 같이, 불필요한 표시 소자를 소등하는 방식으로 회로를 구성하면 필요한 표시 소자를 점등하는 방식에 비하여 논리 게이트가 절약되는 이점이 있다. 이런 작용을 하는 회로가 그림 23.2의 회로이다. 그림 23.3은 그림 23.2의 회로를 IC화해서 만든 TTL IC 7447의 그림이다.

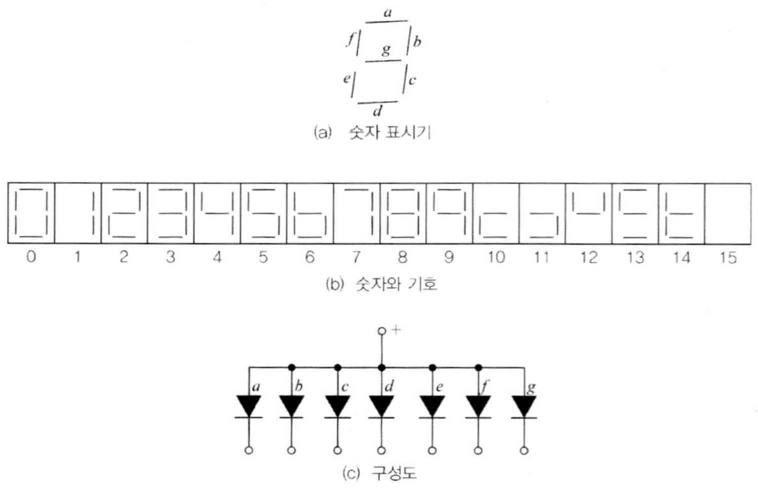

(a) 숫자 표시기

(b) 숫자와 기호

(c) 구성도

그림 23.1 숫자 표시기

■ 표 23.1 BCD 숫자 표시 해독기의 작동(×은 꺼짐을 나타냄)

숫자 BCD				7 세그먼트	a	b	c	d	e	f	g
0	0	0	0	0							×
1	0	0	0	1	×			×	×	×	×
2	0	0	1	0			×			×	
3	0	0	1	1					×	×	
4	0	1	0	0	×			×	×		
5	0	1	0	1		×			×		
6	0	1	1	0	×	×					
7	0	1	1	1				×	×	×	×
8	1	0	0	0							
9	1	0	0	1				×	×		

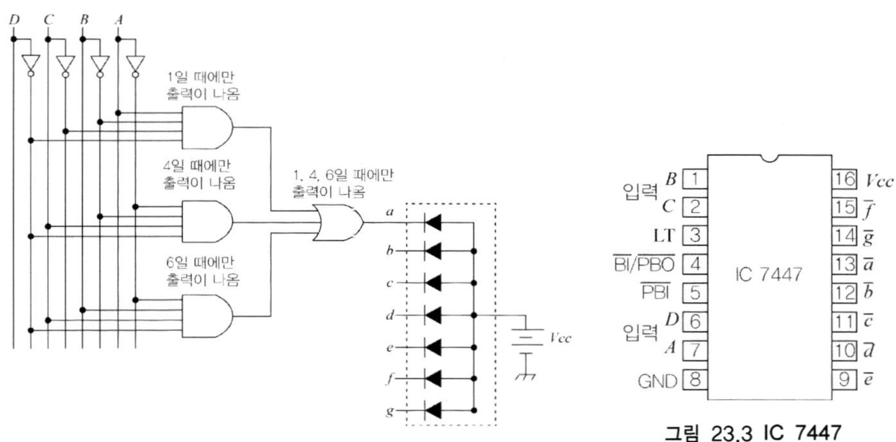

그림 23.2 BCD 숫자표시 해독기의 회로

그림 23.3 IC 7447

4. 안전 및 유의 사항

(1) IC의 핀 접속(방향)에 유의한다.

(2) IC에 규정된 전압 이상을 가하지 않도록 유의한다.

(3) IC를 바꿀 때에는 반드시 전원을 끄고 한다.

5. 실습 방법

(1) 그림 23.4 (a)와 같이 회로를 결선한다.

예를 들어, 1을 표시하기 위해서는 A와 7번을 연결하고, 그 외는 (−) 단자에 연결한다. 그리고 IC의 3번 핀은 사용하지 않도록 한다. 특히, FND의 3번과 8번 핀에는 5V를 공급한다.

(2) SW1~SW4를 사용하여(이 실습에서는 리드선을 사용한다) BCD 입력을 0에서 9까지 변화시켜 가면서 숫자 표시기(FND 507)의 점등 상태를 관찰한다. FND 507의 핀 접속은 그림 (b)와 같이 한다. 숫자 표시기의 점등 상태를 표 23.2에 기록한다.

(3) BCD에서 사용하지 않은 나머지 6개의 입력 조합의 경우도 숫자 표시기의 점등 상태를 관찰하여 표 23.2에 기록한다.

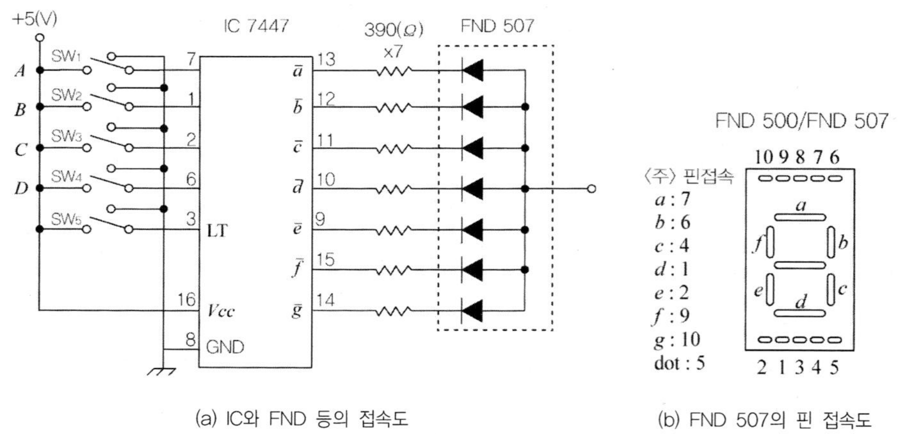

(a) IC와 FND 등의 접속도   (b) FND 507의 핀 접속도

그림 23.4 숫자 표시기의 실습 회로도

표 23.2 FND의 표시상태

숫자	D	C	B	A	표시 상태	숫자	D	C	B	A	표시상태
0	0	0	0	0		8	1	0	0	0	
1	0	0	0	1		9	1	0	0	1	
2	0	0	1	0		10	1	0	1	0	
3	0	0	1	1		11	1	0	1	1	
4	0	1	0	0		12	1	1	0	0	
5	0	1	0	1		13	1	1	0	1	
6	0	1	1	0		14	1	1	1	0	
7	0	1	1	1		15	1	1	1	1	

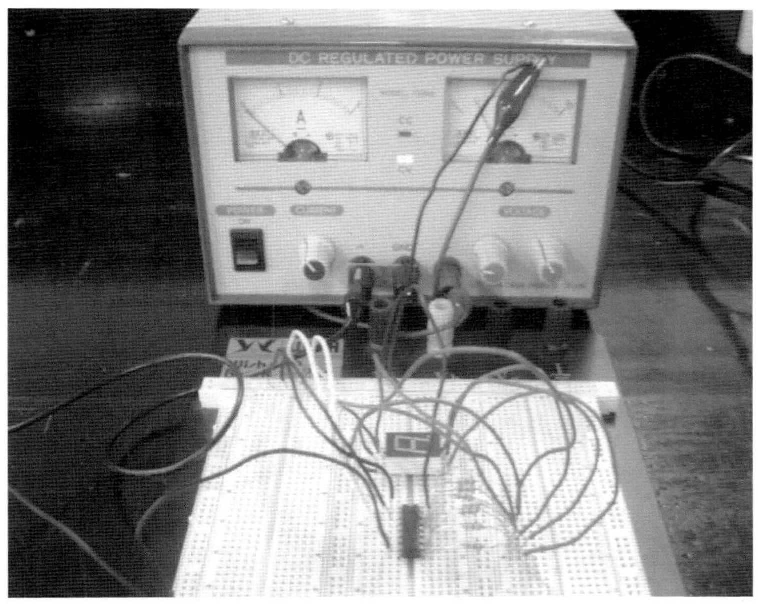

그림 23.5. 숫자 표시기 회로의 배선도

6. 연구 과제

(1) 숫자 표시기의 동작을 설명하여라.

(2) FND 동작 사진을 찍어 이곳에 붙여 보자.

24

논리 회로의 특성

1. 실습 목적

논리 회로(AND, OR, NOT, NAND, NOR, EX – OR 게이트)의 기본 논리에 대한 동작 특성을 확인하고, 진리표를 작성한다.

2. 사용기기 및 재료

(1) IC(7404, 7408, 7432, 7486) ···각 1개

(2) 직류 전압계 ···1대

(3) 직류 가변 전원(5[V]) ···1대

(4) 브레드 보드 ···1대

(5) 배선줄 ···2m

3. 관계 지식

(1) 논리 게이트

제어, 컴퓨터 및 디지털 통신 등에 이용되는 장치에는 2진법의 계수 조직이 주로 사용된다. 이는 2진법을 사용함으로써 불대수 방정식, 즉 AND, OR, NOR, NAND을 나타낼 수 있는 까닭이다. 2진 계수 조직은 두 가지 상태로서 표시된다. 이 두 가지 상태는 여러 가지의 부호로 표시된다. 이러

한 논리 회로의 두 상태는 전기적으로 두 가지의 전압값으로 나타낼 수 있다. 한 예로서 +5[V]의 전압은 '1'로 나타낼 수 있고, 0[V]의 전압은 '0'으로 나타낼 수 있다. 이와 같이, 높은 전압으로 '1'을 나타내는 논리 조직을 양논리 조직이라고 하고, 이와 반대로 낮은 전압으로 '1'을 나타내는 경우를 음논리 조직이라고 한다.

① AND 게이트

2개 이상의 입력단자(A, B)와 1개의 출력단자(Y)를 갖고 입력단자 모두에 '1'의 신호가 가해졌을 때만 출력단자에 '1'의 신호가 나타나는 회로를 말한다.

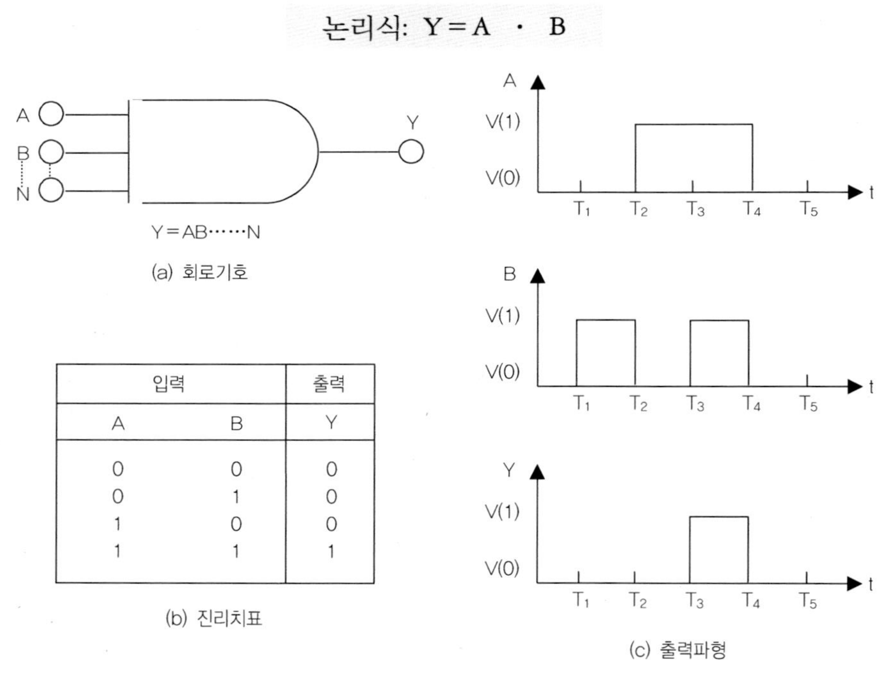

입력		출력
A	B	Y
0	0	0
0	1	0
1	0	0
1	1	1

(b) 진리치표

그림 24.1 AND 게이트

② OR 게이트

2개 이상의 입력단자(A, B)와 1개의 출력단자(Y)를 갖고 어느 한쪽의 입력단자에 '1'의 신호가 가해지면 출력단자에 '1'의 신호가 나타나는 회로이다.

논리식: $Y = A + B$

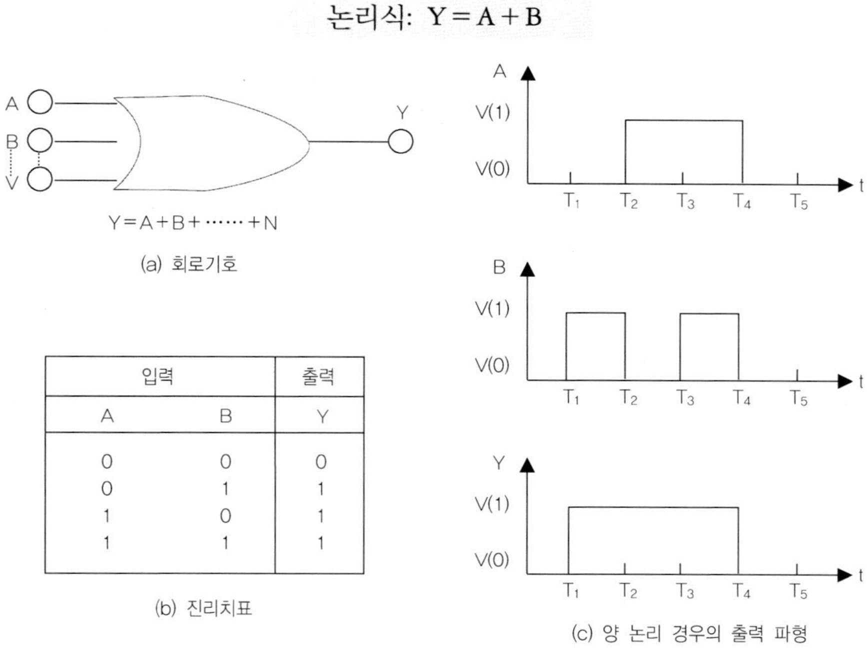

(a) 회로기호

$Y = A + B + \cdots\cdots + N$

(b) 진리치표

입력		출력
A	B	Y
0	0	0
0	1	1
1	0	1
1	1	1

(c) 양 논리 경우의 출력 파형

그림 24.2 OR 게이트

③ NOT

1개의 입력단자와 1개의 출력단자를 갖고 '0'의 신호를 입력단자에 가할 때 출력단자는 '1'의 신호가, 입력신호가 '1'일 때는 출력단자에 '0'의 신호가 나타나는 회로이다.

논리식: $Y = \overline{A}$

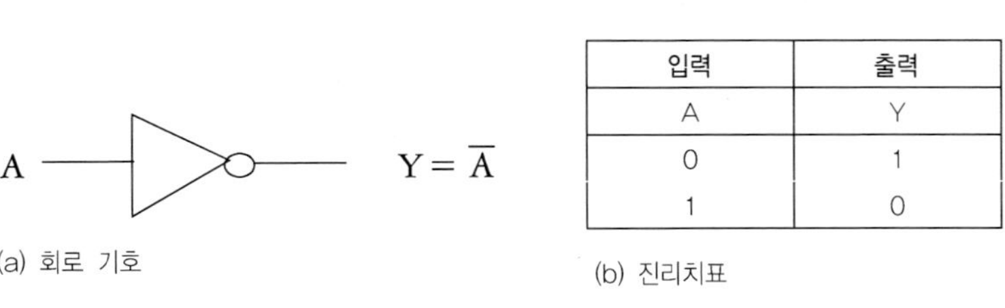

(a) 회로 기호

입력	출력
A	Y
0	1
1	0

(b) 진리치표

그림 24.3 NOT 게이트의 기호와 진리치표

④ NAND 논리회로

AND회로의 출력단자에 NOT회로를 접속하고 AND회로의 동작을 부정한 회로이다. 즉 입력단자 모두에 '0'의 신호를 동시에 가하면 출력단자에 '1'이 나타나고, '1'의 신호를 동시에 가하면 출력단자에 '0'이 나타나는 회로이다.

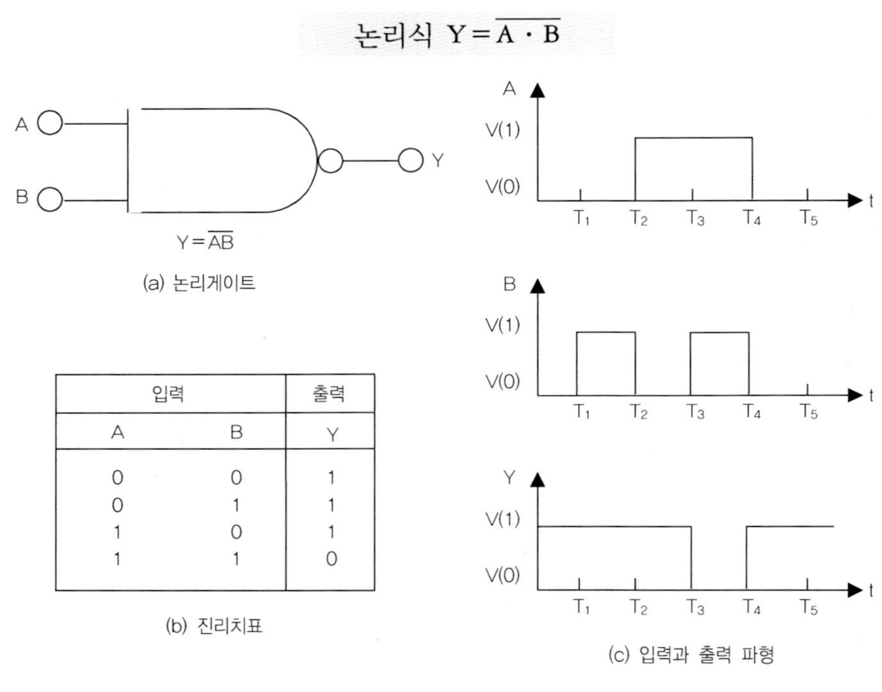

논리식 $Y = \overline{A \cdot B}$

(a) 논리게이트

$Y = \overline{AB}$

입력		출력
A	B	Y
0	0	1
0	1	1
1	0	1
1	1	0

(b) 진리치표

(c) 입력과 출력 파형

그림 24.4 NAND 게이트

⑤ NOR 회로

OR회로의 출력단자에 NOT 회로를 접속하고 OR 회로의 동작을 부정한 회로이다. 즉 입력단자(A, B)에 '0'의 신호를 동시에 가하면 출력단자 (Y)에 '1'이 나타나고, A 또는 B에 '1' 또는 '0'을 동시에 가하면 출력단자 Y에 '0'이 나타나는 회로이다.

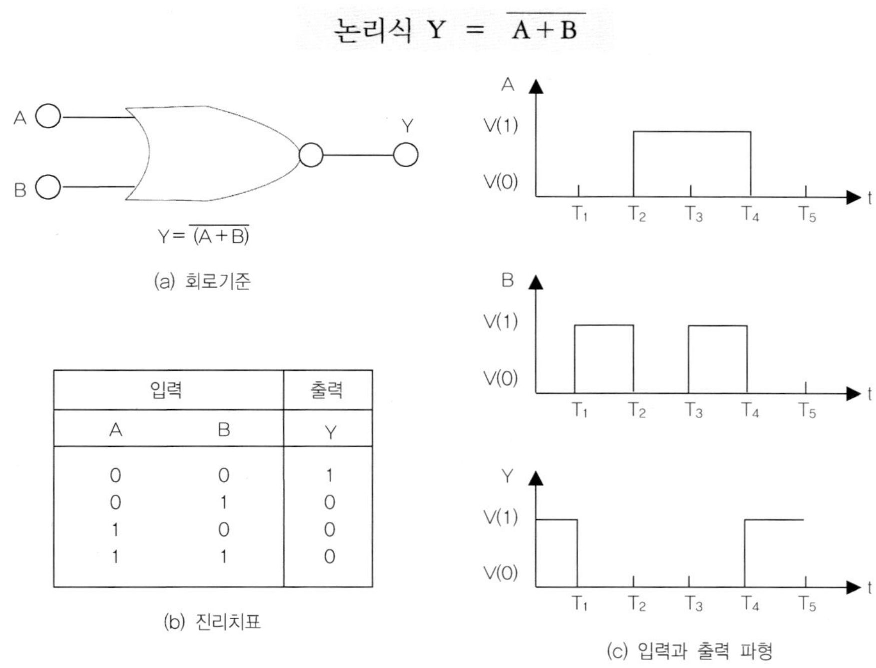

입력		출력
A	B	Y
0	0	1
0	1	0
1	0	0
1	1	0

(b) 진리치표

그림 24.5 NOR 게이트

⑥ EXCLUSIVE – OR 회로(EX – OR)

2개 이상의 입력단자(A, B)와 출력단자(Y)를 갖고 입력단자에 각기 '0'과 '1'의 다른 신호를 가할 때, 출력단자에 '1'의 신호가 나타나는 회로. 즉 입력단자에 가한 신호가 상반1될 때에 출력단자에 '1'의 신호가 나타나므로 '불일치 회로' 또는 '배타적 논리합 회로'라 한다.

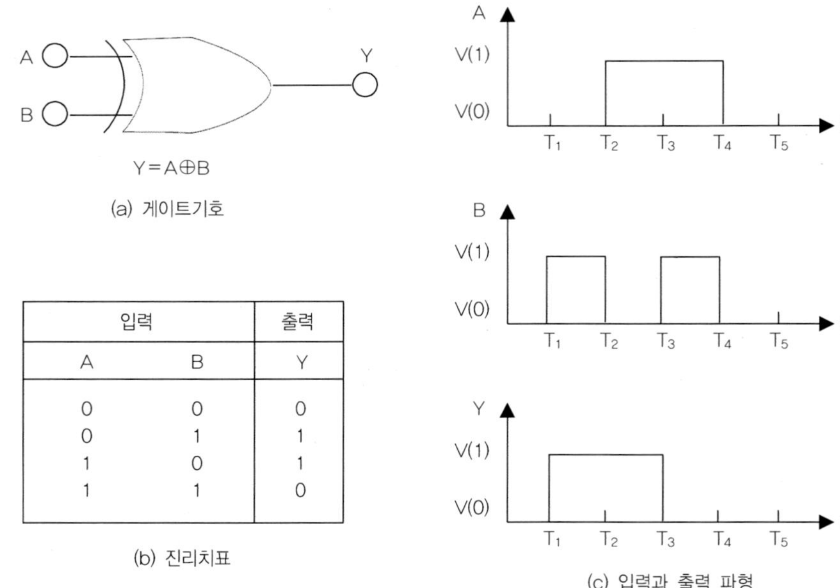

입력		출력
A	B	Y
0	0	0
0	1	1
1	0	1
1	1	0

(b) 진리치표

그림 24.6 EXCLUSIVE-OR 게이트

⑦ EXCLUSIVE-NOR 회로(EX-NOR)

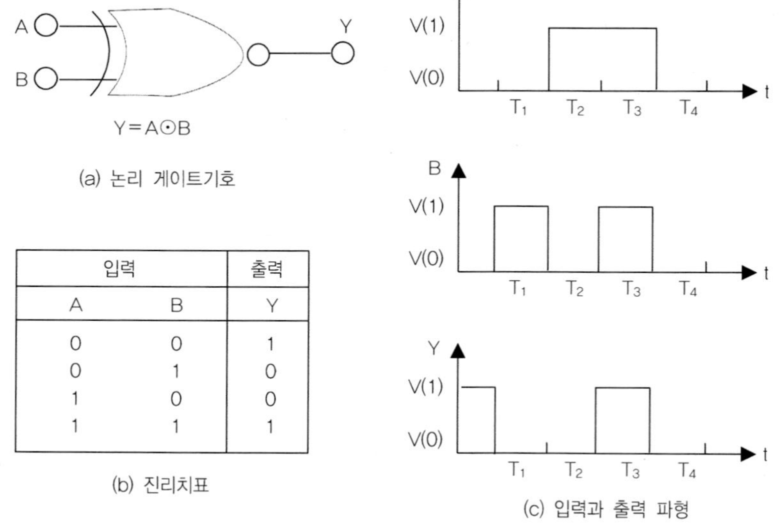

입력		출력
A	B	Y
0	0	1
0	1	0
1	0	0
1	1	1

(b) 진리치표

그림 24.7 EXCLUSIVE-NOR 게이트

(2) 디지털 IC

오늘날 대부분의 논리 회로는 IC화가 가능하다. 초기의 디지털 IC는 저항과 트랜지스터만 사용했다. RTL(resistor – transistor logic)로 알려진 이러한 형태의 IC는 지금 거의 사용하지 않는다. 이후 DTL(diode – transistor logic)이 나타났다. 이것을 OR 게이트, AND 게이트 그리고 다른 논리 회로에 대한 여러 설계에 있어서 다이오드와 트랜지스터를 사용했다. 또한 TTL(transistor – transistor logic)이 있는데 이는 여러 가지 논리 계열들 중 값이 저렴하고 속도가 빠르며 적절한 구동 능력과 큰 잡음 면역 등 장점이 있어서 널리 보급되어 있는 대표적인 논리 계열이다. TTL은 1964년에 상업적으로 유용하게 되었다. 그 이후 TTL은 디지털 IC의 가장 일반적 군이 되었다. 본 실습에서는 TTL 게이트로 실습할 것이다.

그림 24.8은 본 실습에서 사용될 TTL군 IC의 핀 접속도이다. 그림 중에서 유용한 IC의 하나인 7408을 보면 4개의 AND 게이트를 포함하고 있으며, 또한 7408은 4쌍의 2 입력 AND 게이트를 나타내고 있다.

IC는 핀의 수요에 따라 14핀, 16핀, 24핀 등이 있는데 여기서는 14핀 IC이다.

TTL 디바이스가 적절히 동작하기 위해서 공급 전압은 +4.75[V]와 +5.25[V] 범위이어야 한다. 이것이 +5[V]가 모든 TTL 디바이스에 대해 명시된 정상공급 전압이고, 핀 14는 공급 전압에 연결하고 핀 7은 접지에 연결한다. 다른 핀은 입력과 출력이다. 4개의 AND 게이트는 서로서로 독립적이다. 그림 24.8에서는 4쌍 2 입력 OR 게이트와 같은 TTL 게이트가 서로서로 연결될 수 있음을 나타낸다.

그림 24.8은 IC의 핀 접속도를 나타낸 것이다.

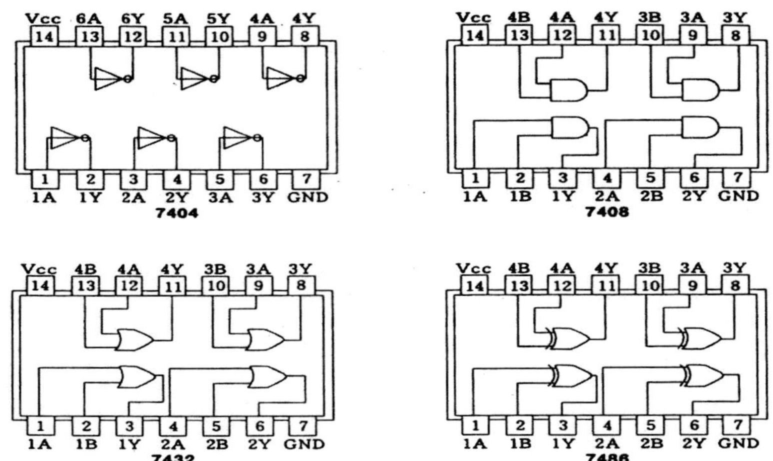

그림 24.8 IC 핀의 접속도

4. 실습 순서

(1) 2입력 논리 게이트를 브레드 보드에 꽂는다.

(2) 아래 그림과 같이 회로를 접속한다.

(3) 입력단자에 각각 '0', 즉 0[V]와 '1', 즉 5[V]의 신호를 조합해서 입력하고 출력단자의 전압을 전압계로 측정한다.

(4) 각 논리 게이트를 위 순서로 반복 실습하여 진리표에 적는다.

① AND 게이트

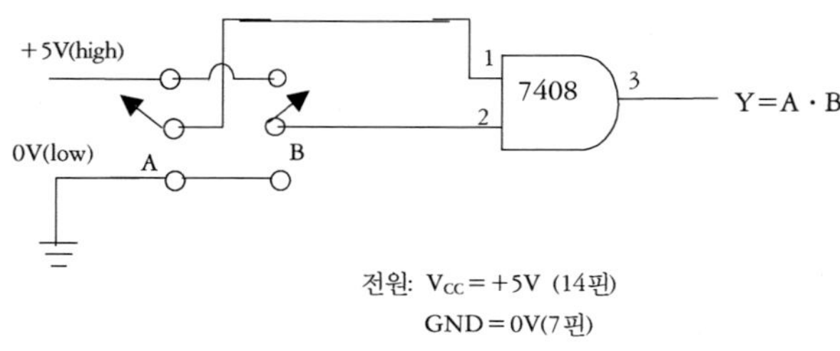

진리표

입력		출력전압[V]
A	B	Y=A·B
0	0	
0	1	
1	0	
1	1	

② OR 게이트

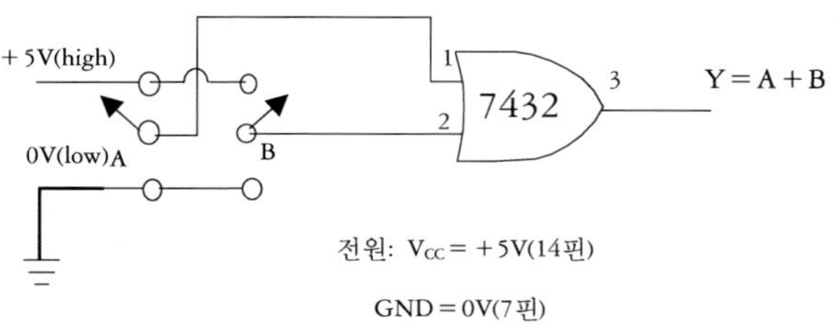

진리표

입력		출력전압[V]
A	B	Y = A + B
0	0	
0	1	
1	0	
1	1	

③ NOT 게이트

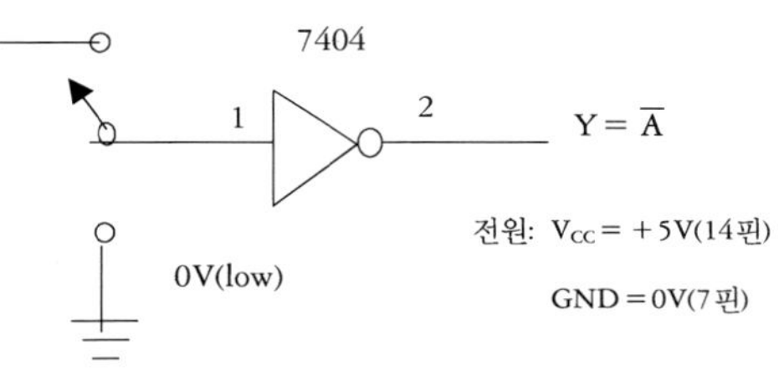

진리표

입력	출력전압[V]
A	Y = A̅
0	
1	

④ NAND 게이트

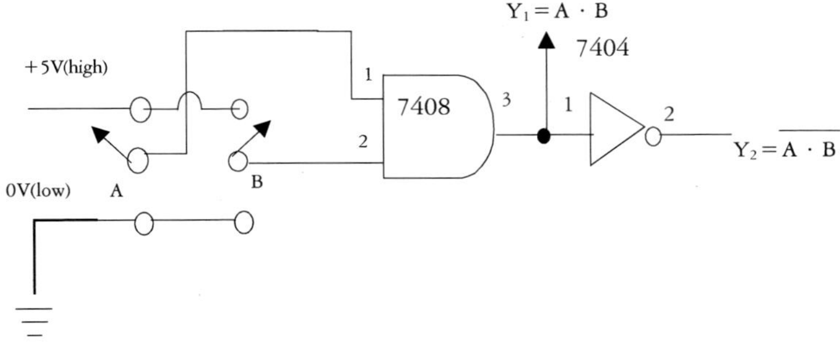

진리표

입력		출력전압[V]
A	B	$Y = A \cdot B$
0	0	
0	1	
1	0	
1	1	

⑤ NOR 게이트

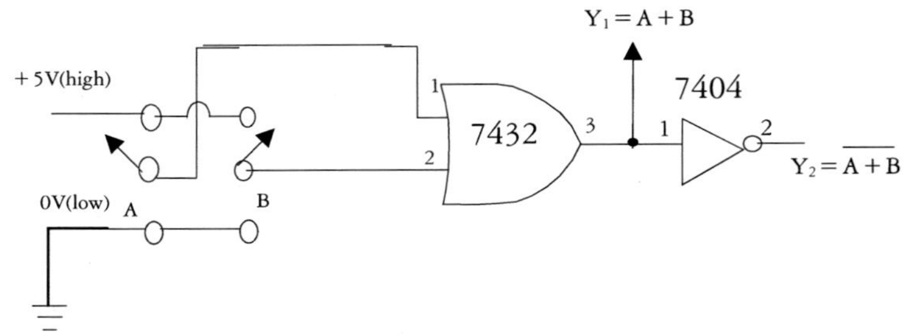

진리표

입력		출력전압[V]
A	B	$Y2 = A + B$
0	0	
0	1	
1	0	
1	1	

⑥ EX − OR 게이트

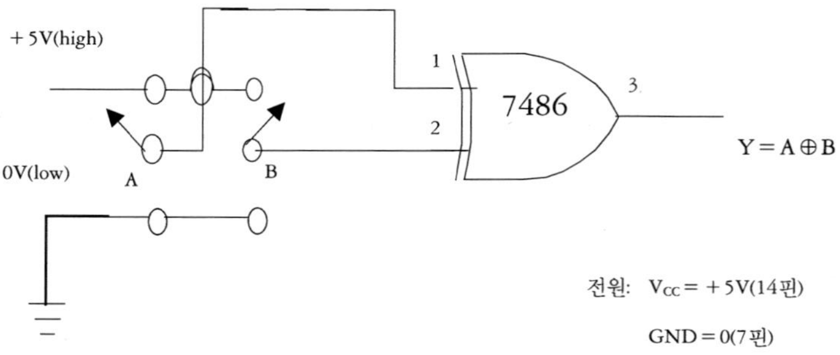

전원: V_{CC} = +5V(14핀)

GND = 0(7핀)

진리표

입력		출력전압[V]
A	B	Y=A⊕B
0	0	
0	1	
1	0	
1	1	

그림 24.9 LED로 논리 게이트의 출력확인

5. 연구 과제

(1) 각각의 논리회로 기능을 이해하였는가?

(2) NAND gate와 NOR gate가 만능게이트라 불리는 이유를 설명하여라.

(3) Fan – in, Fan – out에 대하여 설명하시오.

센서 특성

1. 실습 목적

각종 센서(온도, 습도, 광, 자기, 힘)의 특성과 검출 방법을 이해한다.

2. 사용기기 및 재료

(1) 센서 실습 장치(KNS - 10) ···1대

(2) 소형 변압기(220/110V) ···1개

(3) 비커(500 ml) ···2개

(4) 온도계(막대형) ···1개

(5) 조도계 ···1개

(6) 광원(백열전구) ···1개

3. 관련 지식

센서 실습 장치 KNS - 10은 메카트로닉스나 계측 제어 등에 불가결한 센서류에 대해서 그 특성이나 검출 방법을 이해하기 위한 실습 장치이다. 센서에는 일반적으로 널리 이용되는 아날로그계 및 디지털계의 센서를 사용하여 커넥터 방식에 의해 검출 회로에 접속하여 사용한다. 검출 회로는 센서에 따른 대표적인 회로가 패널상에 꾸며져 있으며, 검출에 필요한 전원이나 검출 전압의 미소한 센서를 위한 증폭기를 두고 있다.

본 기기에서 사용하는 센서는 계측을 목적으로 한 아날로그계 센서와 검출의 유무를 목적으로 한 디지털계 센서의 두 계통이 있다. ① 아날로그계 센서에는 4핀의 커넥터가, 디지털계 센서에는 7핀의 커넥터가 리드선 끝에 붙어 있으며, 이것을 실습 패널의 콘센트에 삽입하여 사용한다. ② 검출 회로의 인가전압은 아날로그계의 습도 센서 및 디지털계의 모든 센서는 내부에서 접속되어 있다. 그 밖의 센서는 실습 패널의 DC OUT(0~3mA)의 전원에서 공급한다. ③ 아날로그계의 센서 검출 신호는 출력 전압의 변화분이 미소하기 때문에 패널에 있는 ANALOG AMP.를 이용하여 증폭한 신호를 측정할 수 있다. 디지털계의 센서 검출 신호는 검지했을 때 출력 전압이 제로가 되는 이른바, 주논리로 되어 있으므로 패널에 있는 DIGITAL BUFFER를 이용하여 정논리로 바꾸는 동시에 LED의 점등으로 확인할 수 있도록 되어 있다.

(1) 아날로그계 센서

① 서미스터

온도에 의해서 저항값이 변화하는 소자이다. 유리 비즈형의 것을 금속 파이프 끝에 붙였으며 브리지 회로의 한 변에 삽입하여 저항의 변화에 의해서 출력 전압을 검출할 수 있도록 되어 있다.

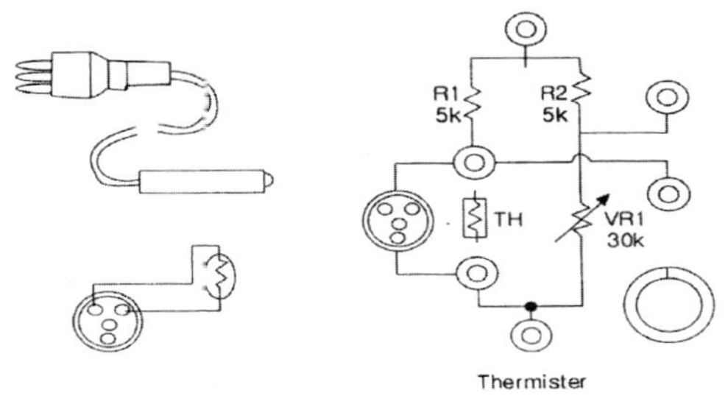

그림 25.1 온도 센서 장치

② 습도 센서

도전성 고분자를 주체로 한 감습 센서로 상대 습도의 변화에 대하여 저항값이 지수 함수적으로 변화하는 소자이다. 10㎑의 사인파 전압을 인가하여 출력 전압을 정류해서 직류분을 검출하도록 되어 있다.

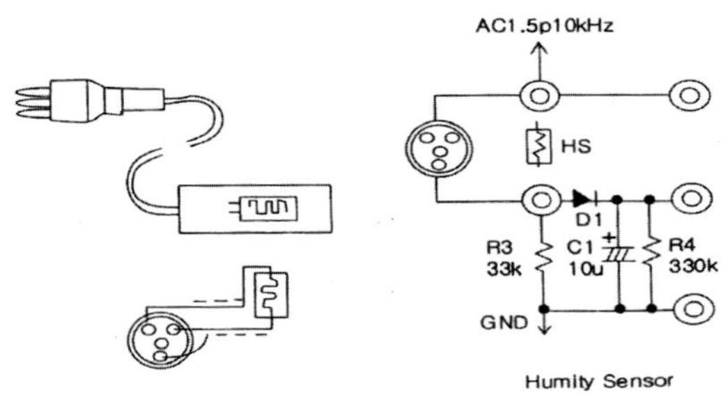

그림 25.2 습도 센서 장치

③ 포토다이오드

세라믹 케이스에 내장된 실리콘 포토다이오드로 입사광량에 비례한 단락 출력 전류를 꺼낼 수 있다. 입사광이 있으면 그림과 같이 전류가 흐른다.

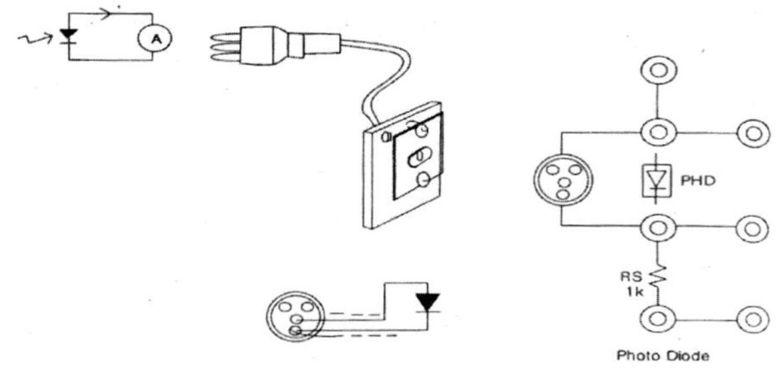

그림 25.3 포토다이오드

④ 홀 소자(1)

Ca, As를 주성분으로 한 홀 소자로 홀 전류를 인가해 두면 자속 밀도에 비례한 홀 전압이 얻어진다. 홀 전압을 방향(N‒S극)에 의해 + 또는 ‒ 의 전압을 꺼낼 수 있다.

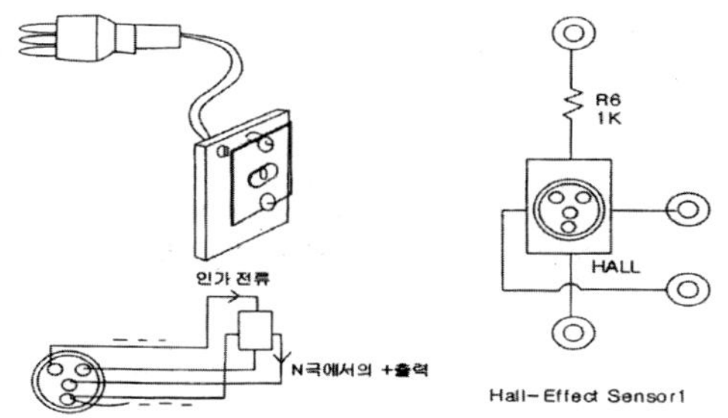

그림 25.4 홀 소자(1)

⑤ 스트레인 게이지(Strain Gage)

금속 저항선을 필름에 특수한 게이지 패턴으로서 제작된 것으로 피측정물에 접착하여 응력을 가함으로써 [일그러짐]을 발생시켜 저항의 변화를 브리지회로에서 전압으로서 검출한다.

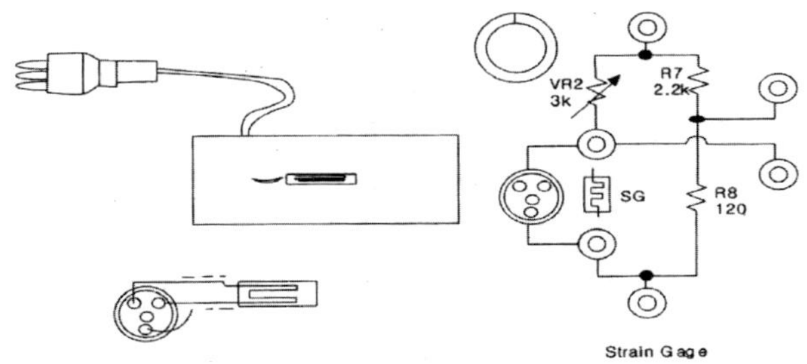

그림 25.5 스트레인 게이지

(2) 디지털계 센서

① 리드 스위치

자성체로 만들어진 한 쌍의 리드 조각을 비활성 가스와 함께 유리관 내에 봉해 넣은 것으로, 접점에는 로듐이 도금되어 있다. 어떤 세기 이상의 자계 중에 두면 리드 조각이 자화되어 접점을 닫는다.

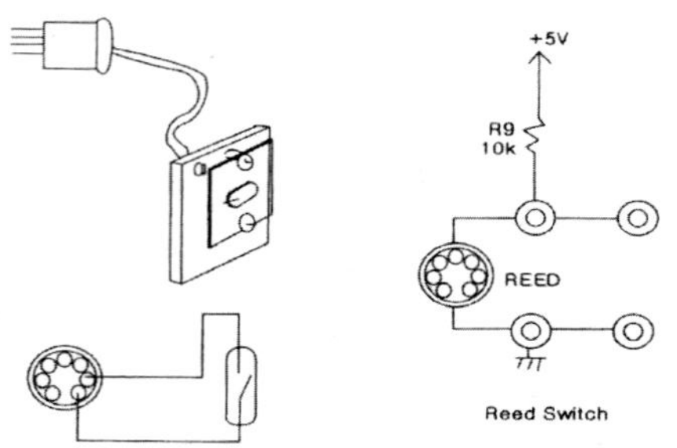

그림 25.6 리드 스위치

② 포토 센서

발광부를 내장한 반사형의 포토 센서로 반사판 등에서의 빛을 검출하여
어느 값 이상의 밝기가 있으면 포토트랜지스터가 도통하여 전류가 흐르고
컬렉터 – 이미터 간의 전압은 zero가 된다.

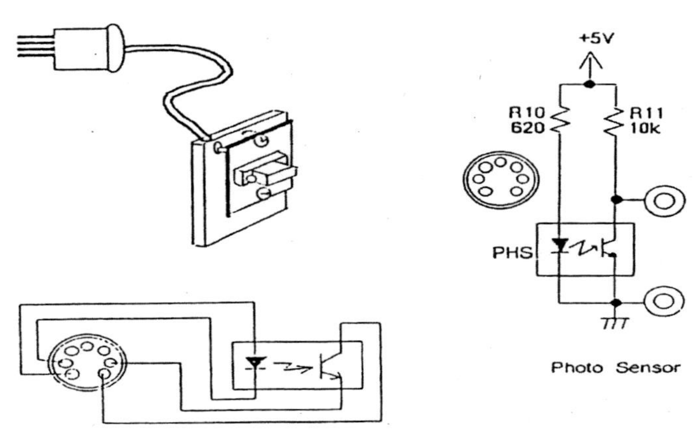

그림 25.7 포토 센서

③ 홀 소자(2)

홀 소자와 트랜지스터를 한 몸으로, 한 소자로 오픈 컬렉터 출력으로 되
어 있으며 일정한 자속 밀도 이상이 되면 출력 전압은 제로가 된다.

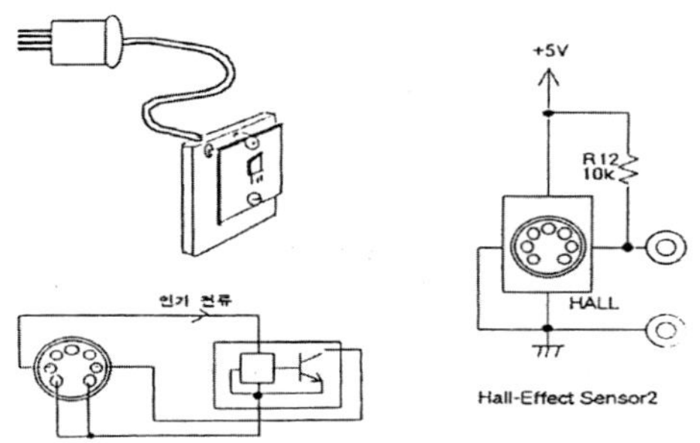

그림 25.8 홀 소자(2)

(3) 아날로그 앰프(ANALOG AMP)

아날로그계 센서의 신호를 증폭하는 앰프로 부속의 저항 블록을 단자 간
에 삽입하여 사용한다.

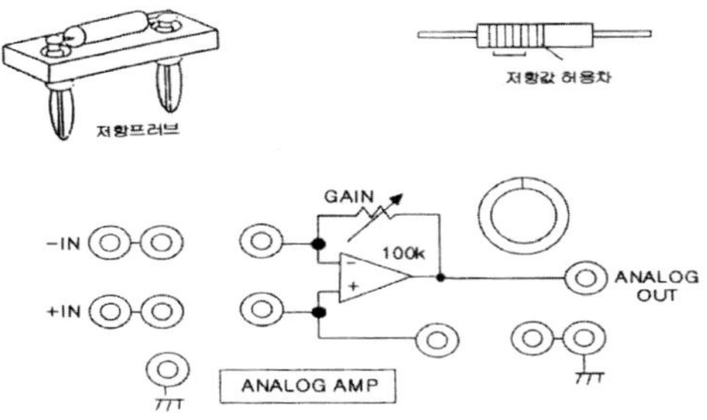

그림 25.9 아날로그 앰프

① 반전 입력 증폭 회로 예

출력 전압 ≒ −(입력전압 × GAIN 저항값/RN1)

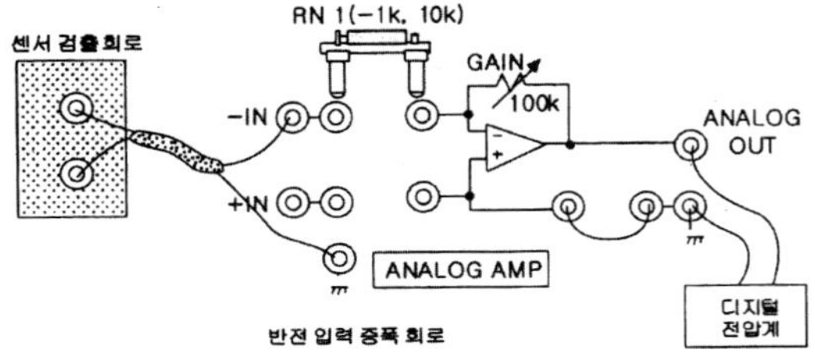

그림 25.10 반전 입력 증폭 회로

② 비반전 입력 증폭 회로 예

출력 전압 ≒ 입력전압 × (RN1 + GAIN 저항값)/RN1

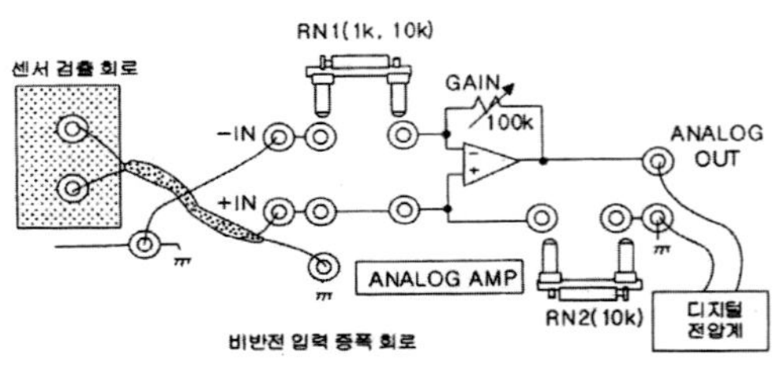

그림 25.11 비반전 입력 증폭 회로

③ 차동 입력 증폭 회로 예

RN1 = RN2, GAIN 저항값 = RN3, +IN > -IN일 때

출력전압 ≒ 입력전압 × GAIN 저항값/RN1

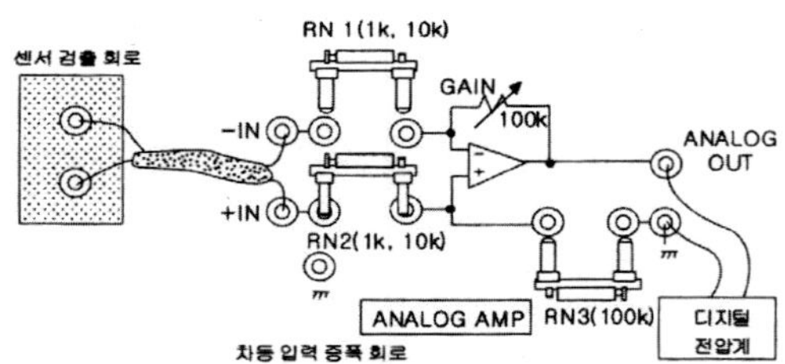

그림 25.12 차동 입력 증폭 회로

(4) 디지털 버퍼(DIGITAL BUFFER)

디지털계 센서 신호를 접속하여 인버터를 통해서 LED를 점등하는 동시
에 DIGITAL OUT에서 정논리의 출력 신호(TTL 레벨)를 꺼낼 수 있다.

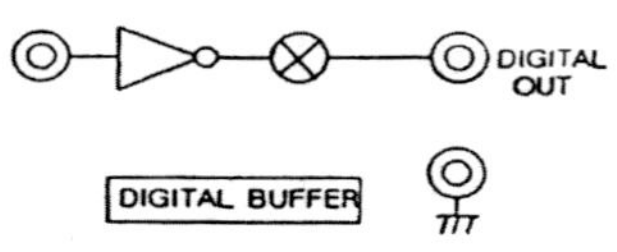

그림 25.13 디지털 버퍼

(5) DC 정전류 전원

아날로그계 센서를 사용하는 경우의 바이어스용이나 검출용 브리지 회로의 전원에 사용하는 것으로 정전류 전원 0~3mA가 얻어진다.

(6) 본체 외관과 규격

① 본체 외관

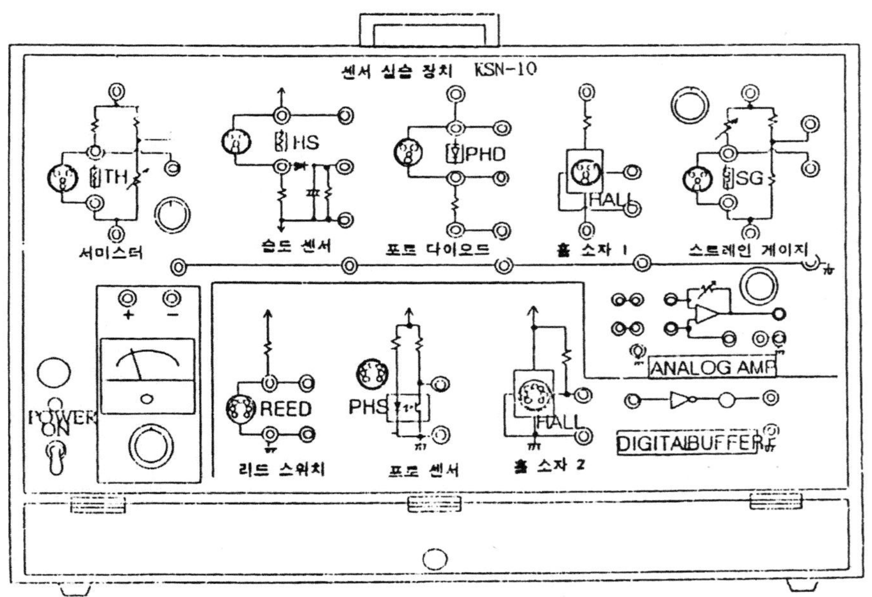

그림 25.14 센서 실습 장치의 본체 외관

② 규격

- 센서: <아날로그 센서(커넥터식)>
  : 서미스터(온도), 습도 센서(습도), 포토다이오드(빛), 홀 소자(자기), 스트레인 게이지(힘)
  <디지털 센서(커넥터식)>
  : 리드 스위치(자기), 포토 센서(빛), 홀 소자(자기)

- 검출 회로: 각 센서 전용의 검출 회로를 패널상에 실장
- 정전류 전원: DC 0~3mA 가변 출력, 미터 내장
- 부가 회로: 아날로그용 증폭회로, 디지털용 인버터 버퍼회로
  (출력 LED 포함)
- 부속품: 스트레인 게이지용 받침 1개, 센서 받침 2개, 자석(6 × 6 ×
  50mm) 1개, 누름 저울(1kg 무게) 1개, 포토 센서용 반사판 1개, 증폭
  회로용 블록 저항 1개, 저항 1KΩ 2개, 10KΩ 2개, 100KΩ 1개, 실드선
  양단 바나나 클립 L=500 2개, 리드선 양단 바나나 클립 L=500
  적·흑 각 2개, L=200 적·흑 각 2개
- 전원: AC 110V 60Hz 70VA
- 외형 치수: W 545mm × D 405mm × H 90mm

4. 실습 방법

(1) 서미스터의 온도 특성 측정

가. 사용기기: DC 디지털 전압계(10V), 비커(500cc 2개), 막대형 온도계
나. 회로도 및 결선도
다. 실습순서
　① 그림 25.15의 회로와 같이 접속한다.
　② 비커에 얼음과 물을 약간 넣고, 온도계로 0℃가 되는 것을 확인한다.
　③ 서미스터를 비커에 넣고, 정전류 출력 조정 손잡이를 돌려서 약
　　0.5[mA] 흐르도록 맞춘다.
　④ ANALOG AMP의 GAIN을 중앙 위치에 둔 후, 전압계의 출력 전
　　압이 거의 0V가 되도록 브리지 회로의 VR1을 조정한다.
　⑤ 비커의 얼음에 물을 약간 부어 넣는다.
　⑥ 비커 내 물의 온도가 증가함에 따라 온도계와 출력 전압의 관계를

표 36.1에 기록한다. 물의 온도를 조금씩 올려가면서 전압을 측정
하여 표를 작성한다.

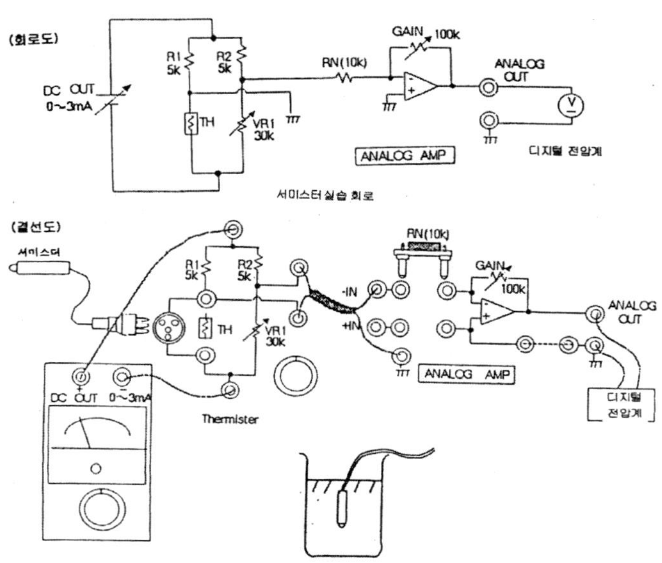

그림 25.15 서미스터의 온도 특성 측정 회로

■ 표 25.1 서미스터의 온도 특성

온도 [℃]	출력전압 [V]	온도 [℃]	출력전압 [V]

라. 연구과제

① 온도가 높아질수록 출력 전압이 마이너스 방향으로 커지는 이유는?

② 브리지 회로의 어느 변에 서미스터를 넣으면 좋은가?

(2) 습도 센서의 상대 습도 측정

가. 사용기기: DC 디지털 전압계, 습도계, 비커, 호일, 받침, 막대형 온도계

나. 실습 순서

① 그림 25.16의 회로도와 같이 접속한다.

② 비커에 물을 중간 정도까지 넣고 온도계로 수온이 변화하지 않는 것을 확인한다(실온과 같은 온도).

③ 비커를 호일로 덮고 구멍을 뚫어 습도 센서와 온도계의 센서부를 비커에 넣는다. 이때 습도 센서는 물에 닿지 않게 주의한다.

④ 잠시 후 비커 내의 습도를 제거한 다음 2~3회 마찬가지로 측정한다.

⑤ 뚜껑을 열고, 속의 습기를 제거한 다음 2~3회 마찬가지로 측정한다.

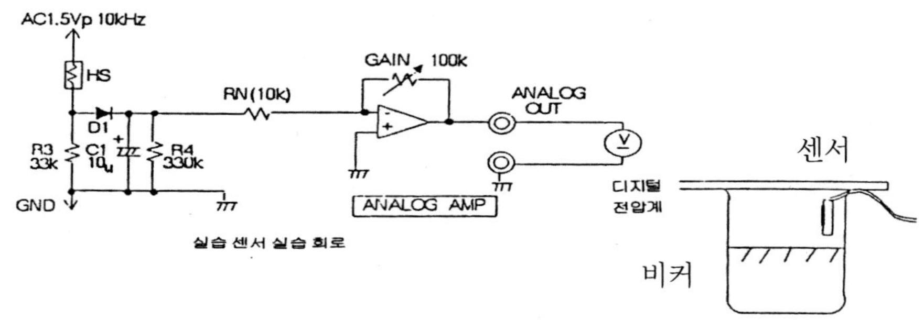

그림 25.16 습도 센서의 상대 습도 특성 측정

표 25.2 습도 센서의 습도 특성

습도	출력전압 [V]	습도	출력전압 [V]

다. 연구 과제

이 습도 센서는 상대 습도를 측정한다. 이때 온도를 일정하게 하여 측정하는 이유는 무엇인가?

(3) 포토다이오드의 조도 측정

가. 사용기기: DC 디지털전압계(10V), 조도계 , 광원(60~100W), 슬라이
　　닥스

나. 회로도

다. 실습 순서

① 그림 25.17과 같이 포토다이오드를 센서 받침에 넣는다.

② 광원을 센서의 중앙 위치에 대치시키고 움직이지 않게 고정해 둔다.

③ 그림 25.18과 같이 회로도의 단락 모드로 결선한다.

④ 광원(백열전구)의 밝기를 슬라이닥스를 조절하여 변화시켜서 센서와
　　동일 거리에 둔 조도계의 조도(Lux)와 센서로부터의 출력 전압을
　　표 25.3에 기록한다.

⑤ 각 모드에 있어서의 회로는 마찬가지로 측정하여 기록한다.

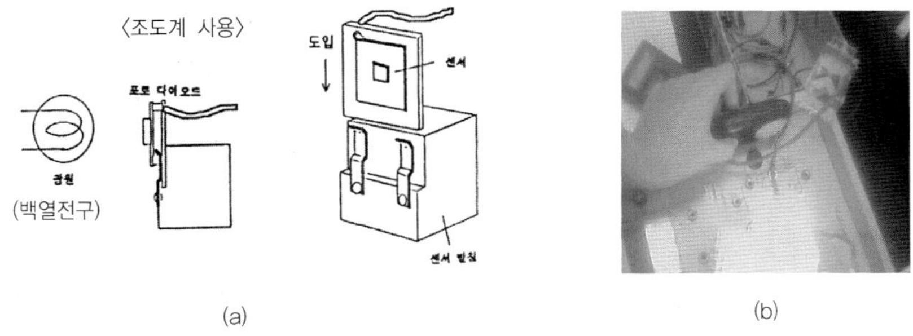

그림 25.17 포토다이오드와 센서 받침

표 25.3 조도에 따른 포토다이오드의 특성

	조도 [lx]	출력전압 [V]
단락 모드		
부하 모드		
개방 모드		

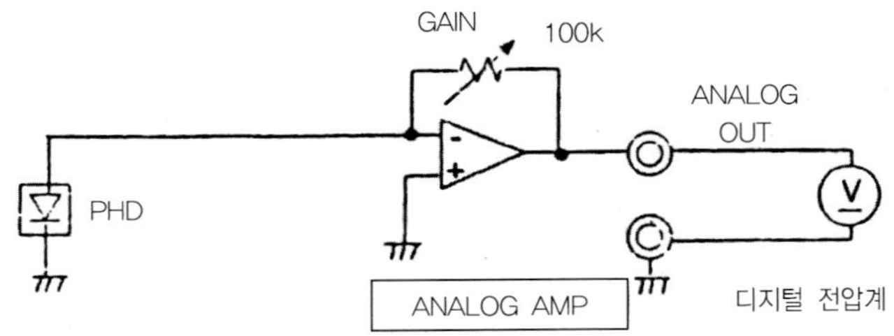

포토 다이오드 실습 회로 (단락 모드)

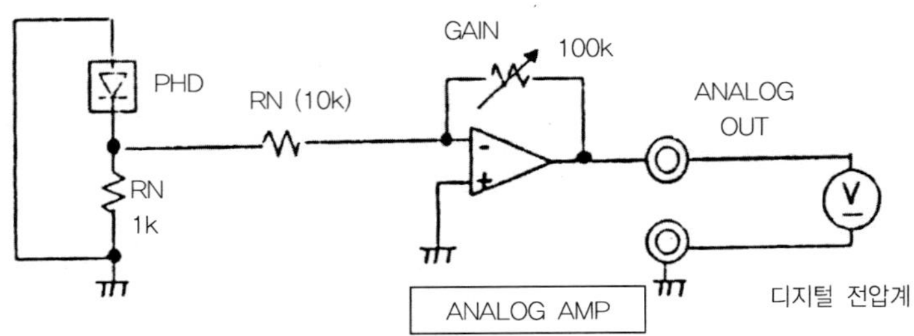

포토 다이오드 실습 회로 (부하 모드)

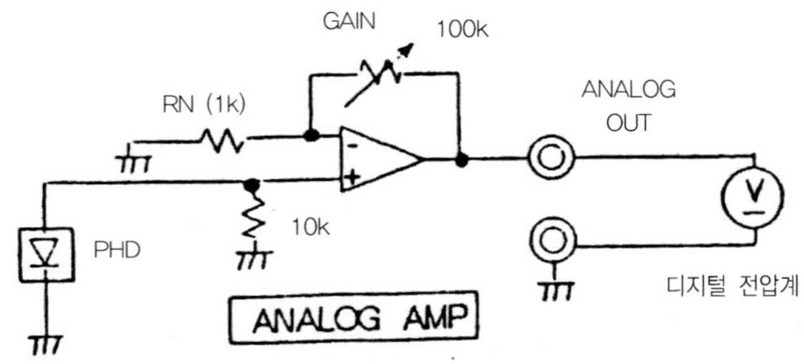

포토 다이오드 실습 회로 (개방 모드)

그림 25.18 포토다이오드의 조도 특성 측정 회로

라. 참고 사항

포토다이오드는 광기전력 효과에 의한 전력을 발생하므로 외부 전원 없
이 동작시킬 수 있다. 그러나 응답 속도나 직선성 상한을 높이는 목적으로
바이어스 전압을 인가하는 경우가 있다. 포토다이오드를 흐르는 전류는 전
자-정공 쌍의 수로 정해지므로 신호 전류는 바이어스의 유무와는 관계없

이 일정하며, 광전 변환의 직선성을 잃는 경우는 없다. 아래 그림은 역바이어스의 접속 예이다. 이와 같이 바이어스를 가하는 것은 응답 특성과 직선성의 개선에 도움이 되지만 한편에서는 암전류를 증대시켜 잡음의 증가를 가져온다. 또 과대한 역바이어스 전압은 포토다이오드를 파손하므로 최대 정격 내에서 사용하고 반드시 캐소드가 애노드에 대하여 +의 전위가 되도록 극성을 설정하도록 한다.

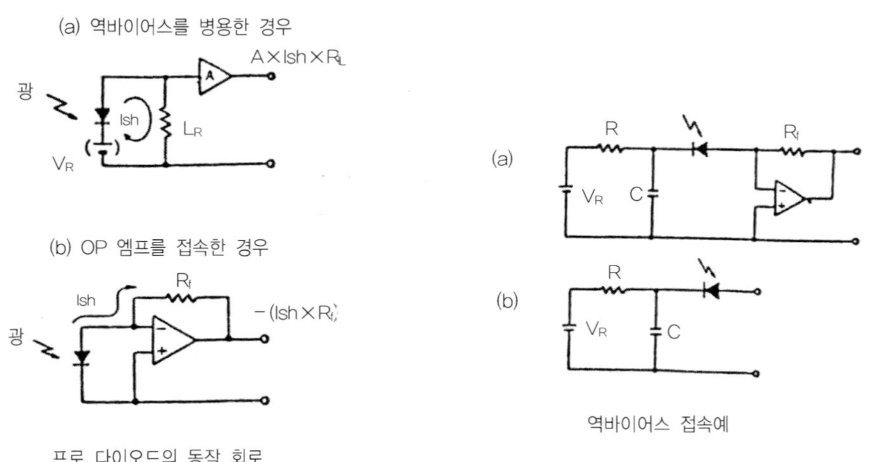

그림 25.19 바이어스

납땜식 라디오 만들기

1. 실습 목표

라디오의 제작을 통하여 라디오의 구성과 동작 원리를 이해한다.

2. 사용기기 및 재료

(1) 납땜인두 및 땝납 …1대

(2) 롱 로우즈 플라이어 …1개

(3) 퍼 …1개

(4) 드라이버 …1개

(5) 인두 받침대 …1개

(6) 리드선 …약간

3. 관련 지식

(1) 라디오 방송의 원리

음파는 공기 중에서 감쇠 현상이 크기 때문에 먼 거리까지 전달되지 못한다. 따라서 방송국의 신호는 감쇠가 훨씬 적은 전파를 사용해서 멀리 전달할 수 있다. 이러한 원리로 음파를 전파로 바꾸어 멀리까지 보내고, 이 전파를 받아서 다시 음파로 재생시키면, 먼 곳에서도 음성을 들을 수 있는 장치가 라디오이다. 마르코니는 이러한 무선전신 실습을 시작하였으며, 1896년 무선전신에 관한 영국 특허를 취득하여 런던 체신청에서 최초의 공개실험에 성공하였다. 그림 26.1은 라디오의 내부구조이다.

그림 26.1. 라디오의 내부 구조

(2) 라디오 방송의 송신과 수신

마이크로폰을 통해 들어오는 음성신호를 증폭한 후, 전파에 실어서 송신 안테나를 이용하여 전파를 발사하는 것이다. 공중에는 송신 안테나에서 보내진 수많은 방송의 다른 주파수를 가진 전파가 있다. 그러한 전파 중에서 원하는 신호를 받아서 음성 신호로 분리해 내는 과정을 수신이라 한다.

(3) 변조

저주파 전기신호를 고주파 전기신호에 싣는 것을 변조라고 하며 변조방법에는 여러 가지가 있으나 그중 가장 대표적인 것이 진폭변조(AM: amplitude modulation)와 주파수변조(FM: frequency modulation)이다. AM은 반송파에 신호를 단순히 혼합하여 겹치게 하는 방식이다. 이것을 파동의 성질로 분해해서 말한다면 음성신호의 강약으로 반송파의 진폭을 바꾸고, 신호 주파수의 고저(高低)로 반송파의 주파수를 바꾸는 방식이다. 이에 대하여 FM은 신호의 강약·고저로 반송파의 주파수를 변화시켜 그 변화의 속도가 신호

주파수에, 변화의 크기가 신호의 강약에 대응하는 방식이다. 따라서 반송파의 진폭은 변조에 의해서 전혀 변화하지 않는다. 수신점의 전파의 강약으로 수신의 음질이 좌우되지 않으며, 외부로부터 혼입하는 전파성 잡음에 대해 원리적으로 영향을 받지 않는다는 점에서 FM은 AM보다 우수하지만, 필요한 전파의 폭이 AM보다 훨씬 크다는 결점이 있다.

(4) 라디오의 주요 부분 구성

① 안테나: 페라이트 코어에 코일을 감아 놓은 구조로 되어 있다. 전파를 수신하는 역할을 한다.

② 동조기: 안테나 코일과 가변 콘덴서로 구성하여 원하는 전파를 골라내는 역할을 한다. 안테나 코일의 인덕턴스를 L, 콘덴서의 정전용량을 C라 하면, 이들 사이에 $f = \dfrac{1}{2\pi\sqrt{LC}}$ 의 공진 주파수가 수신된다.

③ 고주파 증폭기: Tr을 이용하여 수신된 주파수를 증폭한다.

④ 혼합기: 수신된 주파수와 발진기에서 발생한 주파수를 혼합하여 455[KHz]의 중간 주파수를 만들어 낸다.

⑤ 발진기: 혼합기 코일과 가변 콘덴서 사이에 발진하도록 하여 특정 주파수를 발생시키는 데 가변 콘덴서를 동조기의 가변 콘덴서 변화와 연계시켜 수신 주파수에 따라 특정 주파수를 발진한다.

⑥ 중간 주파 증폭기: 455[KHz]의 중간 주파수를 증폭하는 데 보통 3~4단계의 Tr 증폭 회로를 거치도록 한다. 각 증폭 간의 결합은 중간 주파 트랜스(IFT)를 이용한다.

⑦ 검파기: 다이오드와 콘덴서를 결합하여 고주파에서 저주파 신호를 분리한다.

⑧ 저주파 증폭기: Tr 증폭 회로를 이용, 가청주파의 신호를 증폭하여 스피커를 울리도록 되어 있다. 저주파 증폭 회로의 입력단 결합에는 입력 트랜스(IPT)를 사용하고 출력단은 출력 트랜스(OPT)를 사용하여 스피커와 결합한다.

⑨ 스피커: 가청 주파수의 저주파 신호를 음파로 변환시켜 주는 소자이다.

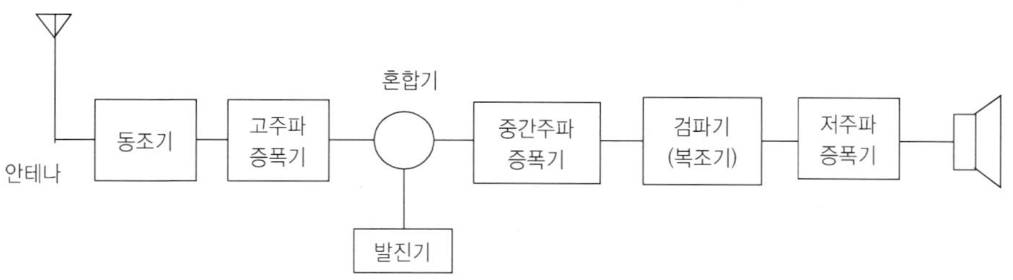

그림 26.2 슈퍼헤테로다인 방식 라디오의 구성

4. 실습 순서

(1) 주어진 트랜지스터라디오 키트의 설명서를 보고 라디오를 만들어 보자.

(2) 몇 개의 방송이 들리는지 시험해 보자.

(3) 아래 그림 26.3의 각 부품 명칭을 써 보자(출처: 김진수 외, 중학교
기술·가정3 교과서).

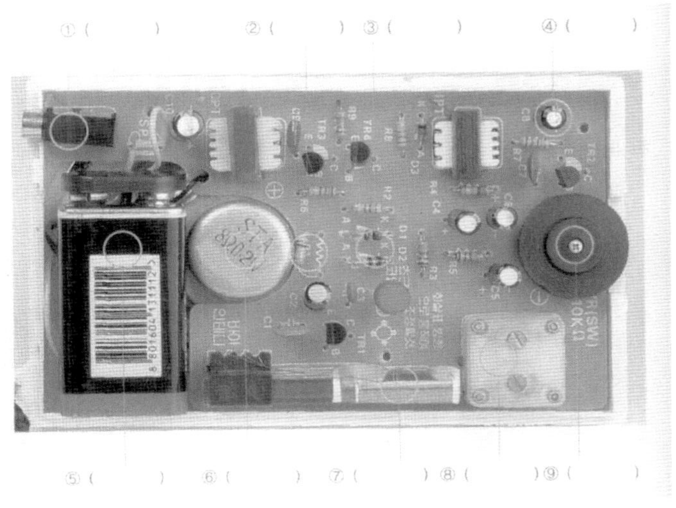

그림 26.3 라디오의 부품 명칭

5. 연구 과제

(1) AM과 FM 라디오의 동작 원리는 무엇이 다른지를 설명하시오.

(2) 동조 회로는 어떠한 것인가?

(3) 제작한 라디오의 내부 사진을 찍어 이곳에 붙여 보자.

1. 실습 목적

블록식 전자 키트를 이용한 라디오 조립을 통해 무선통신에 대한 기본적인 개념을 알 수 있다.

2. 사용기기 및 재료

(1) 블록식 전자 키트 1셀

3. 관계 지식

(1) 무선통신이란?

무선통신은 전파를 이용해 정보를 주고받는 전기통신 방식이다. 정보 전달에 있어 소리는 공기 중에서 감쇠로 인해 멀리 보낼 수 없지만 전기신호를 사용하게 되면서 보다 멀리 신호를 보낼 수 있다. 그러나 유선(전선)을 이용한 통신은 선을 연결해야 하므로 비용과 시간의 제약을 받는다. 특히 해양을 여행하는 선박이나 산악지대에는 선의 매설이 쉽지 않아 한계성이 있다. 무선통신은 전파를 이용해 공기 중에서 정보를 주고받게 됨으로 이런 한계성들을 극복할 수 있어 라디오 방송, TV방송, 이동통신, 위성방송 등 많은 곳에서 활용되고 있다.

각 주파수 대역에 따라 통신 방식은 다르지만, 무선통신은 우선 송신장치와 수신장치가 있으며 정보를 주고받을 수 있다. 송신장치는 전송을 원하는 정보(음성, 화면, 컴퓨터 데이터 등)를 전기신호로 바꾸는 [전기신호 발생부]와 이 신호를 크게 하는 [신호증폭부], 송수신을 하는 전파를 만들어 내는 [고주파 발생부]와 만들어진 고주파 전파에 전기신호를 싣는 [변조부] 그리고 이렇게 만들어진 전기신호가 변조된 고주파 전파(반송파라 함)를 증폭하는 [고주파 증폭부]와 반송파를 공중으로 쏘아 내는 안테나로 구성된다.

수신장치는 안테나를 통해 들어온 여러 전파를, 동조부를 통해 원하는 주파수 대역의 전파를 골라내고 고주파 증폭단에서 신호를 크게 한다. 이렇게 커진 고주파 신호는 검파기를 거치며 저주파 전기신호로 바뀌고 신호증폭부를 거쳐 신호출력부에서 원하는 정보를 얻는다. 송신 및 수신 장치를 살펴보면 그림 27.1과 같다.

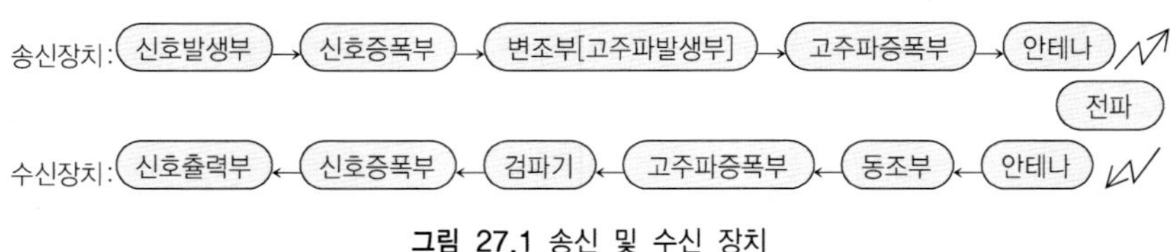

그림 27.1 송신 및 수신 장치

(2) 라디오 방송의 원리

라디오 방송은 여러 주파수 대역 중에서 중파(AM방송: 535 – 1650kHz) 대역과 초단파(FM방송: 88 – 108MHz) 주파수 대역의 전파를 이용해 방송국에서 미리 준비한 음악이나 소리를 전파에 실어 고출력으로 안테나를 통해 전파를 보내면, 다수의 수신자가 라디오 수신장치를 통해 전파를 수신한 후 원하는 곳의 방송을 골라 듣게 된다. 일반적으로 라디오라 하면 라디오 수신장치를 이르는 말이다.

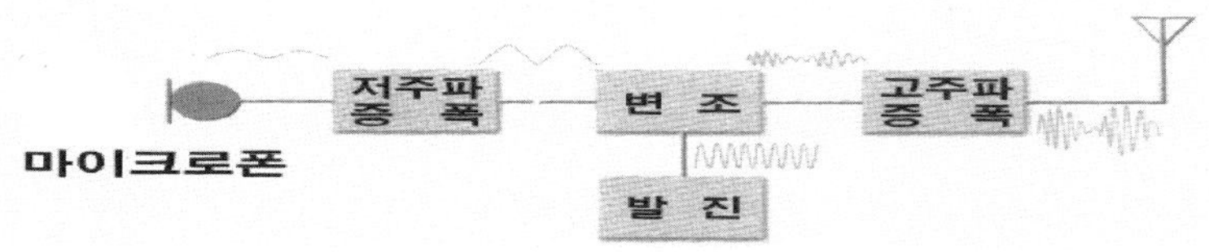

그림 27.2 라디오 송신기의 구조

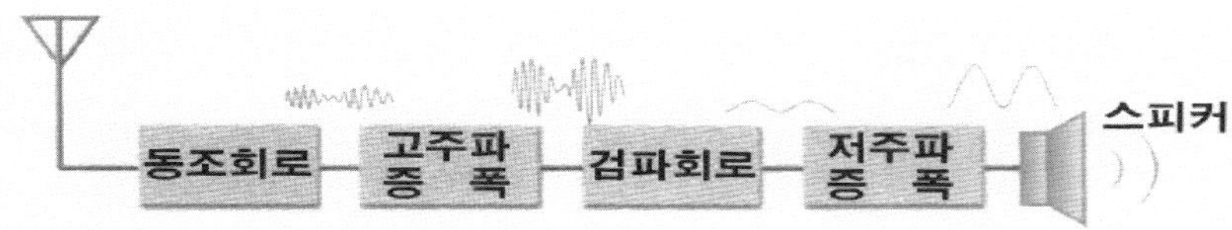

그림 27.3 라디오 수신기의 구조

라디오 방송은 전기신호를 반송파(공중에서 신호를 전달하게 되는 전파)에 싣는 방식에 따라 AM(진폭 변조) 방식과 FM(주파수 변조) 방식이 있으며, 수신 방식에 따라 동조와 고주파 증폭, 검파, 저주파 증폭이 차례대로 진행되는 스트레이트 방식, 동조한 신호를 하나의 트랜지스터를 통해 고주파 증폭을 한 후 검파를 통해 저주파 신호를 걸러 내고 다시 이 신호를 처음의 트랜지스터로 보내 한 번 더 저주파 증폭을 하게 되는 리플렉스 방식, 동조 회로를 통해 선택된 주파수를 중간 주파수로 변환하고 증폭하여 선택도를 높인 후 검파, 저주파 증폭을 하는 수퍼헤테로다인 방식으로 나눌 수 있다.

4. 실습 방법

블록식 전자 키트를 이용하여 1석 이어폰 라디오와 4석 리플렉스 라디오를 만들어 보기로 한다.

(1) 1석 이어폰 라디오

가. 1석 이어폰 라디오 제작 순서

블록식 전자 키트를 사용하여 1석 이어폰 라디오를 만들기 위해 사용되는 회로도와 배선도 및 부품은 그림 27.4, 그림 27.5 및 그림 27.6과 같다.

나. 1석 이어폰 라디오 동작 원리와 확인 방법

안테나 코일과 바리콘(가변 콘덴서)의 병렬 조합인 동조 회로를 통해 원하는 주파수의 전파를 골라내게 한다. 이때 공진 주파수값은 다음과 같다.

$$\text{공진 주파수: } f = \frac{1}{2\pi\sqrt{LC}}$$

$$\text{(L: 코일의 용량값, C: 콘덴서의 용량값)}$$

안테나 코일의 패라이트 코어의 1차 측 코일에 동조된 전파는 전자유도 작용에 의해 2차 측 코일로 신호가 세어져 전달이 되며, 트랜지스터를 통해 고주파 증폭이 된다. 트랜지스터의 콜렉터를 통해 나온 증폭된 고주파 신호는 다이오드를 통해 검파된 후 다시 코일과 연결되어 트랜지스터로 재입력되어 저주파 증폭이 재차 이루어지게 된다. 이때 연결된 고주파 초크 코일(RFC)은 고주파 신호 성분을 차단하고 저주파 신호만 통과하는 역할을 해 이어폰으로 저주파 음성신호만 전해 주게 된다.

이어폰을 통해 이 음성 저주파 전기신호를 소리로 바꾸어 귀로 들을 수 있다.

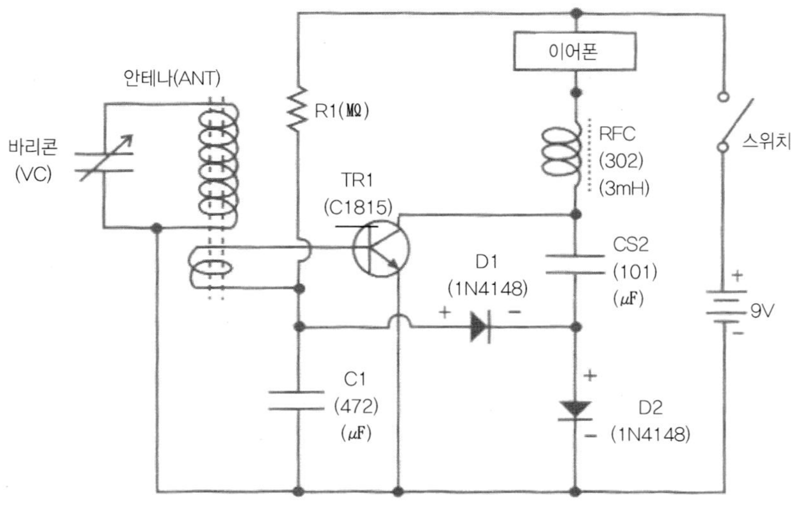

그림 27.4 1석 이어폰 라디오 회로도

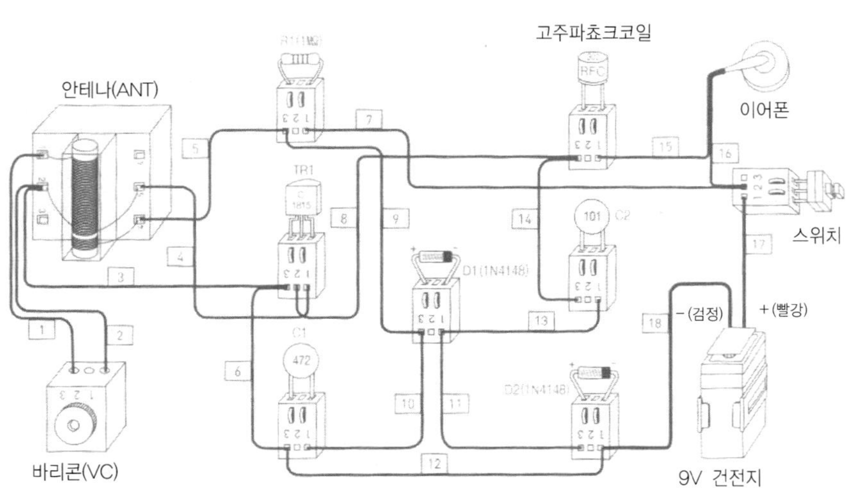

그림 27.5 1석 이어폰 라디오 배선도

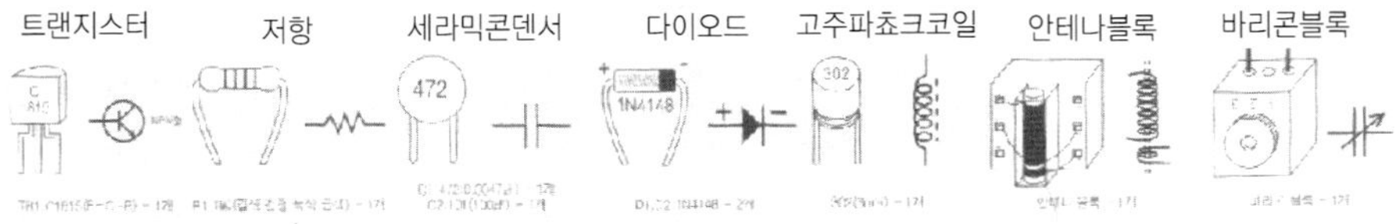

그림 27.6 1석 이어폰 라디오 부품

(2) 4석 리플렉스 라디오

가. 4석 리플렉스 라디오 제작 순서

블록식 전자 키트를 사용하여 4석 리플렉스 라디오를 만들기 위해 사용되는 회로도와 배선도 및 부품은 그림 27.7, 그림 27.8 및 그림 27.9와 같다.

나. 4석 리플렉스 라디오 동작 원리와 확인 방법

안테나 코일과 바리콘에 의해 동조되고, 트랜지스터 TR1을 거쳐 고주파 증폭된 신호는 다이오드에 의해 검파된 후 다시 TR1로 재입력(리플렉스)되어 저주파 증폭이 일어난다.

고주파 초크 코일을 통과한 저주파 전기신호는 전해 콘덴서(C4)를 통해 직류성분이 제거된 저주파 신호로 걸러지게 된다.

TR2는 IPT(입력 트랜스)를 동작시키기 위한 증폭 작용을 한다. 저주파 전력 증폭부는 신호의 일그러짐이 없이 큰 출력을 얻을 수 있는 푸쉬풀(Push – Pull) 증폭 회로가 사용된다. 푸시풀 증폭 방식은 IPT를 통해 위상을 나누어 TR3과 TR4가 증폭을 한 후 OPT(출력 트랜스)를 통해 나뉜 위상이 합쳐져 큰 출력을 낸다. 위상을 나누어 증폭을 하게 되므로 증폭을 하지 않는 동안에는 전력소모가 발생하지 않는 B급 증폭 방식으로 적은 전력 소모하는 우수한 출력을 낼 수 있다.

OPT를 통해 나온 전기신호는 스피커에 전달되고 스피커는 다시 음성신호로 바꾸어 우리 귀로 확인할 수 있다.

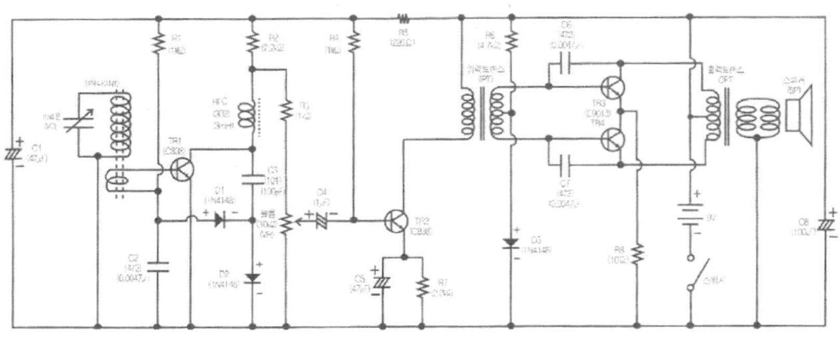

그림 27.7 4석 리플렉스 라디오 회로도

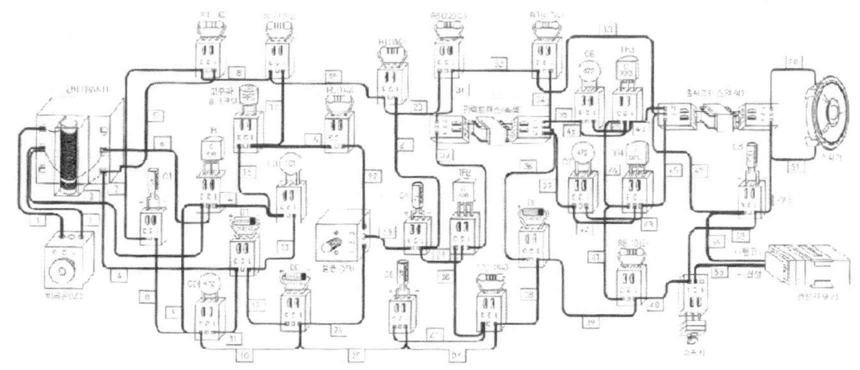

그림 27.8 4석 리플렉스 라디오 배선도

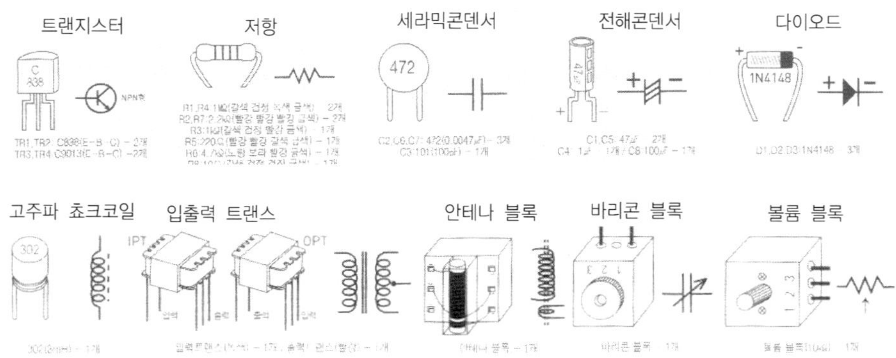

그림 27.9 4석 리플렉스 라디오 부품

5. 연구 과제

(1) 1석 이어폰 라디오와 4석 리플렉스 라디오의 차이점은 무엇인가?

(2) 각각의 회로도에서 송신부와 수신부를 구분하여 보자.

광섬유와 광통신

1. 실습 목적

블록식 전자 키트를 이용한 광섬유 및 멜로디 신호의 전송 실험을 통해 광통신에 대한 기본적인 개념을 알 수 있다.

2. 사용기기 및 재료

(1) 블록식 전자 키트 셀 …셀

3. 관계 지식

(1) 광통신의 이해

광통신은 빛을 이용하여 정보를 주고받는 통신 방식으로서 정보를 주고받는 매개체로 주로 사용된다. 광통신은 대용량의 정보를 고속으로 전송할 수 있어 각 가정의 정보통신기기들을 연결하는 근거리 통신에서부터 대륙을 연결하는 해저케이블과 같이 대용량의 전송선로, 많은 양의 데이터 이동이 필요한 고선명 텔레비전이나 양방향 TV 등 전기, 전자에서 그 중요성이 높아지고 있다.

광통신 시스템은 크게 신호를 보내게 되는 송신부, 정보이동채널(광섬유 케이블), 수신부로 구성이 되며 보내고자 하는 정보(음성, 데이터)를 빛에 실어(변조) 보내게 되면 광섬유를 통해 정보가 고속으로 전달되고 수신부에서는 빛에서 원하는 정보를 빼내어(검파) 출력한다. 광통신에서 사용되는 송신 및 수신 장치를 살펴보면 그림 28.1과 같다.

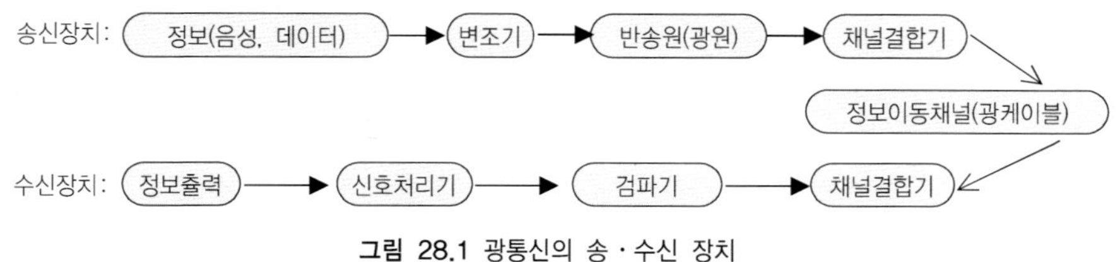

그림 28.1 광통신의 송·수신 장치

광통신 초창기에는 봉화나 선박에서 야간의 램프 신호기와 같이 공기 중에 불빛을 이용하여 신호를 보내기도 했지만, 거리의 한계가 있었다. 그러나 광섬유가 개발되고 이를 통해 정보를 보낼 수 있는 광원(레이저, 발광다이오드)이 개발되면서 그 활용도가 더욱 높아지게 되었다.

광섬유는 빛의 전반사를 통해 손실이 없이 정보를 보낼 수 있다. 매질이 다른 두 물질이 만났을 때 입사되는 빛은 굴절되어 다른 매질로 건너가게 된다. 각 매질의 굴절률에 따라 굴절률이 큰 매질에서 작은 매질로 빛이 입사될 경우 굴절되는 빛이 없이 모두 반사(전반사)될 수 있다(스넬의 법칙).

광섬유는 코어라고 하는 굴절률이 큰 유리나 플라스틱 섬유에 굴절률이 작은 클래딩이 덮여 있어 전반사를 통해 빛을 전송하게 된다. 코어와 클래딩을 부식과 수분으로부터 보호하기 위해 실리콘이나 테프론 등으로 코팅을 해 보호한다. 광섬유의 단면도, 구조 및 전반사를 살펴보면 그림 28.2, 그림 28.3 및 그림 28.4와 같다.

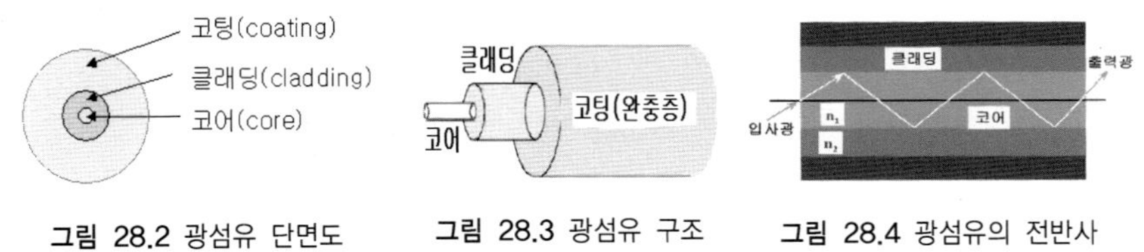

그림 28.2 광섬유 단면도   그림 28.3 광섬유 구조   그림 28.4 광섬유의 전반사

(2) 광통신의 광원

광통신의 광원으로는 주로 고휘도 발광 다이오드(LED)가 사용되고 수광소자로는 포토다이오드와 포토트랜지스터가 주로 사용한다. 고휘도 LED는 전원이 순방향 바이어스로 걸리게 되면(P형에 +, N형에 -) 전자와 정공의 결합이 생기게 되고 이 에너지가 광전자를 방출(빛)하게 되어 빛을 내는 것이다. 만들어지는 반도체에 따라 각기 다른 빛을 내는데, 수광소자인 포토다이오드와 포토트랜지스터는 빛을 받게 되면 전자와 정공이 생성되어 전류가 흐르게 된다.

그림 28.5 광통신 광원의 종류

4. 실습 방법

블록식 전자 키트를 사용하여 광통신의 이해를 위한 광섬유 실험과 멜로디 신호의 전송에 대해 설명하기로 한다.

(1) 광섬유 실험

블록식 전자 키트를 사용하여 광섬유 실험을 위한 회로도, 배선도 및 부품도는 그림 28.6, 그림 28.7 및 그림 39.8과 같다.

가. 광섬유 실험의 실습 순서
① 회로도나 배선도를 보고 블록과 부품 그리고 광섬유를 준비한다.

② 배선도를 보고 부품을 배치하고 연결선을 연결한다(고휘도 LED의 극성 +, - 방향을 주의해서 연결한다).

③ 광섬유가 연결된 광섬유 연결블록을 고휘도 LED 끝 쪽에 조심해서 끼운다.

④ 연결된 다른 광섬유 블록의 끝을 보며 누름 스위치를 눌러 빛의 변화를 본다.

⑤ 옆 사람에게 빛을 보내 누른 신호를 구분해 본다.

⑥ 모스 부호를 참고하여 옆 사람에게 메시지를 보내고 판독해 본다.

나. 광섬유 실험의 동작 원리와 확인 방법

① 고휘도 발광 다이오드에 연결된 광섬유 연결블록을 빼고 여러 각도에서 빛을 보내어 관찰해 본다. 빛은 직진성을 가지고 있다. 광섬유 내에 일단 들어온 빛은 광섬유 끝단까지 전달이 되지만, 광원으로부터 나온 빛은 연결 각도에 따라 다르게 광섬유에 입사될 수 있다. 광통신 실험 중 광원(고휘도 LED)으로부터의 빛이 잘 나올 수 있도록 연결하는 데 주의할 필요가 있다.

② 한쪽 광섬유의 끝에 햇빛이 들어오도록 하고 다른 쪽 끝에서 관찰해 본다. 손으로 가려 가며 모오스 부호 신호를 보내서 구별해 본다.

초기의 광통신은 봉화를 사용해 불이 오르는 개수로 위험 정도를 알리거나, 근거리에 있는 사람에게는 태양빛의 반사를 통해 신호를 보내게 되면서 부호화된 신호를 사용하기 시작했다. 태양빛을 가리는 방식으로 빛을 보내거나 차단해 신호를 옆 사람에게 전달해 보자.

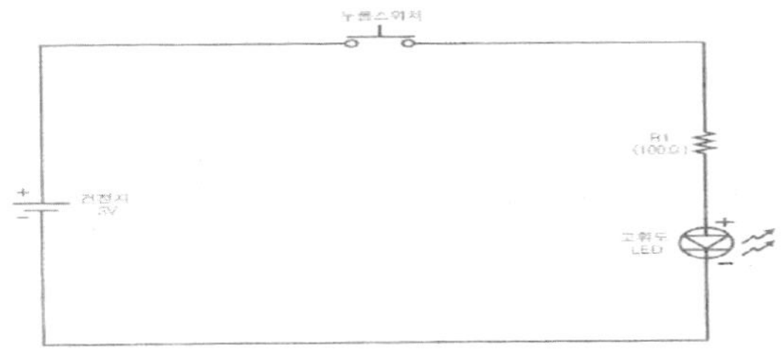

그림 28.6 광섬유 실험 회로도

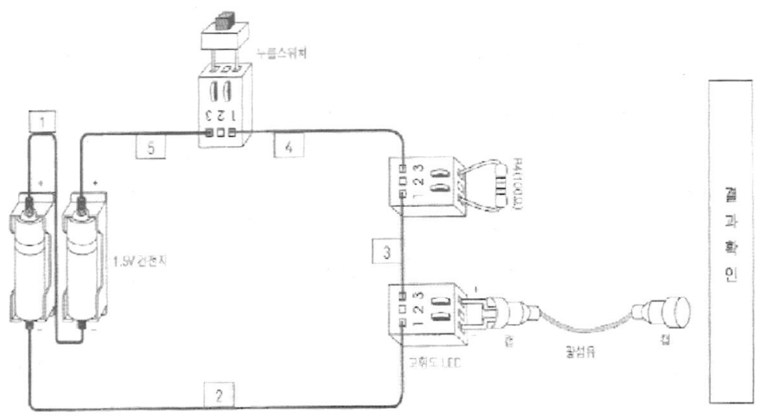

그림 28.7 광섬유 실험 배치도

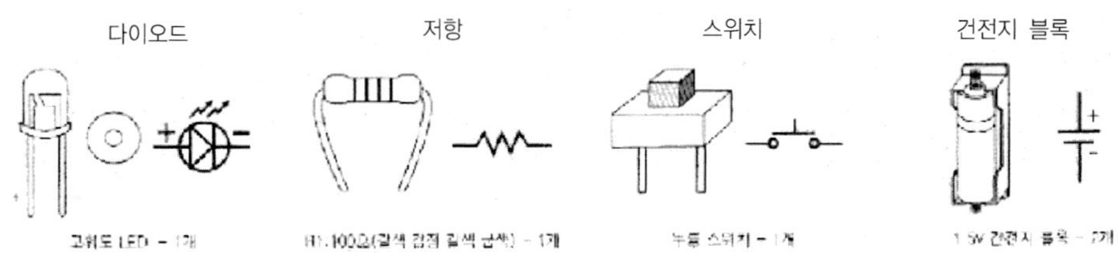

그림 28.8 광섬유 실험 부품

(2) 멜로디 신호의 전송 실험

가. 멜로디 신호 전송의 실습 순서

① 송신부 만들기: 부품과 블록을 준비하고 배선도를 따라 회로를 구성한다. 이때 고휘도 LED의 극성에 주의한다.

② 수신부 만들기: 다른 바닥판에 수신부 부품을 사용해 회로를 완성한다(포토트랜지스터의 방향에 주의하여 연결한다).

멜로디 신호의 전송 실험에 사용하게 되는 회로도, 배선도 및 부품은 그림 28.9, 그림 28.10 및 그림 28.11과 같다.

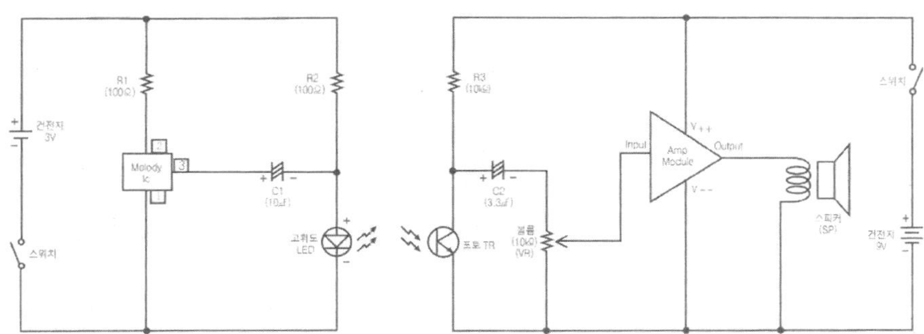

그림 28.9 멜로디 신호 전송 실험의 회로도

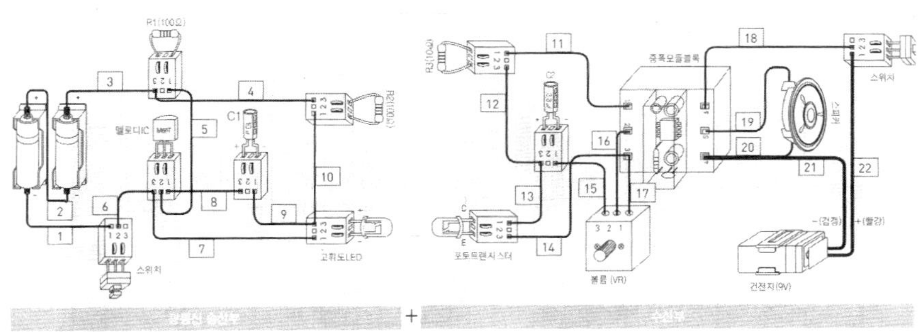

그림 28.10 멜로디 신호 전송 실험의 배선도

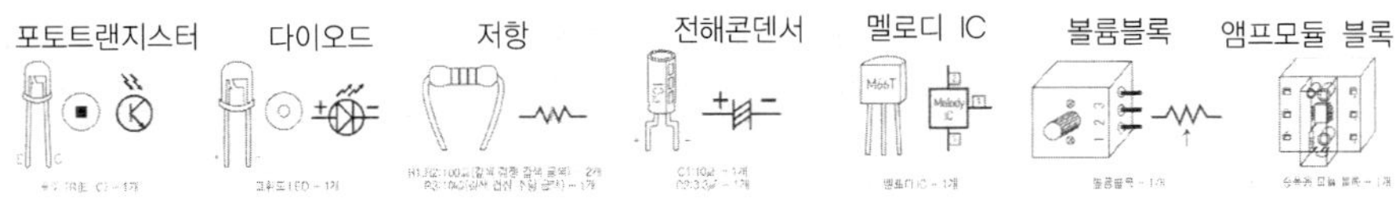

그림 28.11 멜로디 신호 전송 실험의 부품도

나. 멜로디 신호 전송 실험의 동작 원리와 확인 방법

① 동작 원리

㉮ 송신부: 고휘도 LED는 1.5∼2.5V의 전압이 걸리게 되면 밝은 적색 빛을 내게 된다. 함께 직렬로 연결된 100Ω의 저항은 LED에 안정적인 전압이 걸리도록 해 준다.

멜로디 IC는 1, 2번 핀에 2V 내외의 −와 + 전원이 연결되면 3번 핀으로 멜로디 신호가 나오게 된다. 여기에 연결된 $10\,\mu\mathrm{F}$ 전해 콘덴서를 통해 직류 신호가 차단된 신호가 발광 다이오드로 보내지고, 다이오드에서 나오는 빛에 신호가 실리게 된다(변조).

㉯ 수신부: 공기 중을 통과하거나 광섬유를 통과한 신호가 실린 붉은 빛은 포토트랜지스터에 입력이 되면 전류의 변화를 일으키게 되고, $3.3\,\mu\mathrm{F}$ 전해 콘덴서를 통해 직류 성분이 제거된 신호가 Amp 블록으로 입력되어 큰 소리가 스피커를 통해 나오게 된다. Amp 블록은 1, 6번 연결구에 $+5-15\,\mathrm{V}$의 전원이 연결되고 3, 4번 연결구에 − 전원이 연결될 경우 2번 연결구에 신호가 입력이 되면, 5번 연결구를 통해 증폭된 신호가 나오게 된다.

② 동작 확인 방법

㉠ 수신부를 만든 후 형광등 불빛을 포토트랜지스터에 비춰 소리를 들어 본다. 형광등은 안정기가 연결이 되어 있고, 60Hz의 교류가 흐르는 것으로, 즉 1초에 60번 정도 +, − 가 바뀌는 회로이다. 눈으로는 형광등의 깜박임을 관찰할 수 없지만 포토트랜지스터로 입력된 형광등 불빛의 신호를 통해서 이 소리를 들을 수 있다.

㉡ 집 안에 있는 리모컨을 수신부에 대고 버튼을 눌러 보면 삐웅, 삐웅……하는 소리를 들을 수 있다. 리모컨은 적외선을 사용해 신호를 보내므로 포토트랜지스터가 이 신호를 받아 소리로 들리게 한 것이다.

5. 연구 과제

(1) 라디오 출력 신호를 광통신을 사용하여 송수신할 수 있는 방법을 설명하라.

(2) 송신부와 수신부 간의 거리에 따른 출력의 변화에 대해 확인하라.

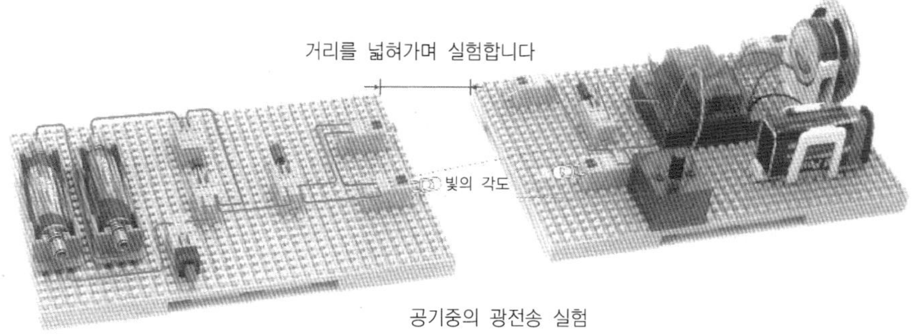

그림 28.12 멜로디 신호 전송 실험의 완성도

29
정류기 만들기

1. 실험 목적

(1) 정류의 원리를 이해한다.
(2) 정류기의 작동 원리를 이해한다.

2. 기계 및 기구

(1) 정류기 키트(상용) …1개
(2) 납땜 기구 …1셀

3. 관련 이론

정류기는 주기적으로 양과 음 두 가지 방향으로 변화하는 교류 전류를 한 가지 방향만 갖는 직류 전류로 변환시키는 소자나 장치이다. 정류기는 순방향 저항이 작고 역방향 저항이 충분히 커서 한쪽 방향으로만 전류를 통과시키는 정류 작용이 가능하다. 즉 가해지는 전압의 방향에 따라 전류가 순조로이 잘 흐르는 순방향과 전류가 거의 흐르지 않는 역방향이 구별되는 특성을 말한다. 다이오드와 같은 소자 한 개로도 정류가 가능하지만 효과적인 정류를 위해서 회로 상에 여러 개의 소자를 특정하게 배열하여 사용한다. 한국전력에서 공급하는 전압은 교류이고 우리가 사용하는 전자기기는 직류로 동작하므로 모든 전원장치나 전자 제품에 정류기가 포함되어 있다.

다이오드는 전위차가 나는 두 개의 단자로 구성되어 있으며, 접합 부근에는 전압이 가해지지 않은 상태에서 전위 장벽(potential barrier)이 존재한다. 전위가 낮은 단자에 전원의 음극이 연결되고 전위가 높은 단자에 양극이 연결되면(순방향) 전위장벽이 낮아져 전류가 잘 흐르게 된다. 반대로 연결될 경우는 전위장벽이 높아져 저항이 무한대로 커지게 되어(역방향) 전류가 흐르지 못하게 된다. 이러한 과정에 의하여 한쪽 방향으로만 전류만 통과하여 정류가 된다. 실리콘 정류기는 구조가 간단하여 소형으로 만들 수 있으며 취급이 용이해서 최근에 주로 쓰이고 있다. 수명이 긴 장점이 있으나 열용량이 작아 과부하에 약하다. 사이리스터(SCR)는 양극과 음극 외에 제3전극을 가진 실리콘 정류기이다. 최근 사이리스터를 정류 소자에 이용한 사이리스터 정류기가 제어 정류기 응용 부분에서 널리 사용되고 있다. 제3전극을 게이트(gate)라 하는데 게이트는 수은 정류기의 격자와 비슷한 기능이 있기 때문에 사이리스터를 사용하면 일정 교류전압을 정류하여 가변 직류전압을 얻을 수 있다. 게이트 회로의 전류의 위상을 제어함으로써 직류의 전압과 전류를 제어할 수 있어 직류 정전압 전원에 널리 사용된다. 게이트가 지닌 기능을 응용하여 직류에서 가변 주파수의 교류를 얻는 인버터와 일정 직류전압에서 가변 직류전압을 얻는 초퍼 등의 응용이 점차 확대되어 가고 있다.

전기 분해나 전기 도금 등의 화학 공업용 전원, 전기 철도용 전원 등에서 대량의 직류전력을 공급할 때에 일반적으로 정류기를 사용한다. 라디오 신호를 감지하거나 진폭을 변조하는 데에도 정류기를 사용하는데, 감지하기 전에 신호가 증폭되지 않았다면 전압 강하가 매우 낮은 다이오드를 사용한다. 용접을 할 때 편극된 전압을 가하기 위해서 다이오드를 쓰기도 하며, 출력 전류를 제어하기 위해 다이오드 대신 브리지 정류기나 사이리스터를 쓰기도 한다.

4. 실습 방법 및 순서

    정류기 키트(상용)를 사용하여 정류기를 만들기 위해 사용되는 회로도는 그림 29.1이며, 완성된 정류기는 그림 29.2이며, 사용되는 부품은 표 29.1과 같다.

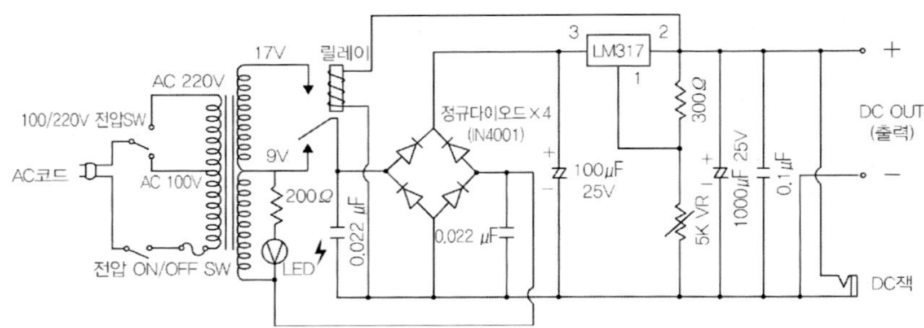

그림 29.1 정류기 회로도

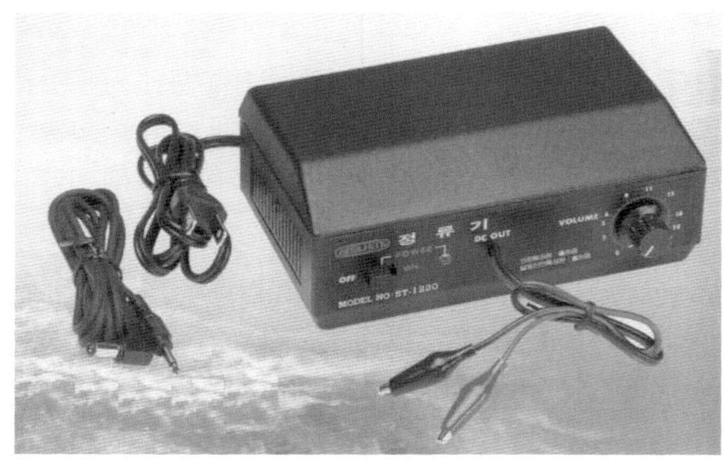

그림 29.2 완성된 정류기 모습

부품명	종류 및 용도	개수	부품명	종류 및 용도	개수
기판	ST - 1220	1	출력클립선	적색, 흑색	1
저항	300Ω	1	볼륨 손잡이		
IC	LM317 및 방열판	1	정류다이오드	1N4001	4
LED	5∅	1	케이스		1
배선	18m	5	전원트랜스		1
세라믹 콘덴서	0.022μF	2	아답터 플러그선		1
	0.1μF	1			
전해 콘덴서	100μF/25V	1	스위치	110/220V 전환 SW	1
	1,000μF/25V	1		ON/OFF SW	1
볼륨	VR	1	AC 코드		1
릴레이		1	명 판		1
DC잭	이어폰용 잭	1	설명서		1
퓨즈 홀더		1	너트	3∅	5
퓨즈	0.5~0.75A	1			

(1) 그림 29.3을 참조하여 1차 조립을 시작한다.

① 전원 ON/OFF 스위치, 100/220V 전환 스위치를 접시머리 나사로써 부착한다(특히 100/220V 전환 스위치의 글씨 방향에 주의할 것).

② AC 코드와 배선을 스위치에 그림과 같이 납땜 연결한다(AC 코드는 1회 감아 줄 것).

③ 너트를 접시머리 나사에 끼워서 반 바퀴 정도만 돌려 준다.

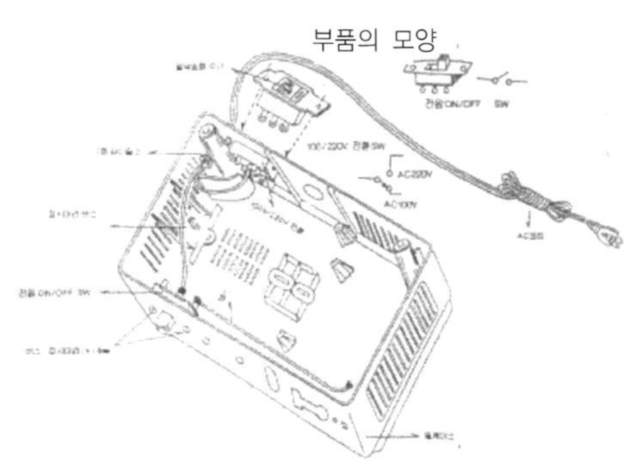

그림 29.3 정류기의 1차 조립

(2) 그림 29.4를 참조하여 2차 조립을 시작한다.

① 전원변압기(트랜스)를 화살표 방향 끝까지 밀어서(기판이 걸리지 않도록 하기 위함) 부착시킨다. 특히 앞뒤 방향에 주의한다.
② 전원변압기의 배선을 색깔이 바뀌지 않도록 주의하면서 100/220V 전환 스위치에 납땜으로 연결한다.

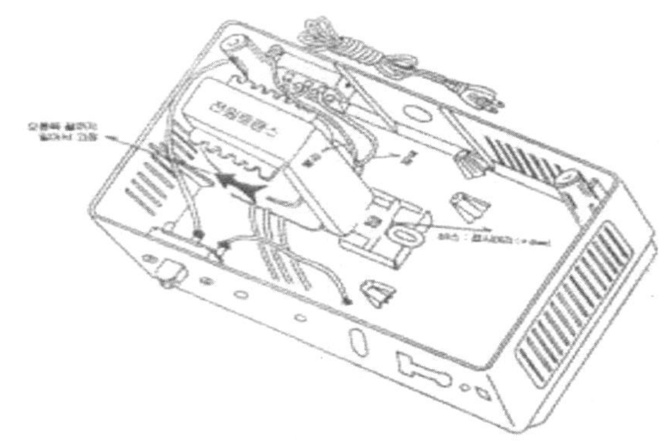

그림 29.4 정류기의 2차 조립

(3) 그림 29.5를 참조하여 3차 조립을 시작한다.

① LED 배선을 납땜한 다음 밑 케이스 앞면에 부착시킨다.
② 전압조절볼륨(VR)을 밑 케이스에 조립하기 전에 배선을 납땜 연결한다.
③ 밑 케이스 앞면에 명판을 부착시킨 다음 전압조절볼륨(VR)의 고정 단자를 고정 구멍에 끼우고 먼저 부착시킨 명판에 흠집이 생기지 않도록 견고하게 너트로 고정한다.
④ 전압조절볼륨(VR)을 왼쪽 방향(반시계 방향)으로 끝까지 돌려놓고 손잡이 백색 표시선에 0V가 일치하도록 하여 자연스럽게 손잡이를 끼운다.

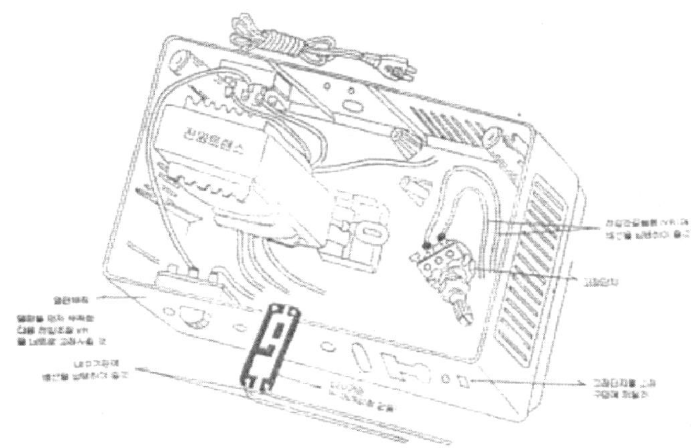

그림 29.5 정류기의 3차 조립

(4) 그림 29.6을 참조하여 4차 조립을 시작한다.

① 변압기의 배선을 기판 조립품에 납땜 연결한다(변압기의 배선 색깔
   주의).
② 3차 조립에서 LED 기판에 연결된 배선을 기판 조립품에 납땜 연결한다.
③ 퓨즈 홀더에 배선을 납땜하여 연결한다.
④ 출력 클립선을 1회 감아 준 후 납땜 연결한다.
⑤ 전압조절볼륨(VR)의 배선을 기판에 표시된 VR단자에 납땜 연결한다.
⑥ 배선이 납땜 과정에서 잘못된 곳이 있는지 검사한다.
⑦ 기판 조립품의 배선을 보기 좋게 정리한 다음 둥근 머리 나사를 사용
   하여 밑 케이스에 고정한다.
⑧ 전원 ON/OFF 스위치를 끄고 퓨즈 홀더에 퓨즈를 끼운다.
⑨ 전원은 100/220V 전환 스위치로 전압을 선택한다.

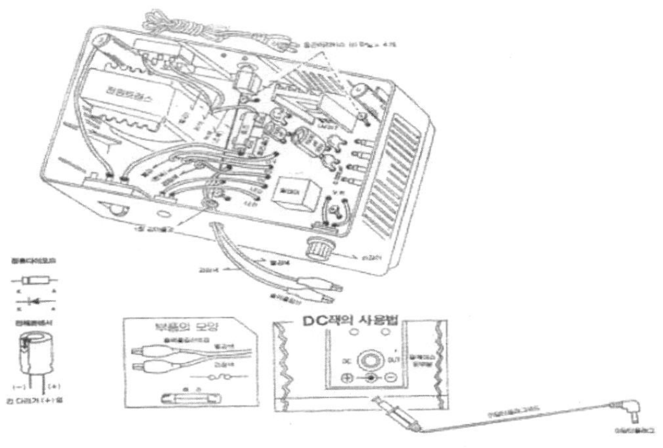

그림 29.6 정류기의 4차 조립

5. 안전 및 유의사항

(1) 실습 시 납땜인두에 의한 화상 및 안전에 주의한다.
(2) 전원변압기 배선을 색깔이 바뀌지 않도록 주의하면서 100/220V 전환 스위치에 납땜을 연결한다.
(3) 납땜할 때는 인두기가 케이스에 닿아 녹지 않도록 주의한다.

6. 연구 과제

(1) 제작한 정류기를 교류 전원(콘센트 220V)에 꽂고 전압 ON/OFF 스위치를 켜 놓은 상태에서 전압조절볼륨(VR)을 돌리면서 출력 전압을 회로 시험기로 측정해 보자.
(2) 제작한 정류기의 사진을 찍어 보자.

1. 실험 목적

(1) 라인 트레이서의 원리를 이해한다.
(2) 라인 트레이서의 구동 원리를 이해한다.

2. 기계 및 기구

(1) 라인 트레이서 키트(상용) ···1개
(2) 납땜 기구 셀 ···1셀

3. 실험 재료

(1) 라인 트레이서 경기장 ···1개

4. 실습 방법 및 순서

(1) 이 실습에서 만들 라인 트레이서의 완성품은 그림 30.1과 같다.

그림 30.1 라인 트레이서의 완성품

(2) 조립에 필요한 공구는 그림 30.2와 같다.

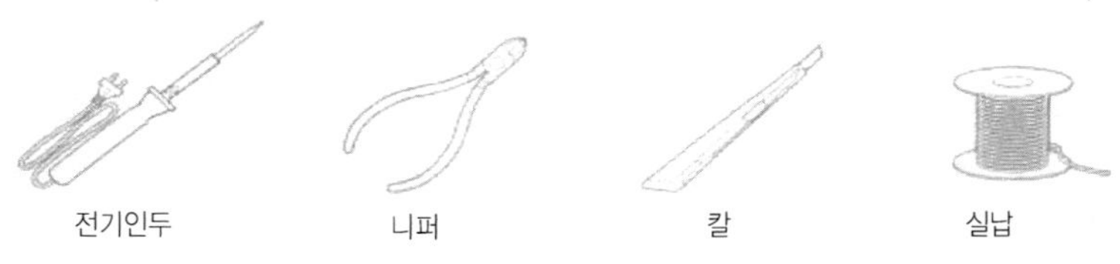

그림 30.2 조립에 필요한 공구

(3) 조립에 필요한 부품은 그림 30.3, 그림 30.4와 같다.

(4) 조립하기 전 유의 사항

① 제품을 조립하기 전에 각 제품에 포함되어 있는 취급 설명서를 잘
읽고 충분히 이해한 후 설명서에서 제시한 방법에 따라 조립하고
사용한다.

② 공구를 사용하여 자르고, 다듬고 조립하는 작업을 할 때는 손을 다
치지 않도록 세심한 주의를 기울인다.

③ 부품들을 절대로 입에 넣지 않는다.

④ 제품에 사용되는 전자부품은 가늘고 뾰족한 부품이 많으니 사용 시
손가락 등이 다치지 않도록 주의한다.

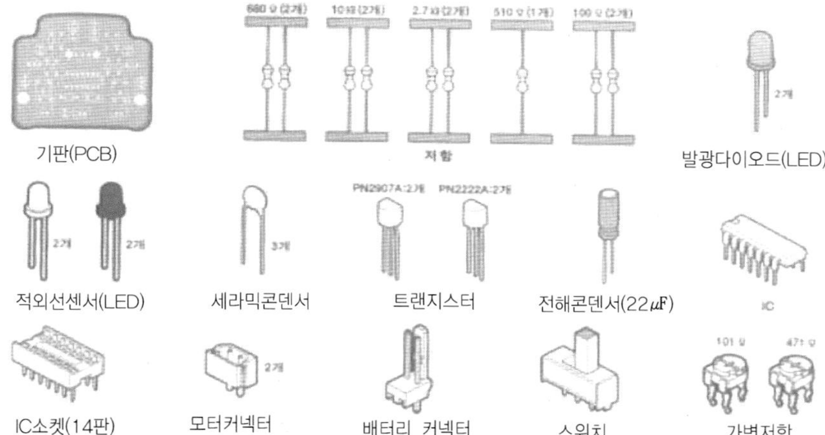

그림 30.3 기판 조립에 필요한 부품

그림 30.4 몸체 조립에 필요한 부품

(5) 라인 트레이서의 기판 조립 순서(그림 30.5 참조)

① 모터 연결 커넥터 조립

② IC 소켓 조립

③ IX 결합

④ 저항의 조립

⑤ 세라믹 콘덴서 조립

⑥ 트랜지스터 조립

⑦ 전해 콘덴서/발광 다이오드 조립

⑧ 스위치/배터리 연결 커넥터 조립

⑨ 적외선 센서 조립

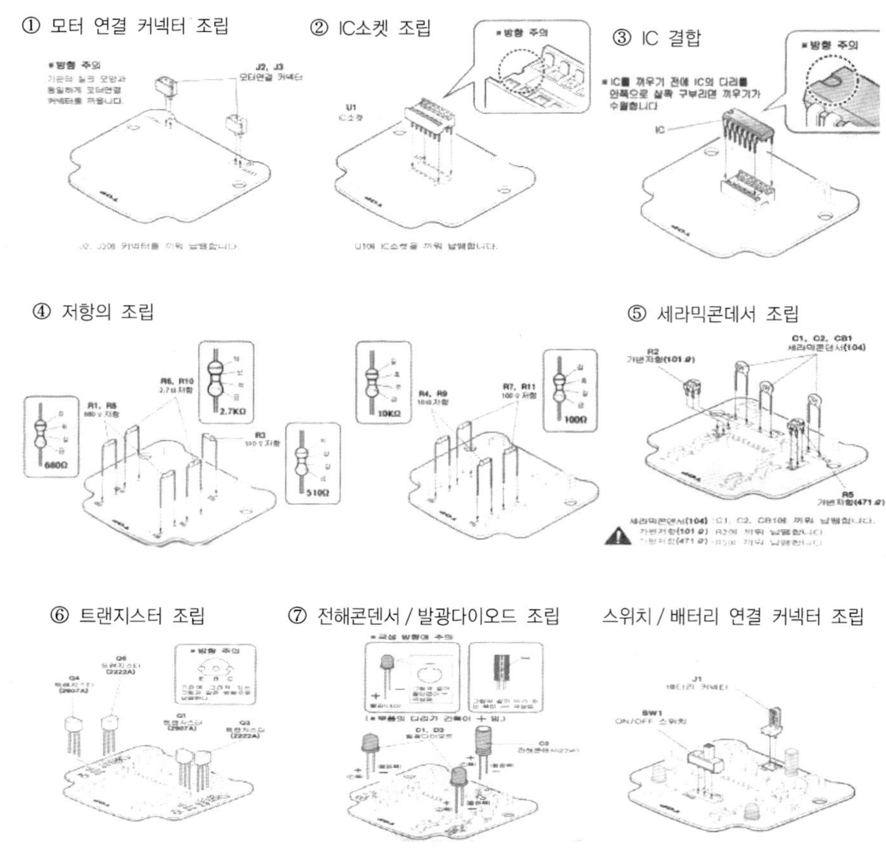

그림 30.5 기판 조립 순서

(6) 몸체 조립 순서

　① 스크류 끼우기

　② 기어박스 몸체 조립

　③ 기판 몸체 조립

　④ 기판 몸체/기어박스 돋체 결합

　⑤ 배터리홀더 장착

　⑥ 바퀴 조립

　⑦ 배터리 끼우기

(7) 제작한 라인트레이서를 사용하여 주행 경로에 맞게 주행하는 모습은
그림 30.6과 같다.

그림 30.6 제작한 라인트레이서의 주행 모습

5. 연구 과제

(1) 완성된 라인트레이서를 라인이 그려져 있는 경기장 위에 올려놓은 후
작동이 잘 되는지 확인해 보자.

(2) 라인트레이서의 경기 모습을 사진 찍어 보자.

참고문헌

1. <u>전기전자기술</u>, 김진수 저, 웅보출판사, (2003).
2. <u>전기공학기초</u>, 김진수, 이덕출 공저, 동일출판사, (1998).
3. <u>공업교육</u>, 김진수, 동일출판사, (2002).
4. <u>공업교육연구법과 SPSS</u>, 김진수 저, 웅보출판사, (2005).
5. <u>전기전자기초실험</u>, 임헌찬, 김진수 외 공저, 복두출판사, (2001).
6. <u>건축전기설비</u>, 김진수, 이덕출 공저, 기문당, (1994).
7. <u>압전 액츄에이터와 초음파 전동기</u>, 김진수 저, 명현문화사, (2,000).
8. <u>초음파 전동기의 이론과 응용</u>, 김진수, 이명훈 공역, 성안당, (2,000).
9. <u>기술·산업2</u>(중학 교과서), 이상혁, 김진수 외 공저, 법문사, (1996).
10. <u>전자과학</u>(과학고 교과서), 장세중, 김진수 외 공저, 교육부, (1996).
11. <u>전자기술</u>(공업고 2 + 1체제 교과서), 김진수 외 공저, 교육부, (1999).
12. <u>전기일반</u>(공업고 교과서), 김진수 외 공저, 교육인적자원부, (2002).
13. <u>전기회로 자습서</u>(공업고 자습서), 김진수 외 공저, 동일출판사, (2002).
14. <u>공업기술</u>(인문고 교과서), 이상혁, 김진수 외 공저, 대한교과서, (2003).
15. <u>현대과학과 기술</u>(과학고 교과서), 김중복, 김진수 외, 교육인적자원부, (2003).
16. <u>전자과학</u>(과학고 교과서), 장세중, 김진수 외 공저, 교육인적자원부, (2003).
17. <u>전기응용</u>(공업고 교과서), 김진수 외 공저, 교육인적자원부, (2003).
18. <u>기술·가정3</u>(중학교과서), 이상혁, 김진수 외 공저, (주)두산, (2003).

김진수 —————————————————————————————

▌약력

인하대학교 공대 전기공학과 졸업(학사)
인하대학교 대학원 전기공학과 졸업(석사, 박사)
미국 Pennsylvania 주립대학교(Post – doctor)
충북대학교 교육대학원 교육학 전공
미국 Virginia Tech 공학교육과 및 기술교육과 교환교수

▌경력

(현) 한국교원대학교 기술교육과 교수
경원전문대학 교수
KAIST 위촉연구원
교육부 제7차교육과정 심의위원(기술)
노동부 전국기능경기대회 심사위원(전기)
중등학교 교원 임용고사 출제 및 채점위원(기술)
대학수학능력시험 출제위원
대한공업교육학회 편집위원장
제7차 및 제6차 중·고등학교 교과서 다수 집필
연구분야: 공업교육학, 통신기술교육론, 전기전자기술

홈페이지: http://home.knue.ac.kr/~jskim   NAVER 김진수교수

알기 쉬운 전기전자실습
전기전자실습

초판인쇄 | 2009년 8월 17일
초판발행 | 2009년 8월 17일

지은이 | 김진수
펴낸이 | 채종준
펴낸곳 | 한국학술정보㈜
주 소 | 경기도 파주시 교하읍 문발리 파주출판문화정보산업단지 513-5
전 화 | 031) 908-3181(대표)
팩 스 | 031) 908-3189
홈페이지 | http://www.kstudy.com
E-mail | 출판사업부 publish@kstudy.com

등 록 | 제일산 115호(2000-6-19)
가 격 32,000원

ISBN 978-89-268-0277-9 93560 (Paper Book)
      978-89-268-0278-6 98560 (e-Book)

내일을여는지식 은 시대와 시대의 지식을 이어 갑니다.